高职高专系列教材

BIM 技术基础

陈 芳 肖 凌 主编
刘 龙 吴 飞 肖文青 赵挺雄 庞亚芳 彭雯博 副主编

中国建筑工业出版社

图书在版编目（CIP）数据

BIM技术基础 / 陈芳，肖凌主编. — 北京 ：中国建筑工业出版社，2021.7（2023.11重印）

高职高专系列教材

ISBN 978-7-112-26158-1

Ⅰ. ①B… Ⅱ. ①陈… ②肖… Ⅲ. ①建筑设计-计算机辅助设计-应用软件-高等职业教育-教材 Ⅳ. ①TU201.4

中国版本图书馆CIP数据核字（2021）第087637号

本书采用工作手册式教材形式编写，全书以运用BIM技术创建某高校办公楼实际建成项目模型为任务载体，从BIM建模准备、BIM建模-建筑、BIM建模-结构、BIM建模-设备、BIM模型成果输出等五方面系统地介绍了BIM建模技术在建设工程项目中的实际应用。本书以职业能力为核心，从BIM技术在行业的基本需求出发，尽可能地覆盖“1+X”建筑信息模型（BIM）职业技能等级证书的考核大纲，同时配有完整工程案例电子图纸、专业族库及在线微课资源，方便教师及学习者开展教学实施及深入学习。

本书可作为应用型本科高校、高等职业院校、中等职业院校在校学生及工程行业从业人员学习BIM技术基础使用，也可作为建筑信息模型（BIM）职业技能等级证书考试培训参考教材，同时还可作为BIM技术爱好者的自学参考用书。

为方便教师授课，本教材作者自制免费课件，索取方式为：1. 邮箱 jckj@cabp.com.cn；2. 电话（010）58337285；3. 建工书院 http://edu.cabplink.com。

责任编辑：李天虹　李　阳

责任校对：焦　乐

高职高专系列教材

BIM技术基础

陈　芳　肖　凌　主编

刘　龙　吴　飞　肖文青　赵挺雄　庞亚芳　彭雯博　副主编

*

中国建筑工业出版社出版、发行（北京海淀三里河路9号）

各地新华书店、建筑书店经销

北京鸿文瀚海文化传媒有限公司制版

北京圣夫亚美印刷有限公司印刷

*

开本：787毫米×1092毫米　1/16　印张：13　字数：312千字

2021年6月第一版　2023年11月第五次印刷

定价：**39.00**元（赠教师课件）

ISBN 978-7-112-26158-1

（37709）

前　言

"BIM技术基础"是土木建筑大类专业的一门重要专业基础课。本教材以《高等职业教育土建类专业教育标准和培养方案》及"1+X"建筑信息模型（BIM）职业技能等级证书标准为基本依据，结合目前专业建设、课程建设、教育教学改革成果，广泛调查目前建筑类毕业生的岗位走向和生源等实际情况，参考国家、行业最新的规范和标准编写而成。

本教材注重BIM技术基本知识与工程项目实际应用相结合，文字表达力求浅显易懂，加大了实践环节的教学力度，重视职业岗位能力的培养。本教材在编写过程中注重行业的技术发展动态，引用了国家、行业颁布的最新规范和标准，力求反映最新最先进的技术和知识。本教材分为5个模块，每个模块的知识框架大部分由项目介绍，具体任务两部分组成，符合学生的认知规律，增加了学习的整体性、实操性和实用性。每个教学单元都附有项目概述、项目要求、任务描述、任务实操、任务评价、拓展实训，指导学生自主学习，并用所学知识解决工程中的实际问题，培养学生分析问题、解决问题的能力。本书特别强调实际操作能力的训练，大部分命令都是结合项目进行讲解，在项目中完成对命令的操作的练习。内容按照循序渐进，由易到难的顺序安排，可以帮助读者快速掌握BIM技术基础的应用技巧。

本教材还是一本工作手册式教材，同时引入"云学习"在线教育创新理念，增加了与课程知识点相关的云课、云题，将传统教育模式对接到网络，学生通过手机扫描文中的二维码，可以自主反复学习，帮助理解知识点、学习更有效。

本教材由湖南城建职业技术学院陈芳教授任第一主编并负责统稿，湖南城建职业技术学院肖凌任第二主编。湖南城建职业技术学院的刘龙、吴飞、肖文青、赵挺雄、庞亚芳、彭雯博任副主编。模块1 BIM建模准备由吴飞、彭雯博编写，模块2 BIM建模-建筑由肖文青、彭雯博、毛伟民编写，模块3 BIM建模-结构由庞亚芳、姜嘉龙、苏达编写，模块4 BIM建模-设备由吴飞、郭怡婷、张弘编写，模块5 BIM模型成果输出由赵挺雄编写。

本项目实际案例由湖南城建职业技术学院规划设计院提供，为保证实际案例符合现行规范，项目设计师李伟、刘龙、隆正前、吴飞等为原设计图纸的修改提供了技术支持。

由于编者学识有限，不足之处在所难免，敬请广大读者给予指正。

目　录

模块 1

BIM 建模准备

1.1 学习项目介绍纲要

本项目以某学院行政办公楼项目为载体，引导大家全面学习 BIM 建模的准备工作。项目位于湖南省某市某学院内，1987 年建造，2011 年装修改造。地上 4 层，半地下 1 层，含办公室、会议室、阅览室、档案室、仓库等功能空间，整个建筑面积为 1750m^2，建筑高度为 15.9m。

1.1.1 项目目标

(1) 了解 BIM 建模环境。
(2) 掌握 BIM 各专业项目样板的创建要求。
(3) 掌握标高、轴网的创建及修改要求。

1.1.2 项目要求

序号	任务	要求
1	了解 BIM 建模环境	(1)理解 BIM 建模的相关规则。 (2)了解 Revit 2018 系统配置及工作界面。 (3)了解 BIM 项目的建模工作流程
2	创建 BIM 项目样板	(1)掌握项目样板的使用。 (2)熟悉项目样板的设置
3	创建 BIM 项目标高、轴网	(1)掌握标高的创建及修改。 (2)掌握轴网的创建及修改

1.2 建模环境

1.2.1 建模依据及法律法规

1. 建模依据

目前来说，BIM 建模工作通常是在已绘制好的图纸基础上，开始各专业的建模。其依据可以是建设单位或设计单位提供的通过审查的有效图纸、国家规范和标准图集以及设计变更的数据。项目图纸按照专业一般分为建筑专业图纸、结构专业图纸和建筑设备专业图纸，其中建筑设备专业图纸又包括给水排水专业图纸、暖通专业图纸和电气专业图纸。

2. 建模标准

BIM 建模工作涵盖多个专业，需要多人员进行参与，如果没有统一的建模标准，则对后期模型进行 BIM 应用的难度会进一步加大。国家相关技术标准对 BIM 技术和数据信息管理进行了统一的规定，以下为已发布的国家标准：

《建筑信息模型应用统一标准》GB/T 51212—2016

《建筑信息模型施工应用标准》GB/T 51235—2017

《建筑信息模型分类和编码标准》GB/T 51269—2017

《建筑信息模型设计交付标准》GB/T 51301—2018

《建筑工程设计信息模型制图标准》JGJ/T 448—2018

3. BIM 相关法律法规

在实施过程中，BIM 还需满足工程建设领域中的各专业相关规范，各专业常见规范见表 1.2-1。

各专业常见规范 表 1.2-1

专业类别	常见规范
建筑专业	《建筑设计防火规范》《住宅建筑规范》《住宅设计规范》《夏热冬冷地区居住建筑节能设计标准》《公共建筑节能设计标准》《无障碍设计规范》《车库建筑设计规范》
结构专业	《建筑结构可靠性设计统一标准》《建筑结构荷载规范》《混凝土结构设计规范》《高层建筑混凝土结构技术规程》《建筑地基基础设计规范》《装配式混凝土结构技术规程》
给水排水专业	《建筑设计防火规范》《建筑给水塑料管道工程技术规范》《建筑排水塑料管道工程技术规程》《建筑给水排水设计标准》《民用建筑节水设计标准》《自动喷水灭火系统设计规范》《消防给水及消火栓系统技术规范》《建筑灭火器配置设计规范》
暖通专业	《建筑设计防火规范》《民用建筑供暖通风与空气调节设计规范》《建筑防烟排烟系统技术标准》《民用建筑热工设计规范》《公共建筑节能设计标准》《全国民用建筑工程设计技术措施》《通风与空调工程施工规范》《通风与空调工程施工质量验收规范》

续表

专业类别	常见规范
电气专业	《建筑设计防火规范》《建筑照明设计标准》《供配电系统设计规范》《20kV 及以下变电所设计规范》《低压配电设计规范》《通用用电设备配电设计规范》《建筑电气工程施工质量验收规范》

除此之外，BIM 的实施需满足当地住房和城乡建设主管部门对于初步设计、施工图、绿色建筑等的规定，并按其要求严格执行。

4. 建模规则

对于不同的建设项目，为了提高 BIM 模型创建及后续模型审核效率，在符合国家现行有关标准规定的同时，更方便地规范 BIM 模型管理，一般企业均会根据自己的项目制订相应的建模规则，从而提升企业 BIM 的应用水平。由于规则不尽相同，这里仅以某学院行政办公楼项目的规则为例，介绍一些 BIM 建模共性的规则。

（1）BIM 模型文件命名

BIM 模型文件的命名应简明且易于辨识。同一项目中，表达相同工程对象的模型单元命名应具有一致性。一般宜由项目编号、项目简称、模型单元简述、专业代码、描述依次组成，不同字段之间由连字符“-”隔开。项目简称宜采用识别项目的简要称号，可采用英文或拼音。当然，根据项目体量大小、模型拆分方式、阶段、版本管理等因素，模型文件命名也可适当增减字段。例如，本项目 BIM 建模按专业可分为建筑建模、结构建模和设备建模，而设备又分为给水排水、暖通和电气，因此模型命名可以为：某学院行政办公楼-建筑、某学院行政办公楼-结构、某学院行政办公楼-给水排水、某学院行政办公楼-暖通、某学院行政办公楼-电气。

BIM 模型构件命名宜由模型单元简述、拆分单元、构件编号、尺寸等组成，具体需要根据模型拆分方式、阶段及构件特殊性等因素共同决定命名的原则和组成字段。例如，本项目中某结构柱构件命名为：KZ-1-350×350，即结构柱构件编号为：KZ-1，尺寸为：350×350。

（2）模型的精细度

建筑信息模型所包含的模型单元，包含 4 个级别。其中项目级模型单元承载项目、子项目或局部建筑信息；功能级模型单元承载完整功能的模块或空间信息；构件级模型单元承载单一的构配件或产品信息；零件级模型单元承载从属于构配件或产品的组成零件或安装零件信息。不同项目建筑信息模型包含的最小模型单元应由模型精细度等级衡量。

模型精细度基本等级可以划分为 1.0 级模型精细度（代号 LOD1.0）、2.0 级模型精细度（代号 LOD2.0）、3.0 级模型精细度（代号 LOD3.0）、4.0 级模型精细度（代号 LOD4.0）四个等级。本项目 BIM 建模设计精度不低于 LOD3.0，包含的最小模型单元为构件级模型单元，需要达到模型构件具备精确数量、尺寸、形状、位置、方向等信息，非几何属性信息亦可建置于模型组件中。

（3）模型拆分规则

由于 BIM 项目往往体量比较大，专业涵盖量多，在建立 BIM 模型时很难通过一个模型文件包含所有专业模型。为了提高工作效率，方便多用户同时开展工作，实现不同专业间的协作，可以对模型进行拆分。在实际过程中，根据项目的难易程度或专业划分进行选择性建模，也可以按单项工程拆分、按单位工程拆分、按结构沉降缝拆分、按水平或垂直方向划分、按功能要求划分。另外，鉴于目前计算机软硬件的性能限制，也可按模型文件大小划分，单一模型文件最大不宜超过 200M，以避免后续多个模型文件操作时硬件设备运行缓慢。其中建筑专业可按建筑分区、按子项、按施工缝、按楼层、按建筑构件拆分建模。结构专业可按建筑分区、按子项、按施工缝、按楼层、按构件拆分建模。设备专业也可按分区、按楼号、按施工缝、按楼层、按系统或子系统拆分建模。

本项目由于体量较小，BIM 建模按专业分为建筑建模、结构建模和设备建模。建筑、结构专业统一建模，无需拆分。设备建模根据系统拆分，由 3 人分别建立给水排水、暖通、电气模型。

(4) 模型色彩规则

模型的颜色主要用于展示模型和区分系统的作用，模型单元应根据工程对象的系统分类设置颜色。各系统之间颜色应差别显著，便于视觉区分。一般来说，对于建筑专业和结构专业，图纸已经明确的构件外观色彩按照图纸要求进行建模，图纸未明确构件外观色彩由 BIM 小组负责人统一确定。设备专业根据不同系统进行颜色区分，可参照表 1.2-2 设置，也可根据施工图纸中颜色统一确定。本项目中设备专业颜色根据施工图纸中颜色设置，见模块 4，其中给水系统设置为绿色、排水系统设置为黄色、通风系统设置为蓝色等。

设备专业常见颜色设置 **表 1.2-2**

一级系统	颜色设置			二级系统	颜色设置		
	红(R)	绿(G)	蓝(B)		红(R)	绿(G)	蓝(B)
给水排水系统	0	0	255	给水系统	0	191	255
				排水系统	0	0	205
				中水系统	135	206	235
				消防系统	255	0	0
暖通空调系统	0	255	0	供暖系统	124	252	0
				通风系统	0	205	0
				防排烟系统	192	0	0
				空气调节系统	0	136	69
电气系统	255	0	255	供配电系统	160	32	240
				应急电源系统	218	112	214
				照明系统	238	130	238
				防雷与接地系统	208	32	144

(5) 模型协同规则

由于 BIM 项目参与方较多，信息内容多样，数量庞大，模型的创建采用项目协同管理的方式，以实现信息数据的一致性和共享性，提高生产效率，减少工作错误。协同的方式通常采用中心文件协同方式、文件链接协同方式。

中心文件协同方式是采用创建工作集的方式，多个用户可以通过一个“中心文件”模型和多个同步的“本地文件”模型来共同创建一个整体模型文件。团队成员被分配到不同工作集中，通过中心文件独立完成各自的 BIM 设计，并将成果同步到中心文件。同时，各成员也可通过更新本地文件查看其他成员的工作进度和成果，减少了各专业的碰撞问题，提高了工作效率，但是对服务器的配置和管理要求较高。文件链接协同方式也称为外部参照或代理文件，需要将已建好的模型文件链接到当前模型。团队成员可以随时加载链接若干个外部模型文件，互相参照，但是不可修改其他专业的模型。这种方式最为简单，但是模型数据相对分散，协作时效性较差，整体修改编辑的效率较低。

本项目由于体量小，专业内部构件不多，不需要分权限，因此采用文件链接协同方式建模。

1.2.2 软硬件环境设置

(1) 硬件环境配置

通常来说，BIM 系统都是基于 3D 模型的，相比于建筑行业传统 2D 设计软件，无论是模型大小还是复杂程度都超过 2D 设计软件，因此，BIM 应用对于计算机计算能力和图形处理能力的要求都要高得多。本项目采用 Revit 2018 软件建模，Revit 2018 安装配置要求见表 1.2-3。

Revit 2018 安装配置要求 **表 1.2-3**

<table>
<tr><th rowspan="2">描述项</th><th colspan="3">需求配置</th></tr>
<tr><th>最低要求</th><th>高性价比</th><th>性能优先</th></tr>
<tr><td>操作系统</td><td colspan="3">Microsoft® Windows® 7 SP1 64 位；Enterprise、Ultimate、Professional 或 Home Premium；Microsoft Windows 8.1 64 位；Enterprise、Pro 或 Windows 8.1；Microsoft Windows 10 64 位；Enterprise 或 Pro</td></tr>
<tr><td>CPU 类型</td><td>单核或多核 Intel® Pentium®、Xeon®或 i 系列处理器或支持 SSE2 技术的 AMD®同等级别处理器</td><td>支持 SSE2 技术的多核 Intel Xeon 或 i 系列处理器或 AMD 同等级别处理器</td><td>支持 SSE2 技术的多核 Intel Xeon 或 i 系列处理器或 AMD 同等级别处理器，若执行近乎真实照片级渲染操作需要多达 16 核</td></tr>
<tr><td>内存</td><td>4 GB RAM</td><td>8 GB RAM</td><td>16 GB RAM</td></tr>
<tr><td>视频显示</td><td>1280×1024 真彩色显示器
视频适配器基本显卡：支持 24 位色的显示适配器
高级显卡：支持 DirectX® 11 和 Shader Model 3 的显卡</td><td>1680×1050 真彩色显示器
视频适配器支持 DirectX 11 和 Shader Model 5 的显卡</td><td>视频显示超高清显示器
视频适配器支持 DirectX 11 和 Shader Model 5 的显卡</td></tr>
<tr><td>磁盘空间</td><td>5GB 可用磁盘空间</td><td>5GB 可用磁盘空间</td><td>5GB 可用磁盘空间 10000+RPM（用于点云交互）或固态驱动器</td></tr>
<tr><td>介质</td><td colspan="3">通过下载安装或者通过 DVD9 或 USB 密钥安装</td></tr>
<tr><td>指针设备</td><td colspan="3">Microsoft 鼠标兼容的指针设备或 3Dconnexion®兼容设备</td></tr>
<tr><td>浏览器</td><td colspan="3">Microsoft® Internet Explorer® 7.0（或更高版本）</td></tr>
<tr><td>连接</td><td colspan="3">Internet 连接，用于许可注册和必备组件下载</td></tr>
</table>

（2）Revit 2018 软件工作界面介绍

安装好 Revit 2018 软件，启动之后，进入启动界面（图 1.2-1）。单击左侧按钮新建或打开 Revit 的“项目”和“族”，也可以在“最近使用的文件”界面中，通过单击相应的快捷图标打开项目或者族文件。

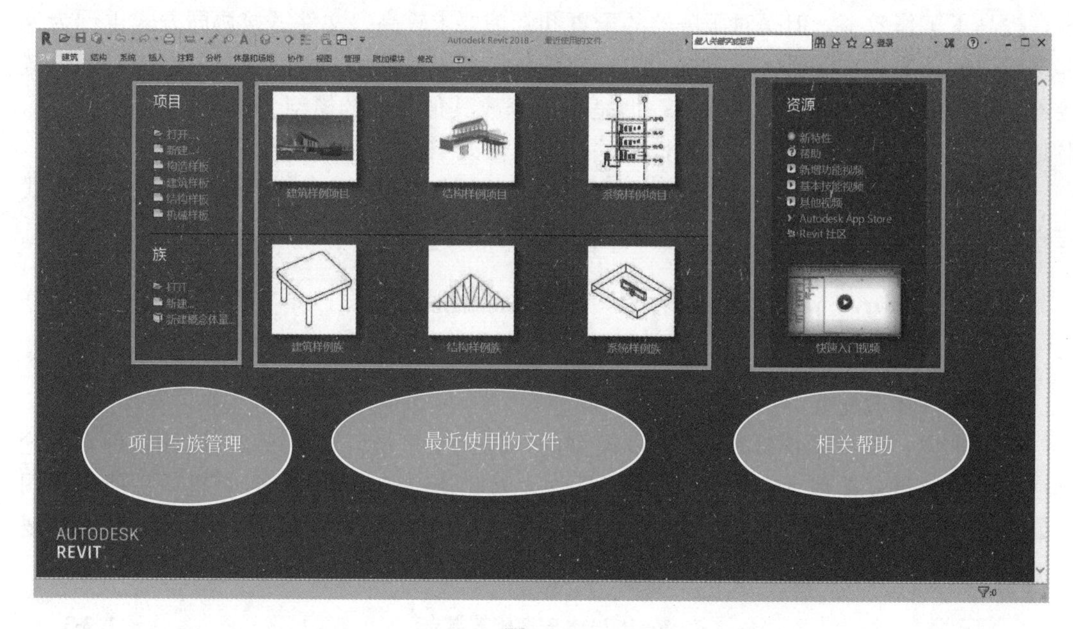

图 1.2-1

Revit 2018 工作界面由若干个区域组成，各个区域相互协作，构建了完整的工作界面（图 1.2-2）。

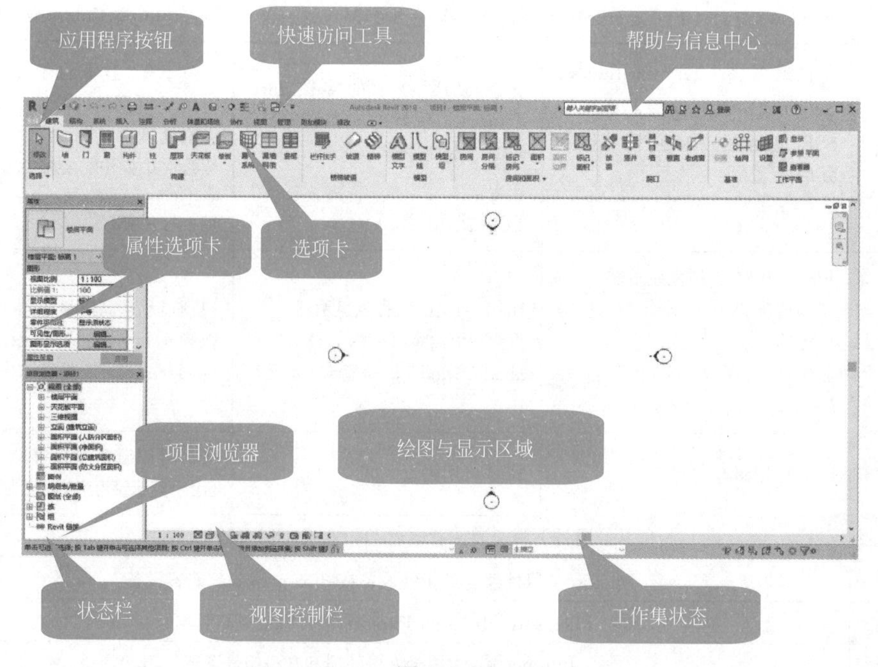

图 1.2-2

1.2.3 建模流程

本项目的 BIM 建模工作流程可分为准备阶段、模型创建阶段、成果输出阶段。具体内容见表 1.2-4。

建模工作流程　　表 1.2-4

<table>
<tr><th>序号</th><th>流程名称</th><th>具体内容</th><th colspan="2">任务章节</th></tr>
<tr><td rowspan="4">1</td><td rowspan="4">准备阶段</td><td>收集项目资料，包括建筑、结构、暖通、给水排水、电气 5 个专业施工图纸</td><td colspan="2">本书提供配套图纸</td></tr>
<tr><td>制定建模标准，包括模型命名、模型精细度、模型拆分及模型协同规则</td><td rowspan="3">模块 1</td><td>1.2</td></tr>
<tr><td>创建项目样板，包括土建样板、机电专业样板常用的项目样板设置内容</td><td>1.3</td></tr>
<tr><td>创建标高、轴网</td><td>1.4</td></tr>
<tr><td rowspan="3">2</td><td rowspan="3">模型创建阶段</td><td>建筑建模，包括墙体的创建、门窗的创建、楼板的创建、屋顶的创建、楼梯栏杆的创建、构建族的创建、标记注释的创建</td><td colspan="2">模块 2</td></tr>
<tr><td>结构建模，包括结构基础的创建、结构柱的创建、结构梁的创建、结构墙的创建</td><td colspan="2">模块 3</td></tr>
<tr><td>设备建模，包括给水排水建模、暖通建模、电气建模</td><td colspan="2">模块 4</td></tr>
<tr><td>3</td><td>成果输出阶段</td><td>各专业输出文件，包括各专业 BIM 模型、材料明细表、各专业施工图纸、关键视点、动画、渲染图</td><td colspan="2">模块 5</td></tr>
</table>

1.3 样板文件创建

1.3.1 样板文件

在 Revit 软件中新建项目时，会先要选择一个后缀名“.rte”的样板文件再进行后序的建模工作，因为在样板文件中设定了项目的初始参数，使得建立后的模型的二维和三维表达符合规范。二维图纸是各方交流的媒介，也是组织施工的依据。特别是施工图图纸，是具有法律效力的设计文件，需符合法规和规范，从表达上需满足设计制图规范。

软件程序中自带不同规程的样板文件，按 Revit 提供的系统项目样板文件进行出图是不能满足我国的制图规范标准的。为了三维信息模型标准，所出图纸符合制图标准，尽可能减少重复工作量，所以在项目创建前先应该做好样板文件的设置。

1.3.2 样板设置

1. 项目单位、线型设置

点击【管理】选项卡中【项目单位】，根据各专业需要，设置项目单位。如图 1.3-1 所示。

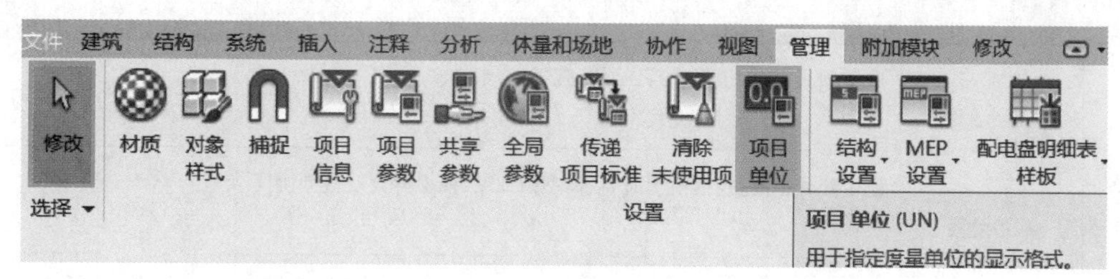

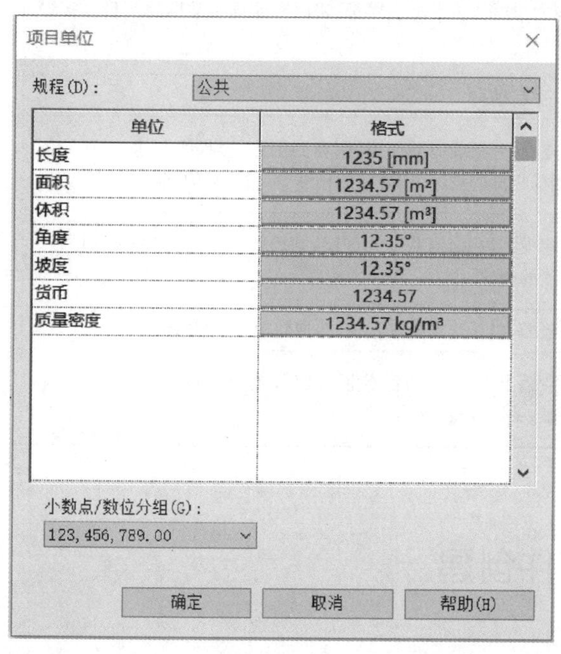

图 1.3-1

在【管理】选项卡中【其他设置】里点击【线型图案】，设置线型。点击【新建】，给新建线型命名，按需求设置线类型和值，如图 1.3-2 所示。

2. 项目信息设置

项目信息主要是将施工图纸上的信息输入到信息项目属性中，如项目名称、地点位置等。如图 1.3-3 所示。

3. 族文件的导入及清理

族是构成 Revit 的基本元素，Revit 中的所有图元都是基于族。族类型分为三种：

系统族，软件中预定义的族，包含基本建筑构件，如：墙、楼板、楼梯等。

标准构件族，即可载入族，可以在项目外部创建、修改、复制、单独保存为 .rfa 格式

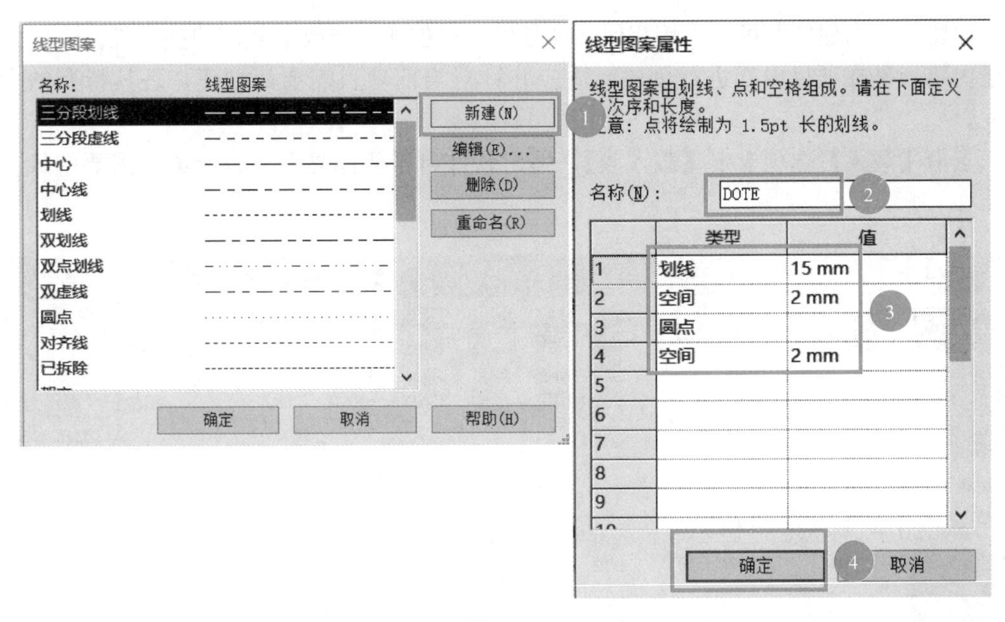

图 1.3-2

项目信息

族(F)：系统族：项目信息　　载入(L)...

类型(T)：　　编辑类型(E)...

实例参数 - 控制所选或要生成的实例

参数	值
标识数据	
组织名称	
组织描述	
建筑名称	
作者	
能量分析	
能量设置	编辑...
其他	
项目发布日期	出图日期
项目状态	
客户姓名	
项目地址	××××职业技术学院
项目名称	项目名称
项目编号	项目编号
审定	

图 1.3-3

文件的族，因此可载入族具有较强的自定义特性。例如门族、窗族、植物族、家具族等都可以在 Revit 2018 提供的族编辑器中创建完成之后，通过【载入族】命令，加载到项目中，为项目使用。

内建族，内建族和可载入族相似，都是可以被创建、修改、复制的族文件。不同之处在于内建族是在项目内部进行创建，适应并针对当前项目需要而创建，是其特有的专属图元。

点击【载入】选项卡中【载入族】，弹出软件自带族库界面，自行选择需要的族。如图 1.3-4 所示。

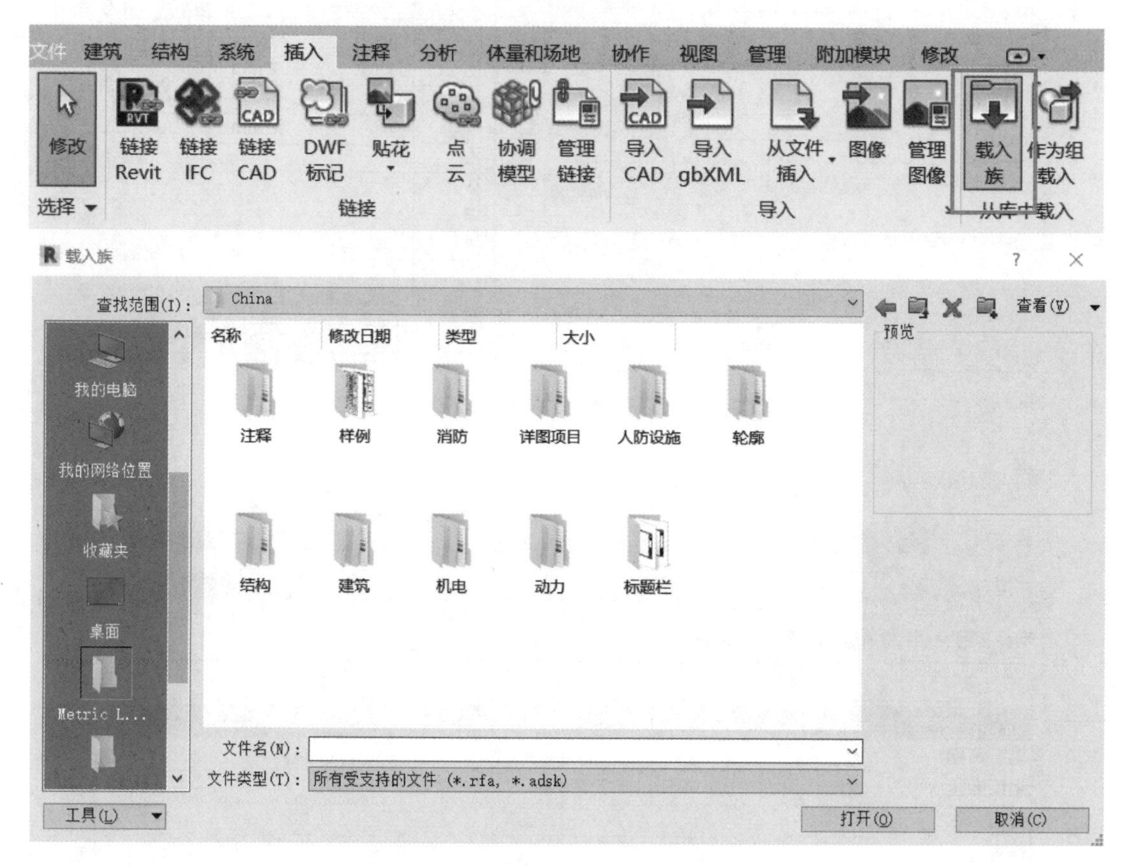

图 1.3-4

载入了新族并设置了符合制图要求的图元后，样板文件也变大了，相对应的启动运行时间也会变长，所以需要精简文件大小。

点击【管理】选项卡中【清除未使用项】弹出对话框。点击【放弃全部】按钮，然后一一展开列表，确认清除对象。如图 1.3-5 所示。

1.3.3 样板使用

双击软件图标，启动 Revit 2018，点击打开的界面中【新建】按钮，在弹出的【新建项目】中点击【浏览】，选择配套的土建样板文件【某学院行政办公楼样板文件】，点击【打开】，样板文件载入到软件中，点击【确定】完成新建项目。如图 1.3-6 所示。

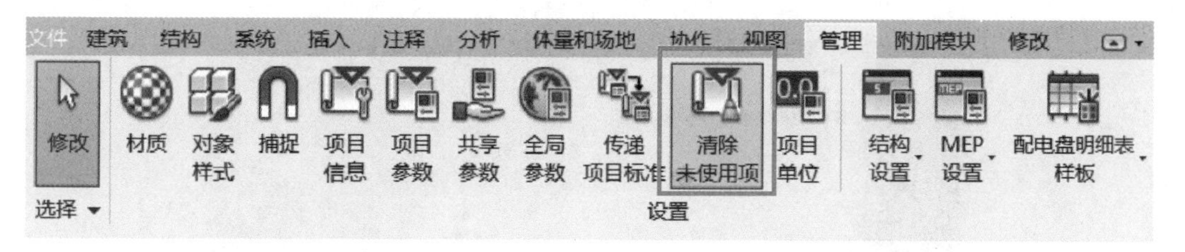
文件
建筑
结构
系统
插入
注释
分析
体量和场地
协作
视图
管理
附加模块
修改
修改
材质
对象样式
捕捉
项目信息
项目参数
共享参数
全局参数
传递项目标准
清除未使用项
项目单位
结构设置
MEP设置
配电盘明细表样板
选择
设置

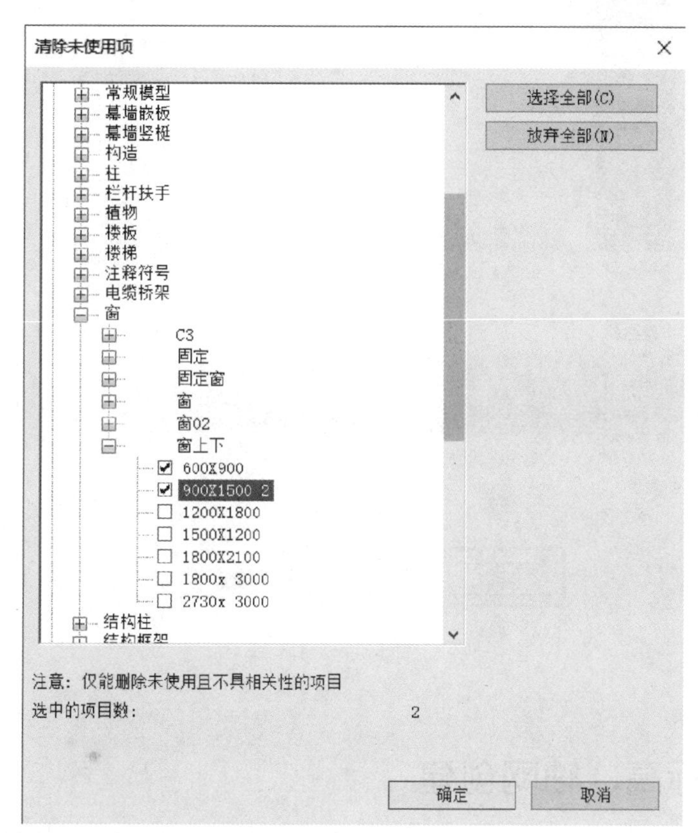
清除未使用项
常规模型
幕墙嵌板
幕墙竖梃
构造
柱
栏杆扶手
植物
楼板
楼梯
注释符号
电缆桥架
窗
C3
固定
固定窗
窗
窗02
窗上下
600X900
900X1500 2
1200X1800
1500X1200
1800X2100
1800x 3000
2730x 3000
结构柱
选择全部(C)
放弃全部(N)
注意：仅能删除未使用且不具相关性的项目
选中的项目数：
2
确定
取消

图 1.3-5

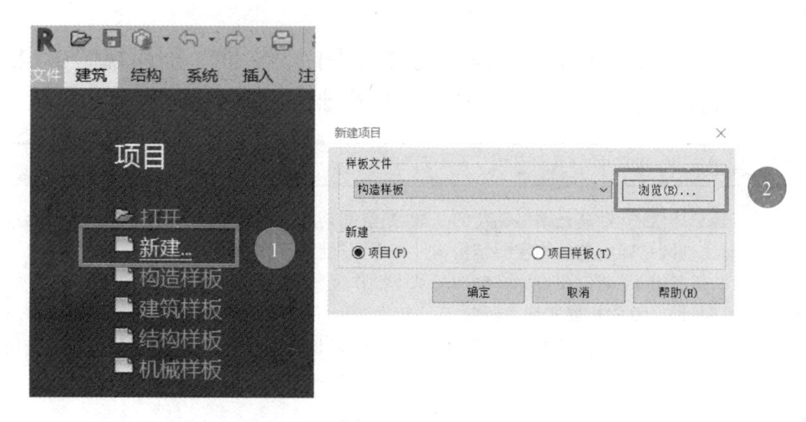
文件
建筑
结构
系统
插入
项目
打开
新建...
构造样板
建筑样板
结构样板
机械样板
1
新建项目
样板文件
构造样板
浏览(B)...
2
新建
项目(P)
项目样板(T)
确定
取消
帮助(H)

图 1.3-6（一）

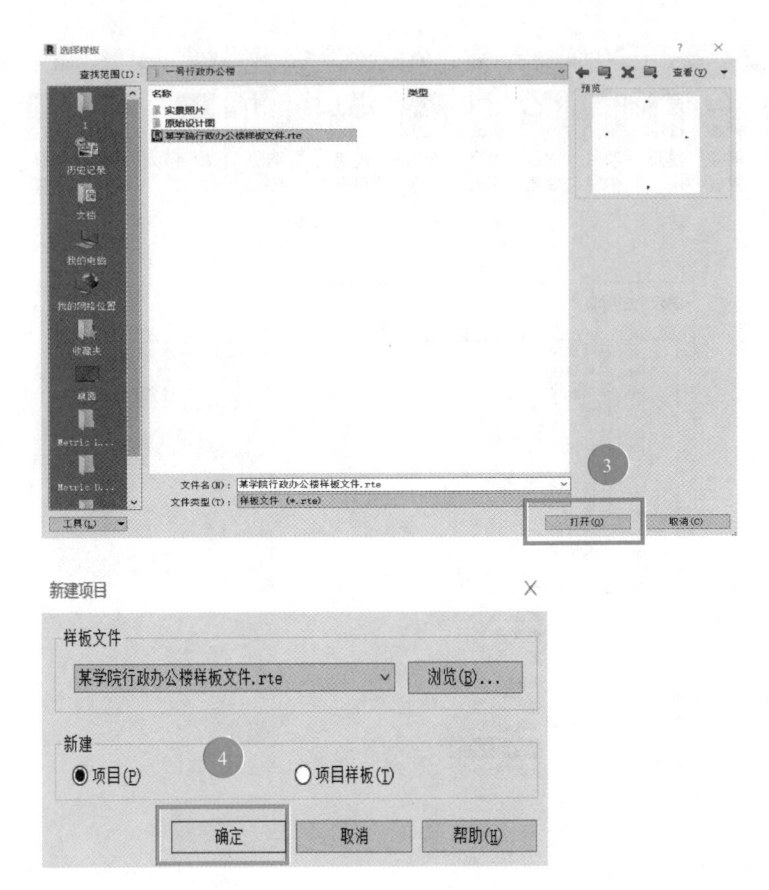

图 1.3-6（二）

1.4 标高、轴网创建

1.4.1 任务描述

在 Revit 2018 中，标高和轴网是建筑构件在平面、立面、剖面视图中定位的重要依据，所以它们的绘制是 Revit 2018 绘图的开始和基础。任务清单如下：

序号	项目	内容
1	任务概况	(1)总体概述：标高是模型创建的基准，是空间高度上的水平平面，用于建筑构件高度上的定位参照。轴网是确定建筑物主要结构构件在平面视图定位的基准图元。 (2)任务组织：课前预习标高轴网的基本操作视频；课中讲解重点及易错点，完成项目标高轴网的绘制；课后发放拓展实训习题。 (3)准备工作：①已掌握标高、轴网的绘制、编辑和修改；②已完成某学院行政办公楼的标高、轴网模型搭建。 (4)参考学时：4 学时

续表

序号	项目	内容
2	任务目标	熟悉标高、轴网的编辑方法及相关参数设置，根据提供的 CAD 图纸，给项目添加标高与轴网
3	成果要求	(1)创建标高
		(2)编辑标高
		(3)创建轴网
		(4)编辑轴网
4	成果范例	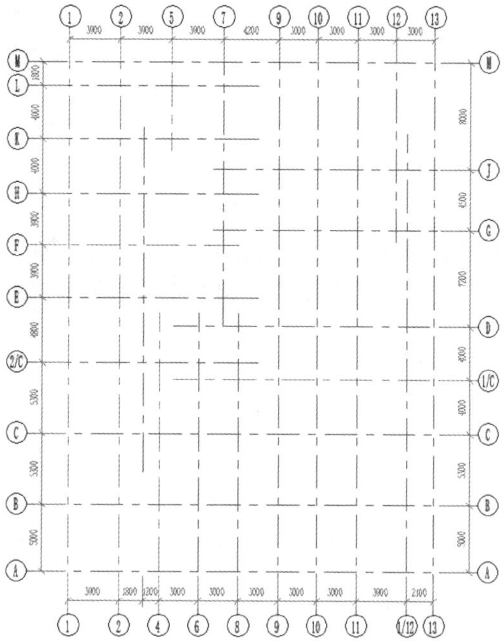 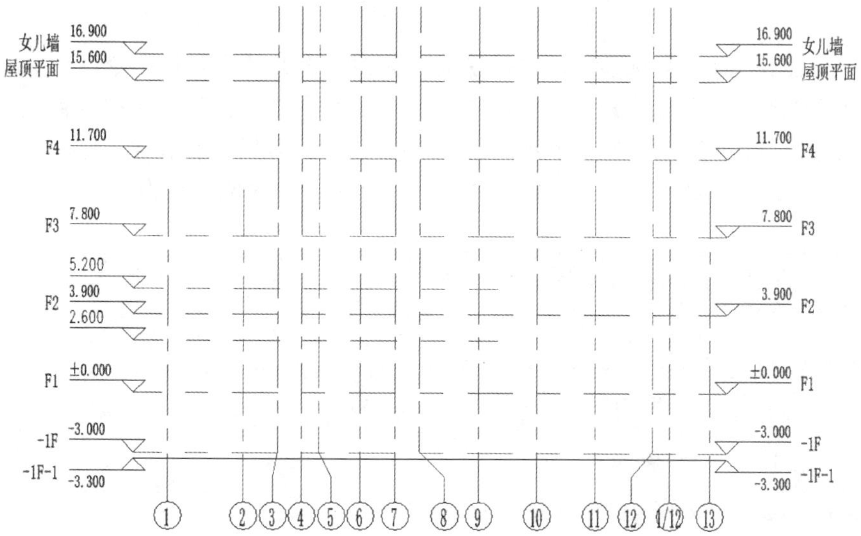

1.4.2 任务实操

操作思路			
创建标高 →	编辑标高 →	创建轴网 →	编辑轴网
	微课讲解 标高		微课讲解 轴网

1. 创建标高

在【项目浏览器】上双击任意立面视图名称可以进入立面视图，一般样板中会有默认标高“标高 1”和“标高 2”，修改标高名称为“F1”和“F2”，修改标高名称时会弹出对话框，选择“是”，完成标高重命名。如图 1.4-1 所示。

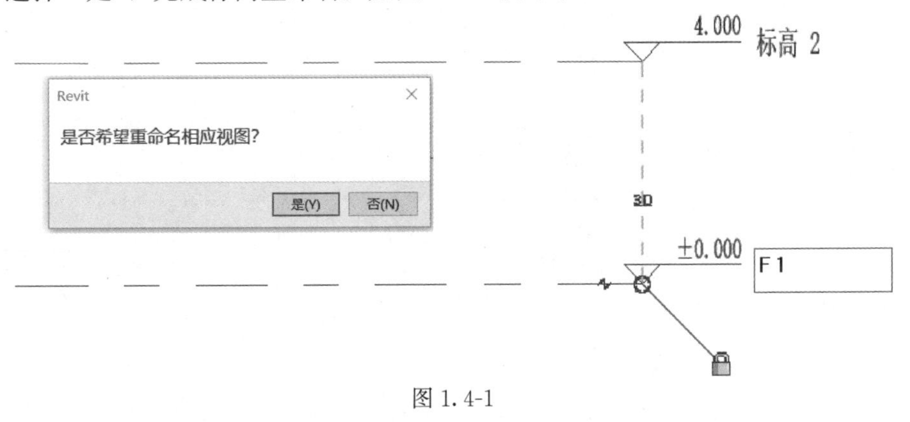

图 1.4-1

点击【建筑】选项卡，选择【基准】面板中的【标高】命令，Revit 2018 将自动切换至【修改｜放置标高】上下文选项卡，可以看到“绘制”面板中标高的绘制方式有两种：“绘制”和“拾取”，在这里我们选择“直线”方式进行绘制。绘制标高之前可以如图 1.4-2 所示，设置自动生成的平面视图类型，并确定设置的偏移量为 0。

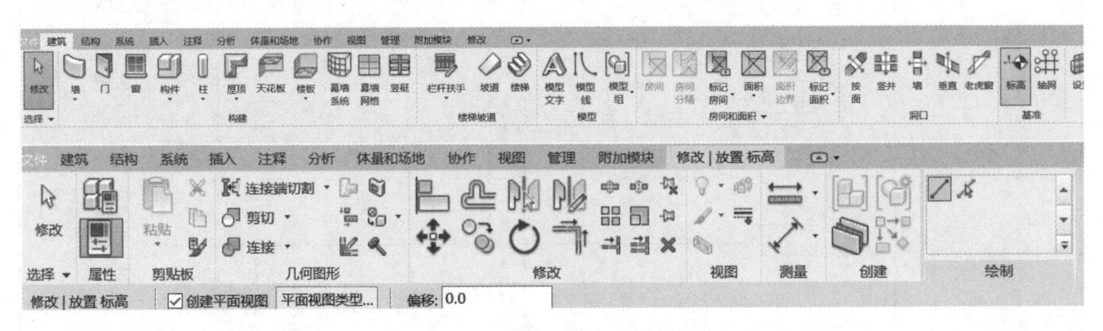

图 1.4-2

光标拖至绘图区域 F2 标头上方，当出现蓝色虚线显示表示标头已对齐，且光标与 F2 标高线之间显示临时尺寸标注，上下移动光标，临时尺寸线跟着改变。单击鼠标确认为将要绘制的 F3 标高起点，沿水平方向移动鼠标，在另一端标头处单击鼠标，确认完成 F3 标高绘制（图 1.4-3）。按键盘 Esc 键两次，结束绘制命令。

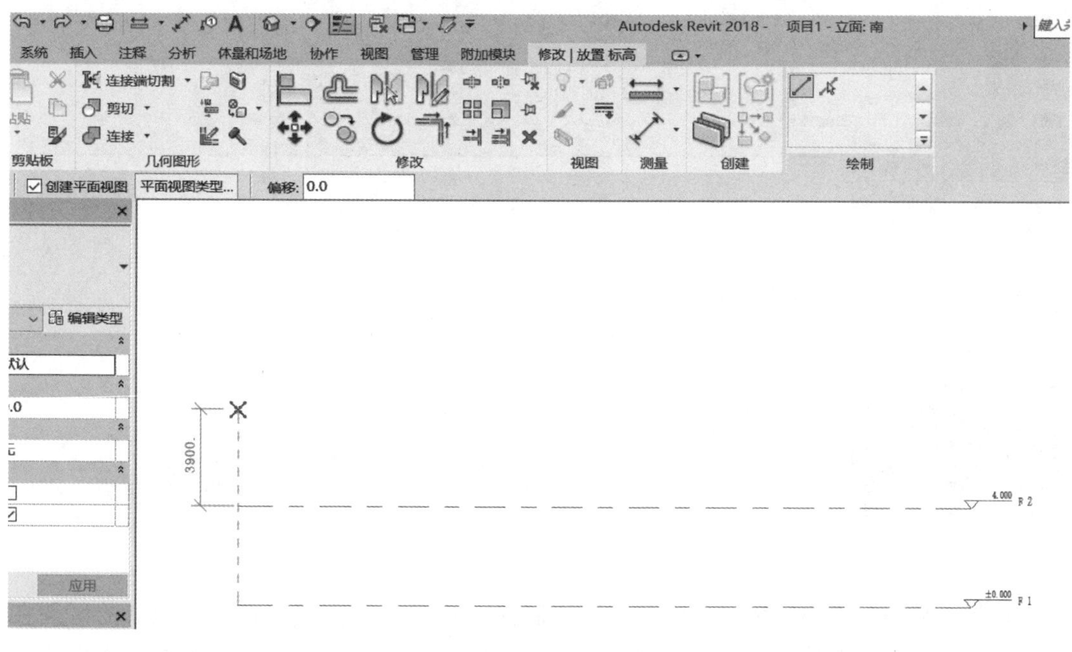

图 1.4-3

2. 编辑标高

查看配套 CAD 图纸，F2 层高为 3.9m，单击需要调整的标高线 F2，出现临时尺寸线，点击 4000 改为 3900 或点击标头上的 4.000 改为 3.9 即可，也可以修改属性栏中的“立面”后框内值“4000”为“3900”完成标高值的编辑（图 1.4-4）。

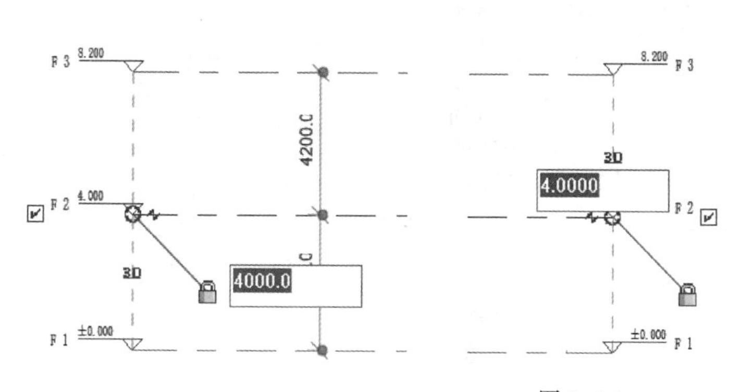

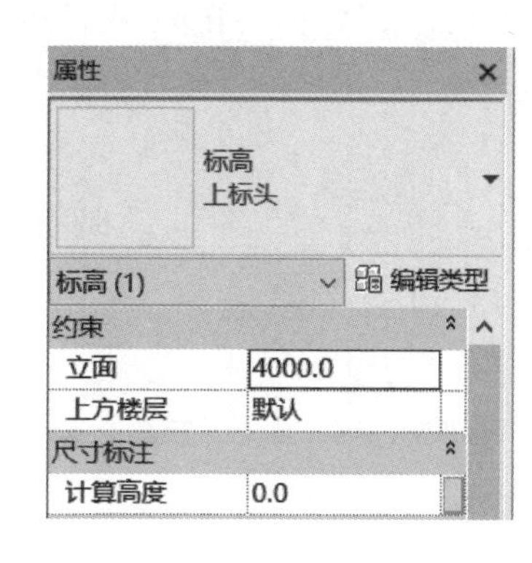

图 1.4-4

标高可以用绘制完成也可以用编辑命令复制来完成，如图 1.4-5 所示，选择需要被复制的标高 F3，功能区面板自动切换至【修改 | 标高】选项卡，单击【修改】面板中的【复制】命令，并在选项栏中勾选“约束”“多个”两个复选框，进入复制标高状态。再次

单击 F3 标高线，向上移动。此时可以直接用键盘输入新标高与被复制标高之间的间距数值，如“3900”，单位为“mm”，输入后按回车键，完成一个标高的复制过程。由于勾选了“多个”的复选框，可以继续在键盘上输入下一个标高间距，无须重新选择标高并激活“复制”命令。完成之后按键盘“Esc”键退出复制命令。

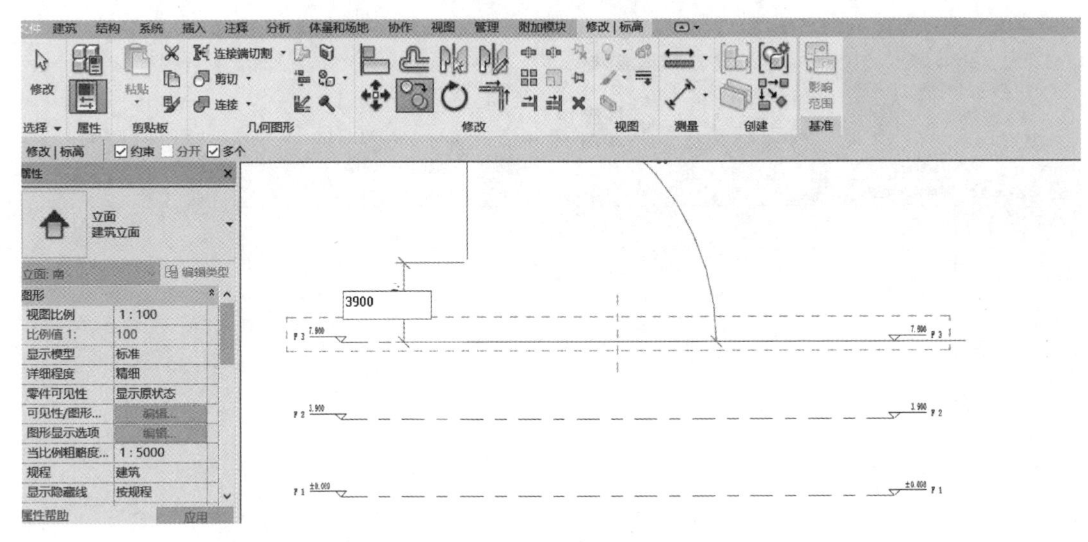

图 1.4-5

用编辑命令生成的标高线是黑色，用绘制命令生成的标高线是蓝色，二者的区别在于：双击蓝色标头将跳转至相应平面视图，双击黑色标头则不会引起视图转换。编辑命令生成的是不会创建相对应的视图平面的，绘制的有楼层平面视图。如图 1.4-6 所示。

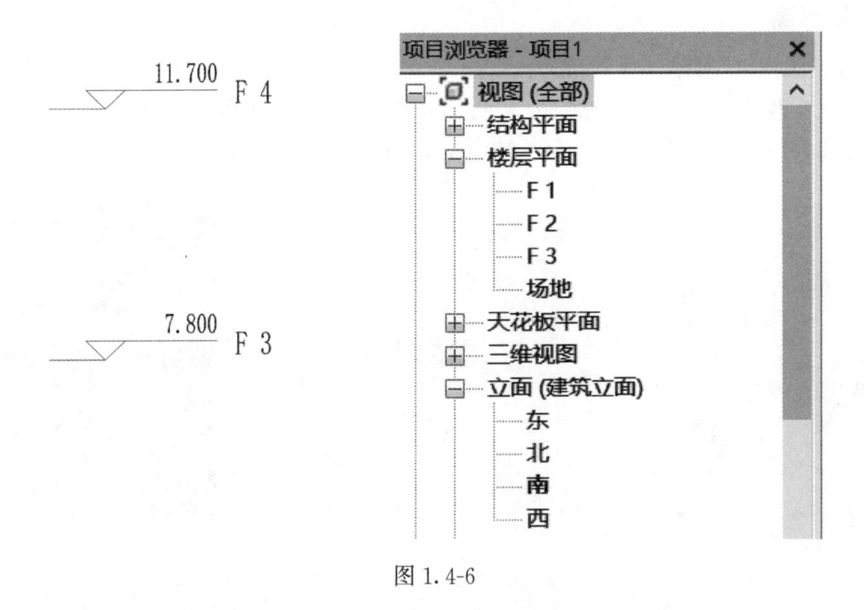

图 1.4-6

需要添加相应的楼层平面视图，单击【视图】选项卡，通过【创建】面板中的【平面视图】下拉菜单箭头，选择【楼层平面】命令。如图 1.4-7 所示，弹出【新建楼层平面】对话框，对话框里只有没有生成平面视图的标高楼层 F4，选择 F4 标高，单击【确定】按钮，将会自动生成 F4 的楼层平面视图。

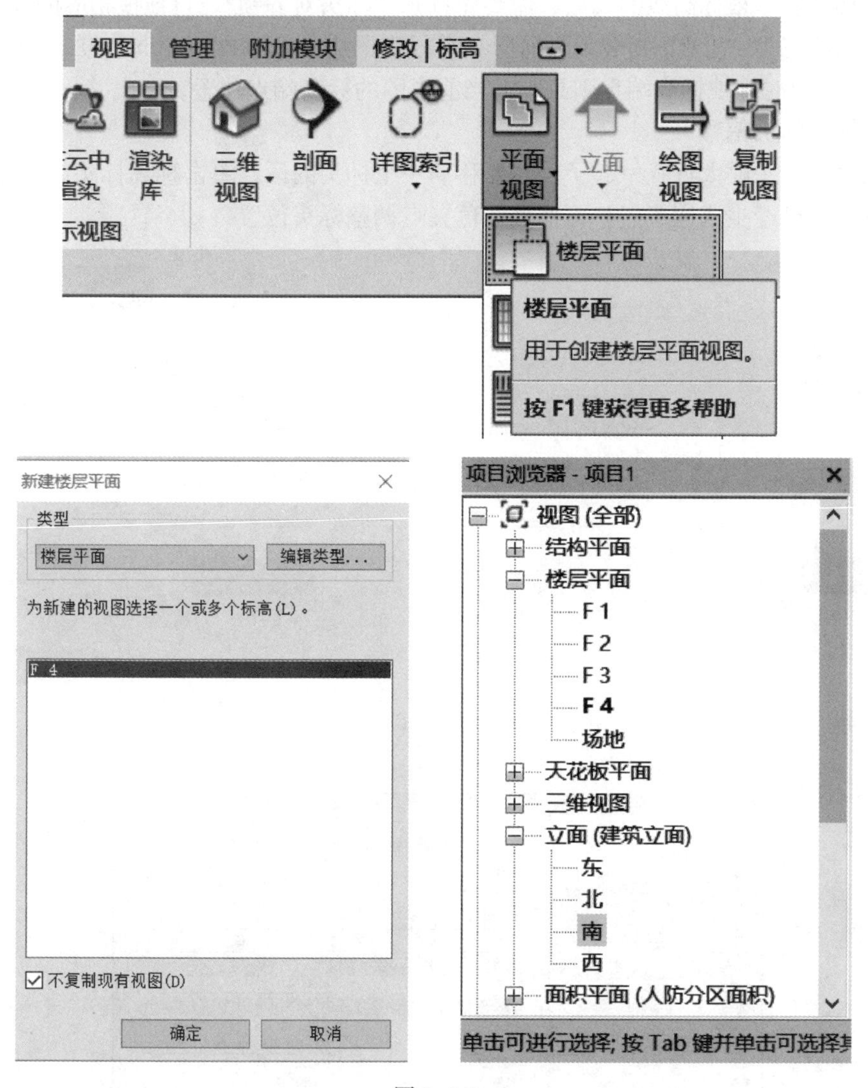

图 1.4-7

如图 1.4-8 所示，选择任意一根标高，所有对齐此标高的端点位置会出现一条蓝色的标头对齐虚线，并显示一些控制符号、复选框、临时尺寸标注。调整和拖拽这些符号和复选框可编辑标高。

（1）标高显示设置

选择标高线，单击标头外侧的方形复选框，即可隐藏/显示标头。

如果需要控制所有标高的显示，如图 1.4-8 所示，选择一根标高，单击【属性】面板中的【编辑类型】命令，弹出【类型属性】对话框（图 1.4-9），在其中修改标高的类型属性，单击端点默认符号后面的方形复选框，即可隐藏/显示此类型的标高标头。可以根据对话框内的内容修改标高的其他类型属性，包括标高的线宽、颜色、线型图案、标头符号类型。

（2）标高标头位置调整

只想移动某一根标高线的端点，需要先打开“标头对齐锁”，再拖拽相应的标高端点。

标高的状态为“3D”，则表示当前所有平行视图中的标高端点是同步联动的，单击切换为“2D”，此时拖拽标高端点则只影响当前视图的标高端点位置。

（3）标高标头偏移

如果两个标头隔太近叠一起了，需要移动一个标头的话，单击标高标头附近的折线符号添加弯头，已经生成弯头后，可拖拽蓝色夹点调整标头位置。

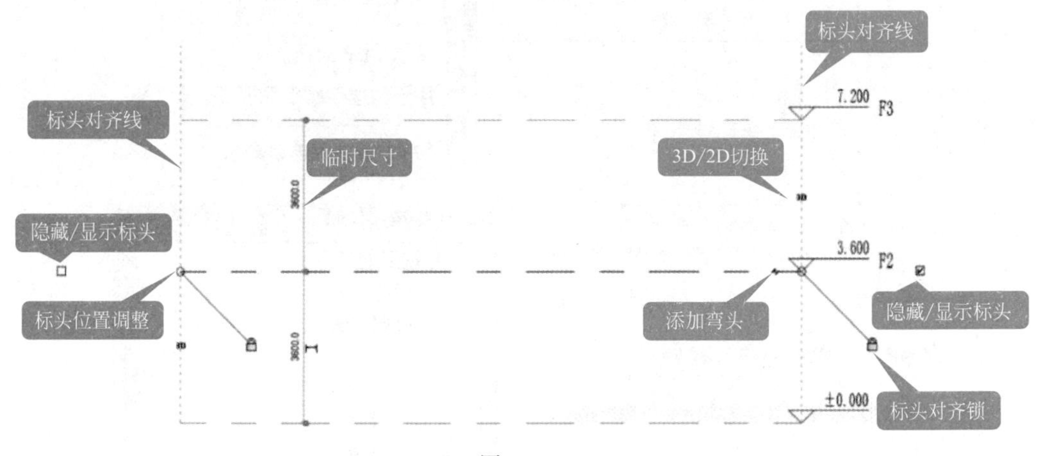

图 1.4-8

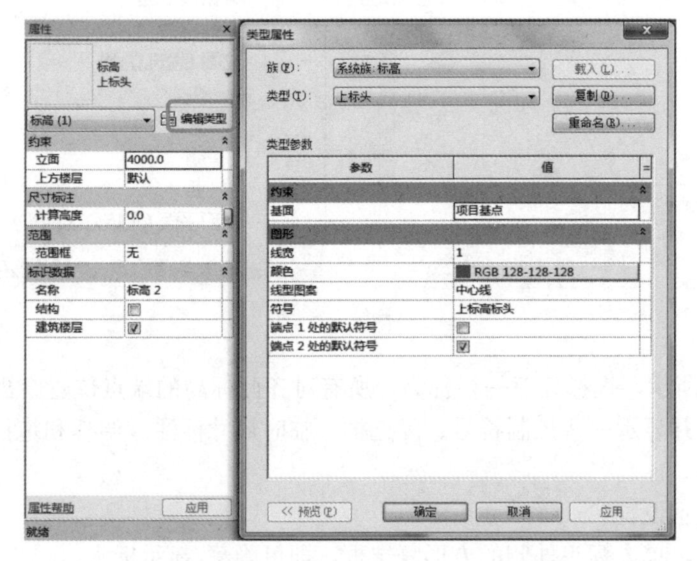

图 1.4-9

3. 创建轴网

点击【建筑】选项卡，选择【基准】面板中的【轴网】命令，面板将自动切换至【修改｜放置轴网】上下文选项卡（图 1.4-10），可以看到“绘制”面板中标高的绘制方式大体有三种：“绘制”“拾取”“多段”，在这里我们选择“拾取”方式进行绘制。将 CAD 图纸导入到软件中，通过“拾取线”的方式来绘制轴网。

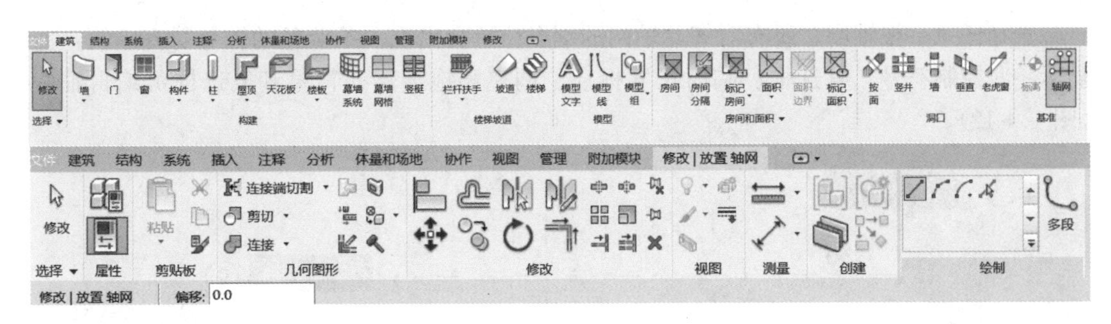

图 1. 4-10

单击 F1 平面视图，在【插入】选项卡的【导入】面板中单击选择【导入 CAD】命令。在弹出的【导入 CAD 格式】面板中选择要导入的 CAD 文件，勾选“仅当前视图”的复选框，设置“颜色”“图层/标高”“导入单位”“定位”和“放置于”等选项，然后单击【打开】，被选择的 CAD 文件就导入到软件之中了。利用【拾取线】命令，单击 CAD 文件的轴网可以逐个进行拾取，完成绘制。如图 1. 4-11 所示。

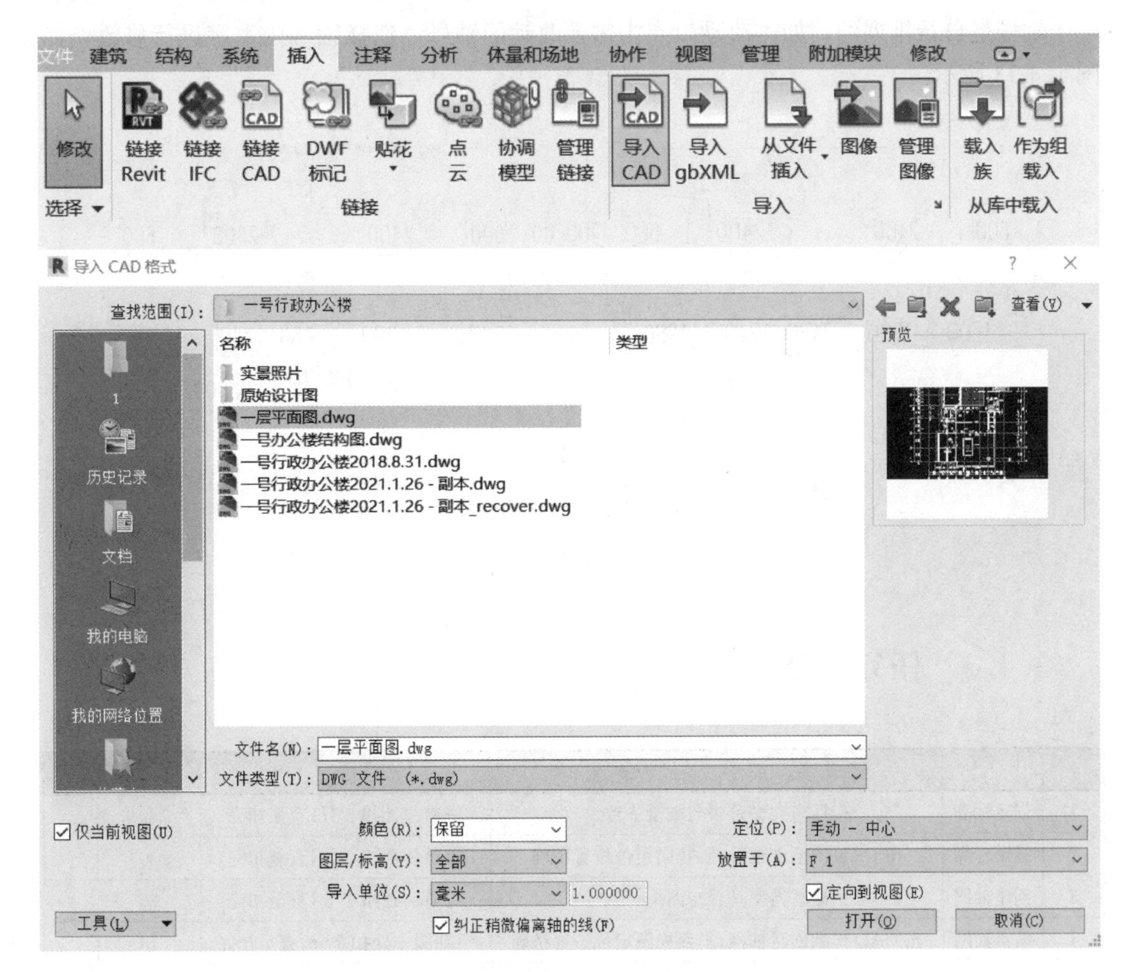

图 1. 4-11

4. 编辑轴网

选择任意一根轴网，所有对齐此轴网的端点位置会出现一条蓝色的轴号对齐虚线，并显示一些控制符号、复选框、临时尺寸标注。调整和拖拽这些符号和复选框可编辑轴网（图 1.4-12）。

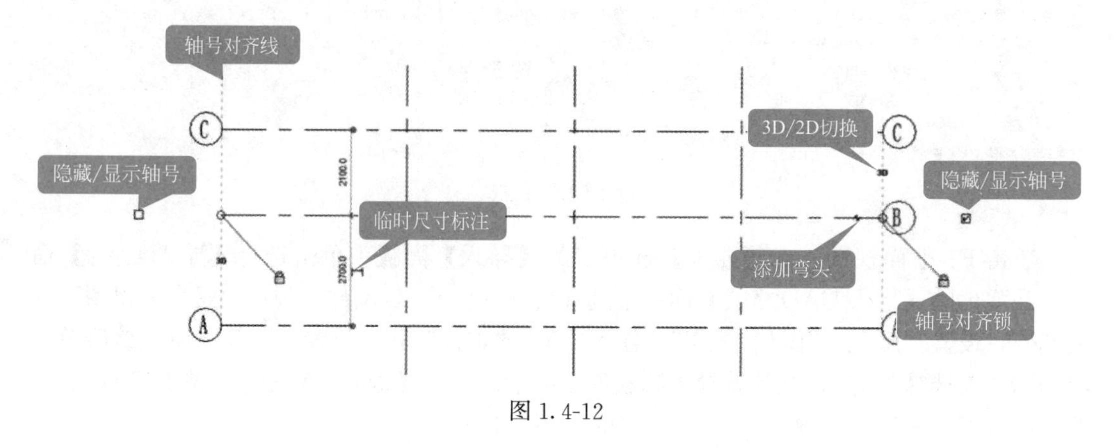

图 1.4-12

轴号是自行排列的，如需改动，点击需要改动的轴号，选择轴号内数字进行修改，如图 1.4-13 所示。

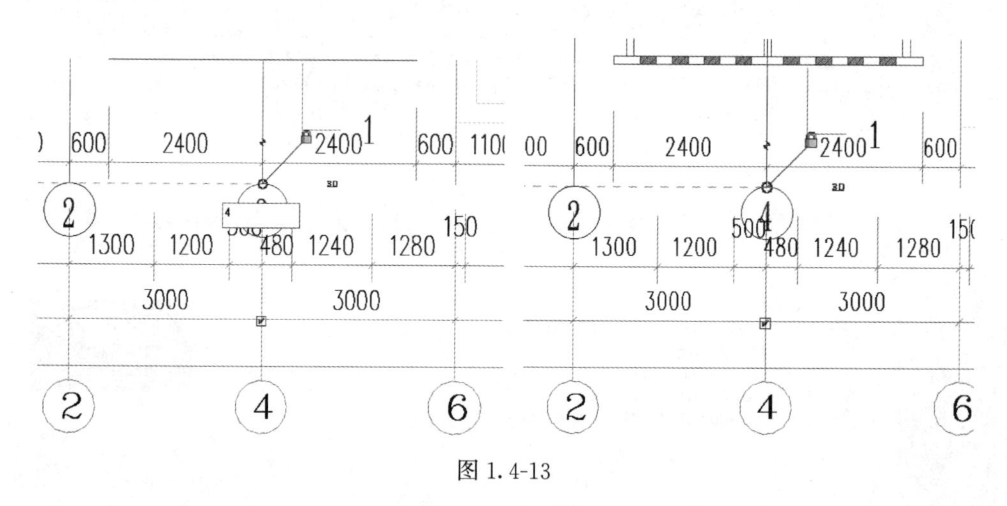

图 1.4-13

1.4.3 任务评价

序号	评价内容	评分标准	扣分标准	标准分	得分
1	创建标高	标高类型是否与图纸一致	每错一处扣 3 分，直至扣完	30	
2	编辑标高	按 CAD 图纸创建标高，竖向定位位置精确	每错一处扣 3 分，直至扣完	30	
3	创建轴网	标高类型是否与图纸一致	每错一处扣 3 分，直至扣完	30	
4	编辑轴网	按 CAD 图纸创建轴网，平面视图定位位置精确	每缺漏一处扣 2 分，直至扣完	10	
总分				100	

1.4.4　拓展实训

本任务的拓展实训是以 3000～5000m^2 的多层框架结构建筑为例，本书案例为某学院食堂，使用 Revit 2018 软件掌握标高轴网的绘制。拓展实训任务清单如下：

序号	项目	内容
1	实训概况	(1)总体概述：某学院食堂为钢筋混凝土框架结构。根据结构图纸，在已经完成结构基础的模型中按照要求创建标高、轴网基准图元。 (2)实训组织：课后独立完成拓展实训。 (3)实训准备：①已学习标高、轴网的创建、编辑；②某学院食堂建筑图纸，建筑样板文件。 (4)实训学时：课后 4 学时 微课讲解
2	实训目标	掌握楼板的编辑方法及相关参数设置，根据提供的 CAD 图纸，给项目添加对应的楼板构件
3	成果要求	(1)创建标高 (2)编辑标高 (3)创建轴网 (4)编辑轴网
4	成果范例	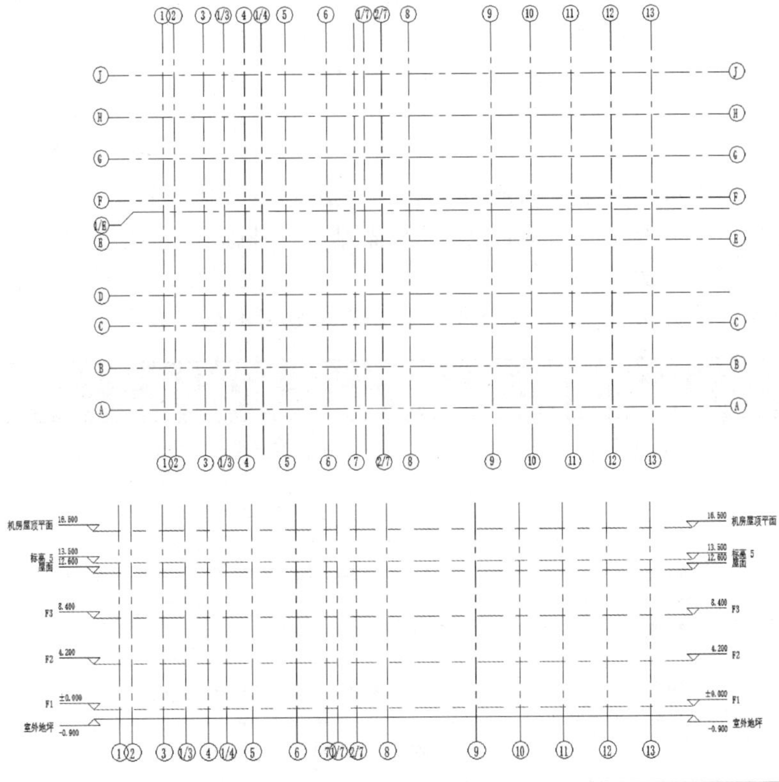

模块 2

BIM 建模-建筑

2.1 学习项目介绍

本项目以某学院行政办公楼项目这一实际工程项目为载体，通过本模块的学习，全面掌握 BIM 建筑建模。

2.1.1 项目概述

本项目为某学院行政办公楼，工程地址为湖南省××市××路 42 号；建筑面积 $1750m^2$，结构形式为钢筋混凝土框架结构，基础形式为独立基础，半地下室 1 层，地上 4 层，建筑高度 15.9m，建筑层高 3.9m，局部夹层 2.6m；建筑功能含办公室、会议室、阅览室、档案室、仓库等功能空间；建筑主要材料如下表：

序号	名称	材料	备注
1	外墙面	干粘石外墙	
2	内墙面	涂料内墙面	
3	楼地面	陶瓷地砖楼地面	
4	顶棚	涂料	
5	屋顶	架空隔热板保护层(不上人屋面)	
6	门	办公室(实木门)、卫生间(铝合金门)	详见本书配套图纸
7	窗户	铝合金框中空玻璃窗	详见本书配套图纸

2.1.2 项目要求

序号	任务	要求
1	建筑墙 BIM 模型的创建	(1)识读建筑施工图纸。 (2)设置编辑墙体参数。 (3)正确绘制墙体
2	门窗 BIM 模型的创建	(1)了解门窗类型。 (2)设置编辑门窗参数。 (3)正确放置门窗
3	楼板 BIM 模型的创建	(1)了解楼板类型。 (2)设置编辑楼板参数。 (3)正确绘制楼板
4	屋顶 BIM 模型的创建	(1)了解屋顶类型。 (2)设置编辑屋顶参数。 (3)正确绘制屋顶
5	楼梯、栏杆、扶手 BIM 模型的创建	(1)了解楼梯、栏杆、扶手类型。 (2)设置编辑楼梯、栏杆、扶手参数。 (3)正确绘制楼梯、栏杆、扶手
6	概念体量及族 BIM 模型的创建	(1)了解体量及族概念。 (2)设置体量及族参数。 (3)正确放置体量及族
7	标记、注释 BIM 模型的创建	(1)了解标记、注释概念。 (2)正确添加标记、注释

2.1.3 成果展示

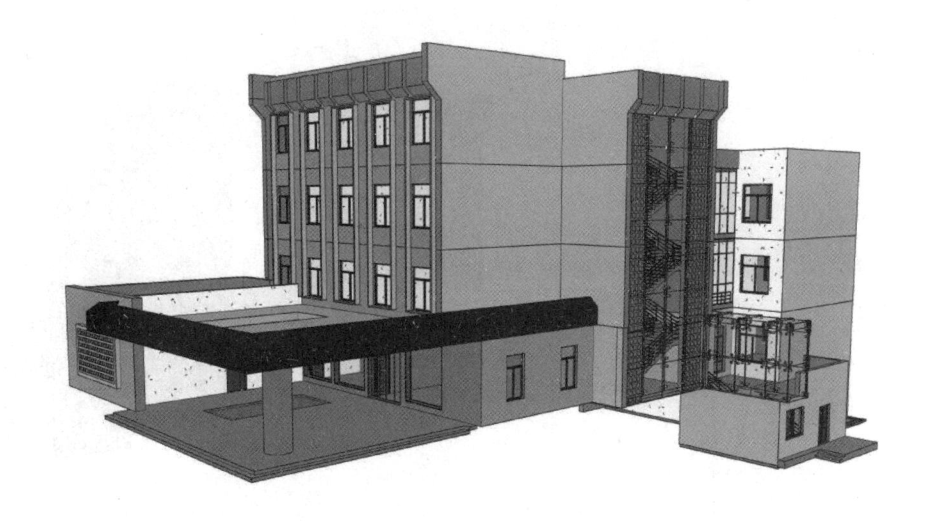

2.2 任务 1 建筑墙创建

2.2.1 任务描述

本任务是 BIM 建模-建筑墙创建模块的第一个任务，以某学院行政办公楼为案例，使用 Revit 2018 软件学习和掌握墙体的创建。任务清单如下：

序号	项目	内容
1	任务概况	(1)总体概述：以某学院行政办公楼为案例，使用 Revit 软件讲解墙体的创建。在 Revit 软件中，墙体属于系统族，墙系统族提供了三种类型：基本墙、叠层墙和幕墙。根据设计需求指定墙体结构参数定义生成三维墙体模型。通过案例讲解完成某学院行政办公楼的主体墙和玻璃幕墙，以此掌握墙的创建和编辑方法。 (2)任务组织：课前预习墙体创建的基本操作视频；课中讲解重点及易错点，完成项目某学院行政办公楼墙体的搭建；课后发放拓展实训习题。 (3)准备工作：①已掌握识图能力；②某学院行政办公楼建筑图纸，已完成轴网的创建。 (4)参考学时：4 学时
2	任务目标	本任务主要掌握建筑墙体的创建、编辑和修改
3	成果要求	(1)建筑墙体命名规范
		(2)建筑墙体形状正确
		(3)建筑墙体尺寸正确
		(4)建筑墙体材质正确
		(5)建筑墙体位置正确
		(6)建筑墙体无缺漏或重复布置现象
4	成果范例	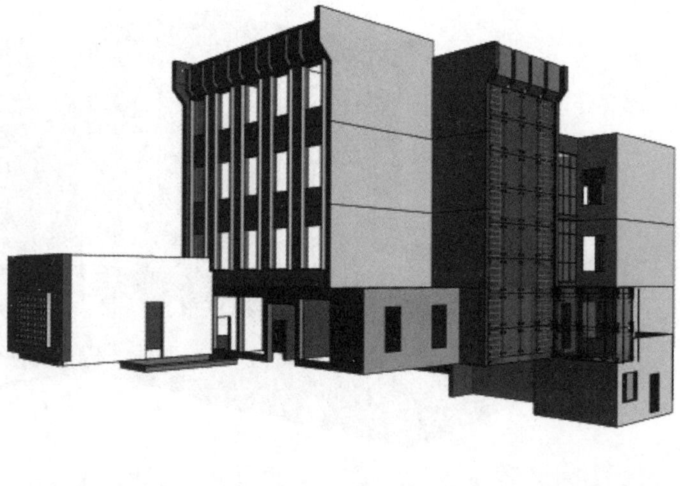

2.2.2 任务实操

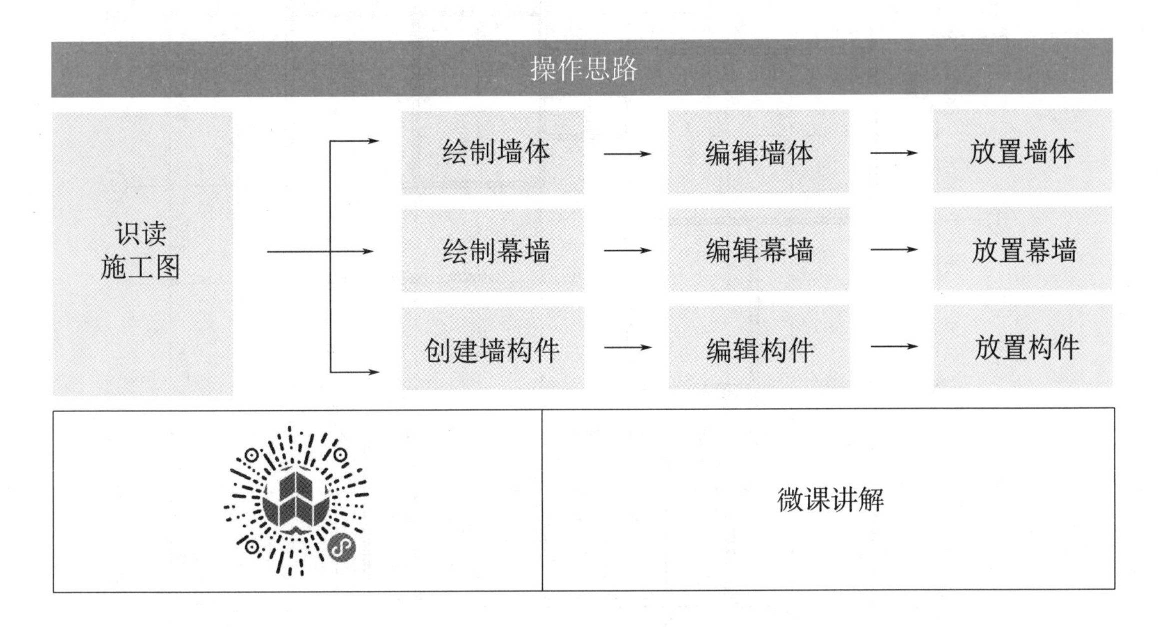

1. 识读建筑施工图

识读该项目的建筑CAD施工图纸，了解项目墙体的基本信息，了解各楼层墙体在平面布置图中的位置及尺寸（图2.2-1）。

本项目中主楼有四层，层高为3900mm，主楼墙体包含外墙、内墙、幕墙及墙体的等构件。1～9轴线，1/E～M轴线附楼为四层，层高为2600mm；外墙材质主要为真石漆材质；内墙材质为白色乳胶漆材质；卫生间墙体材质为瓷砖材质；幕墙为玻璃材质；本任务以一层的墙体为案例讲解墙体在Revit中的绘制方法。

2. 绘制墙体

墙体是建筑模型中常用的建筑构件之一，在Revit平台中属于系统族；点击工具栏【建筑】＞【墙】，包含建筑墙、结构墙、面墙、墙饰条和墙分割条，如图2.2-2所示。

注意：【墙：饰条】和【墙：分隔条】在平面视图、立面视图为灰显示状态，不可操作，在三维视图或者剖面视图为可操作状态。

（1）绘制一层外墙体

① 打开已经完成轴网的Revit文件，开始创建基本墙。单击【建筑】选项卡，单击功能区的【墙】，在【属性】的下拉列表选择任意一种如【常规－200mm】。如图2.2-3所示。

② 单击【编辑类型】按钮，在弹出【类型属性】对话框中，点击【类型】的【复制】，并重新命名为WQ-240mm-灰麻石材质，在点击【类型参数】＞【编辑】；在弹出【编辑部件】对话框中，点击【插入】，在核心边界上下各增加两个面层；修改厚度分别为20，200，20；在【图层2［5］】材质一栏中点击【默认为新材质】进入【材质浏览器】点击搜索灰麻石材质。如图2.2-4所示。

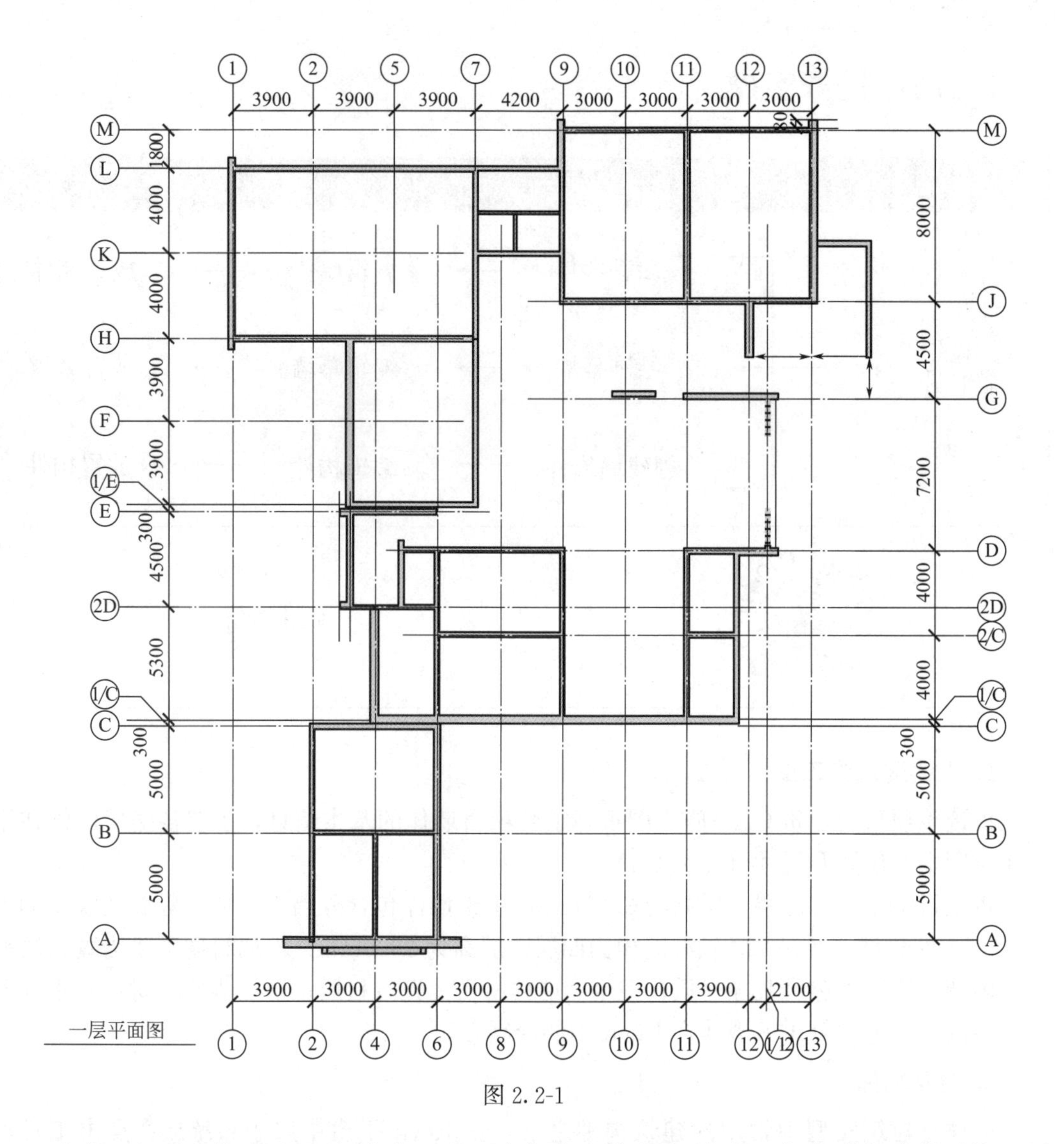

图 2. 2-1

注意：如通过搜索后无该材质，可以重新命名建立新材质，点击【新建材质】通过【重命名】修改材质名称，调整【图形】和【外观】设置属性，点击【确定】完成。

③ 设置完成外墙的构造及材质，在【属性】栏设置墙体的【底部约束】为 F1（±0. 000)，【顶部约束】F2（3. 900)，完成设置开始绘制外墙墙体，如图 2. 2-5 所示。

④ 根据 CAD 图纸绘制外墙墙体，参考图如图 2. 2-6 所示。

(2) 绘制一层内墙体

① 绘制一层内墙，方法同设置外墙一致，选择单击【基本墙/常规－200mm】【编辑类型】按钮，再弹出【类型属性】对话框中，点击【类型】的【复制】将其命名为 NQ-240mm-白色墙漆，点击【编辑】按钮，在弹出的【编辑部件】对话框中，点击【插入】，修改厚度分别为 20，200，20，在第一栏点击【材质】进入【材质浏览器】，点击搜索松散-石膏板，点击【确定】完成。在第五栏点击【材质】选择松散-石膏板材质。如图 2. 2-7 所示。

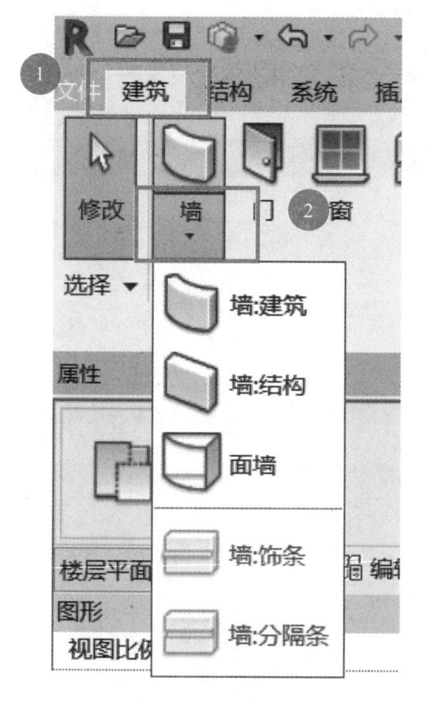

图 2.2-2

图 2.2-3

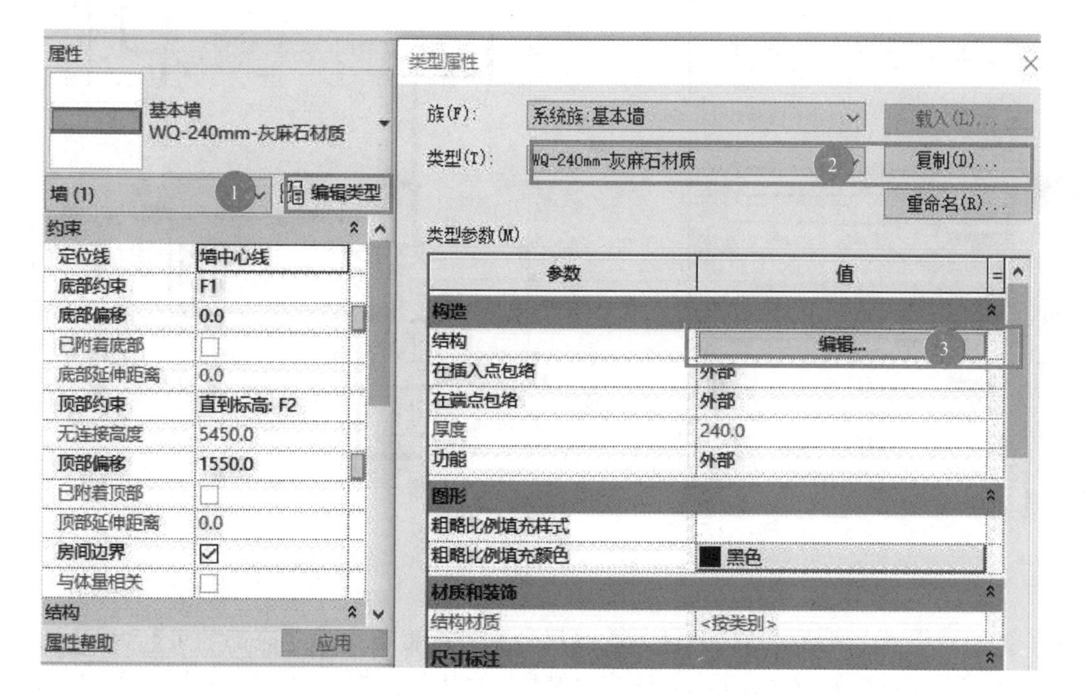

图 2.2-4（一）

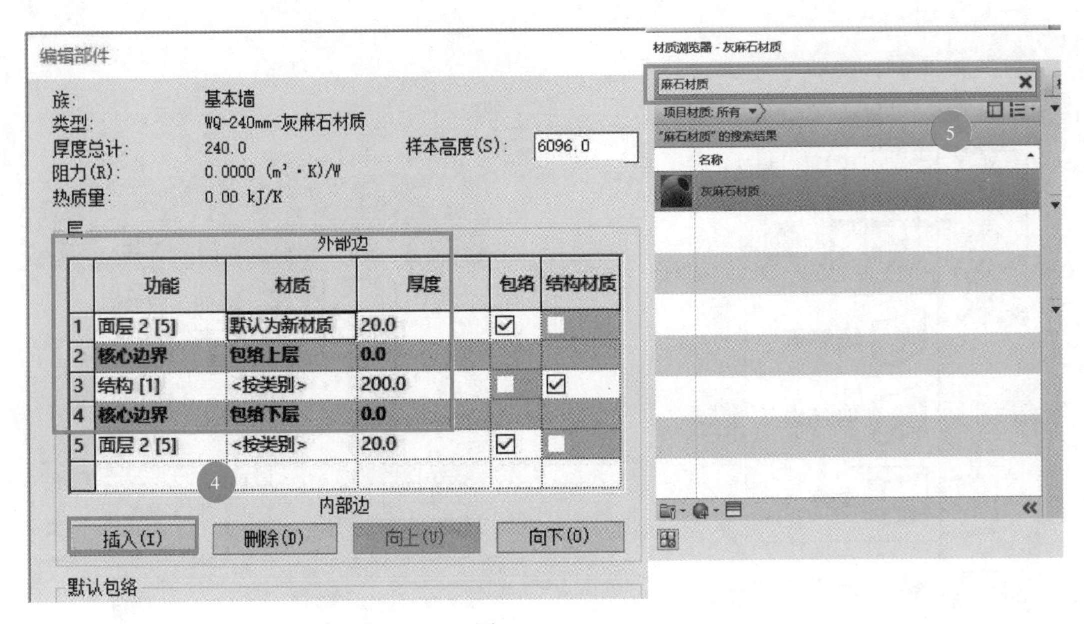

图 2.2-4（二）

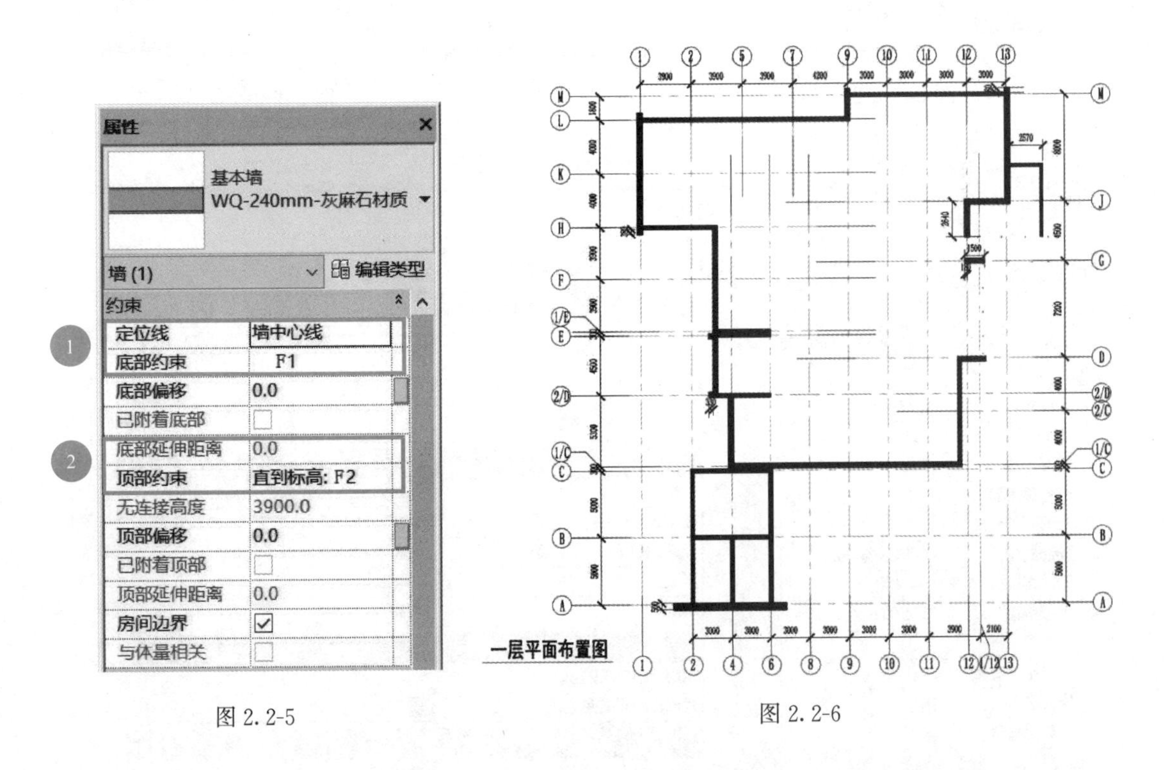

图 2.2-5

图 2.2-6

② 设置完成内墙的构造及材质，在【属性】栏设置墙体的【底部约束】为 F1（±0.000），【顶部约束】F2（3.900），完成设置开始绘制内墙墙体。参考图如图 2.2-8 所示。

3. 绘制幕墙

（1）在一层开始创建基本墙。单击【建筑】选项卡，单击功能区的【墙】，在【属性】的下拉列表选择幕墙。如图 2.2-9 所示。

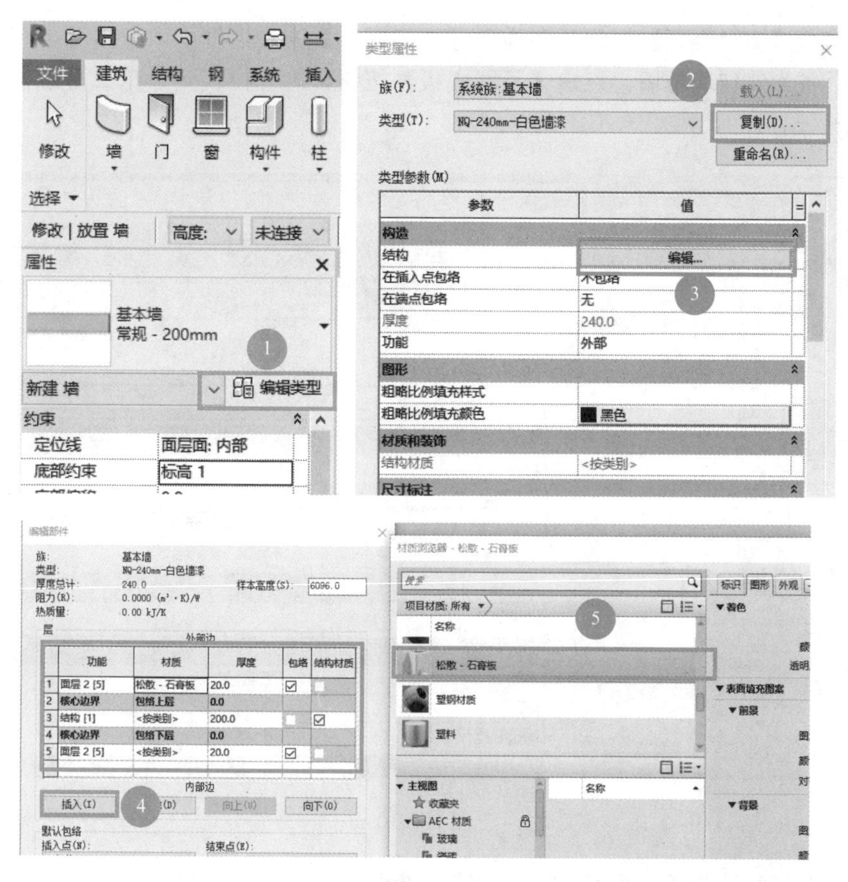

图 2.2-7

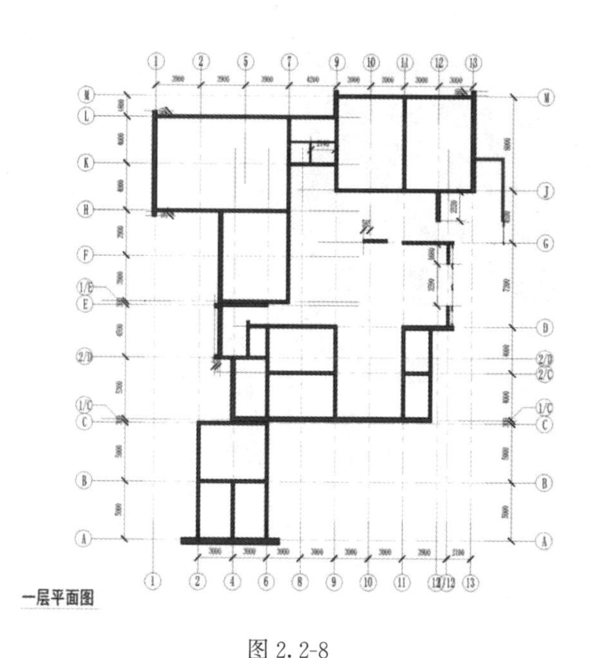

图 2.2-8

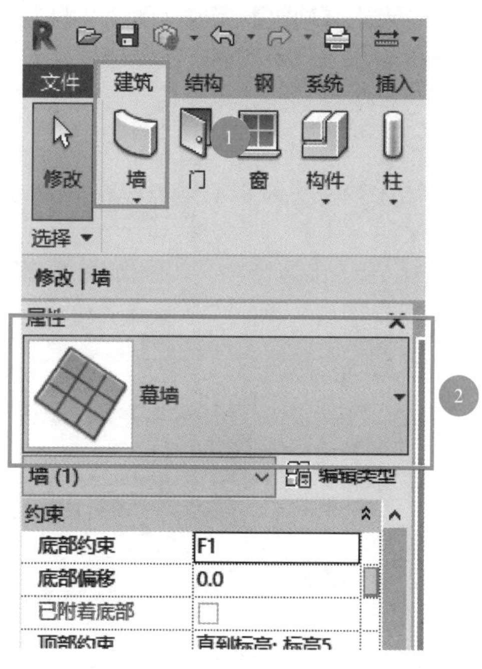

图 2.2-9

注意：卫生间内墙为瓷砖材质，在设置墙体的时候，需要区分。

（2）单击【编辑类型】按钮，在弹出【类型属性】的对话框中，点击【类型】的【复制】将其命名为外玻璃幕墙，点击【幕墙嵌板】按钮，再下拉找到点爪式幕墙嵌板，点击使用。如图 2.2-10 所示。

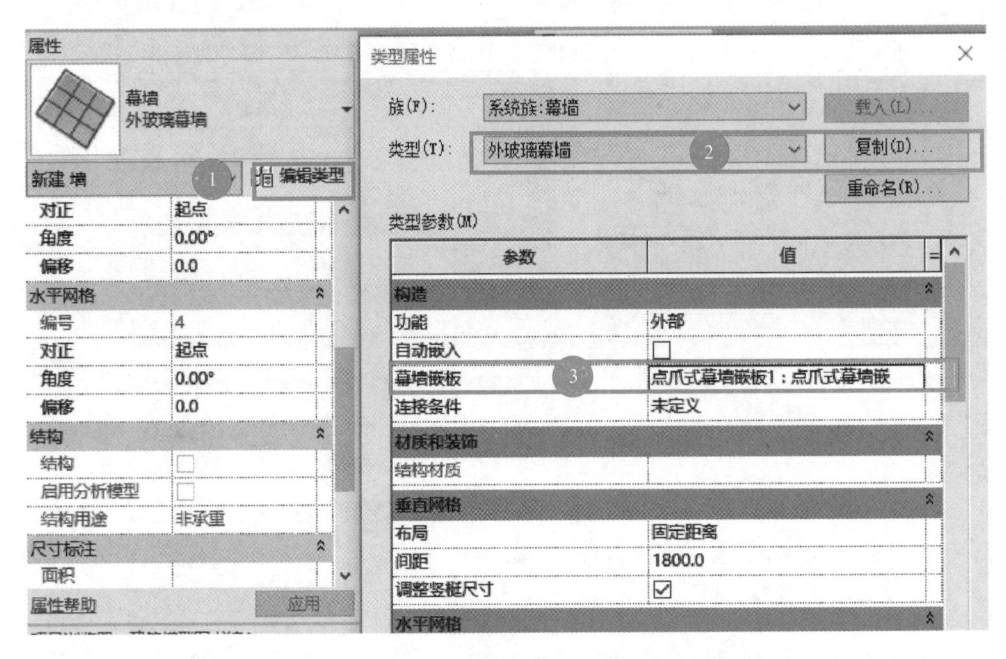

图 2.2-10

（3）找到【垂直网格】和【水平网格】，点击布局往下拉选择固定距离，修改间距为 1800，点击【确定】完成（图 2.2-11）。

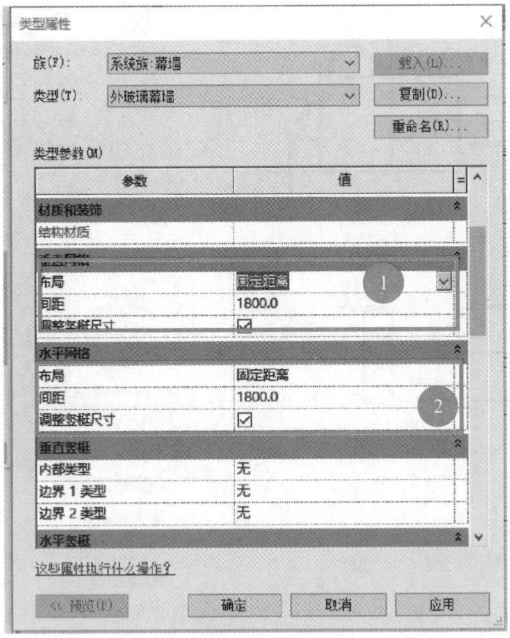

图 2.2-11

（4）绘制出幕墙，调整底部约束为 F1，顶部约束为 F2。如图 2.2-12 所示。

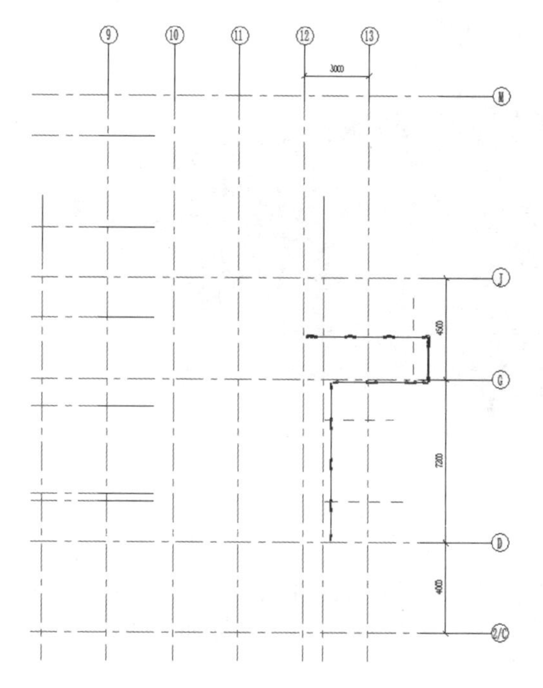

图 2.2-12

完成后参考图如图 2.2-13 所示。

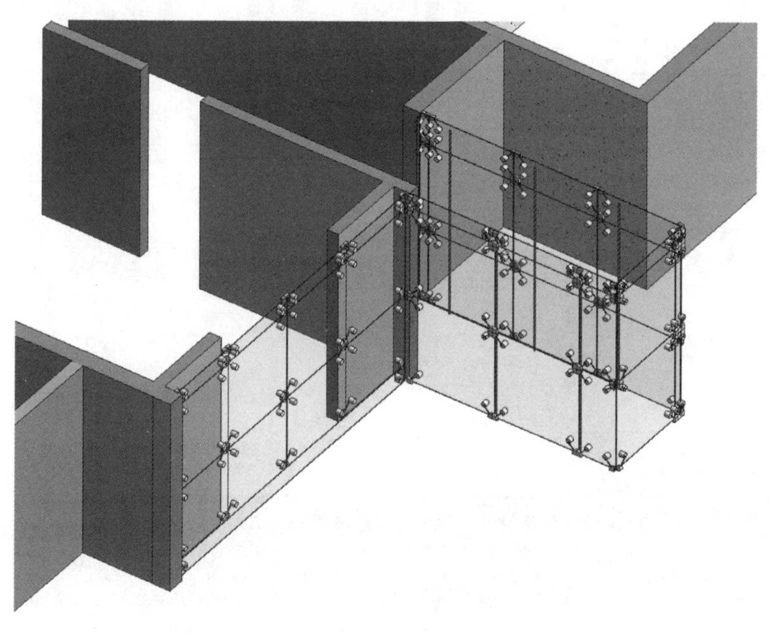

图 2.2-13

注意：在【幕墙嵌板】中没有找到点爪式幕墙嵌板，可以在【类型属性】面板中依次按【载入】>【建筑】>【幕墙】>【其他嵌板】>【点爪式幕墙嵌板 1. rfa】操作。

4. 创建墙体构件

根据 CAD 图纸尺寸绘制一层的墙体构件，如图 2.2-14 所示。

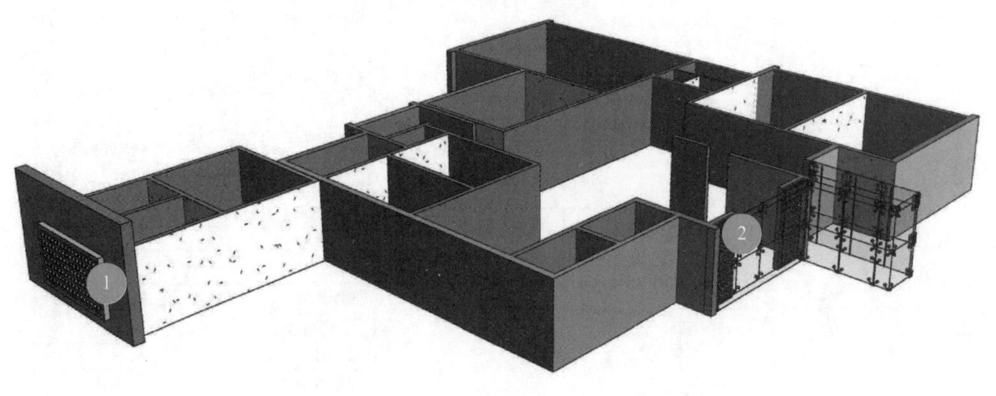

图 2.2-14

（1）绘制装饰墙体①

1）绘制装饰墙①，根据尺寸在 A 轴和 2 轴位置开始绘制墙体，命名为 WQ-500mm-白色墙漆，绘制方法及材质设置同外墙绘制及材质设置方法一致，尺寸如图 2.2-15 所示。

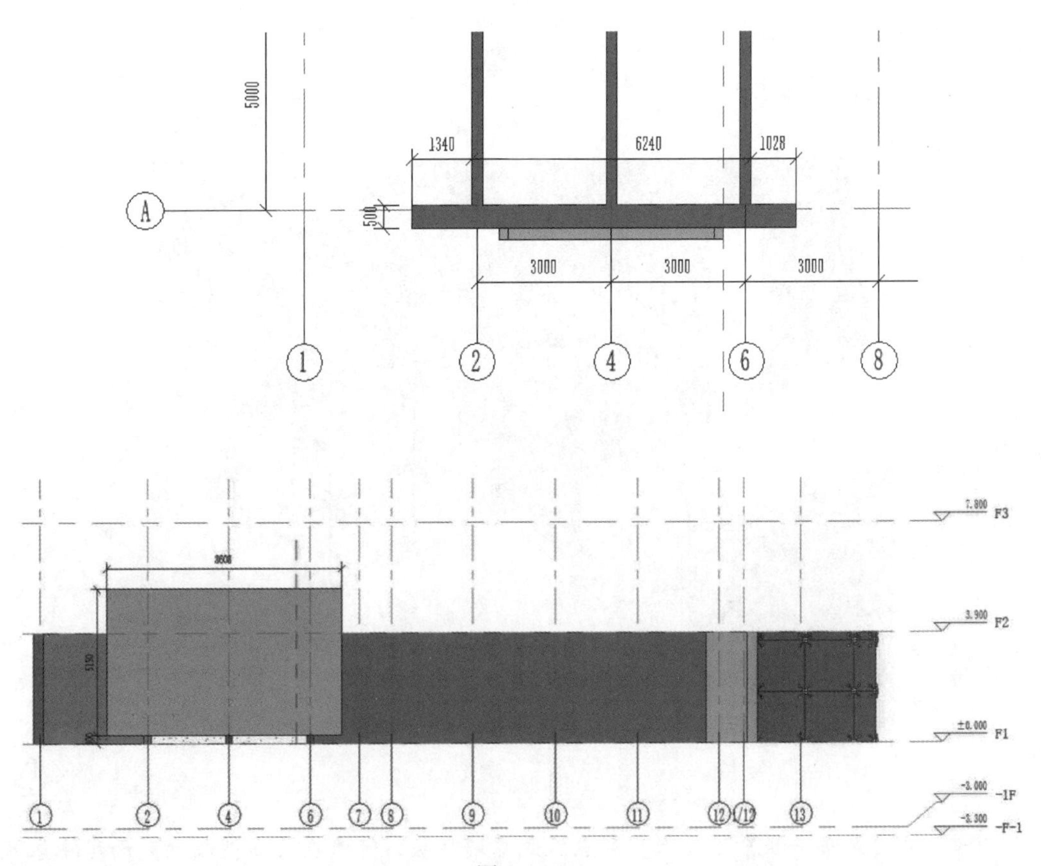

图 2.2-15

2）制作装饰构件，点击【建筑】>【内建模型】>【族类别和族参数】选择【族类别】下拉菜单中的【墙】点击【确定】，出现【名称】对话框，修改名称为：装饰墙 01，点击【确定】。如图 2.2-16 所示。

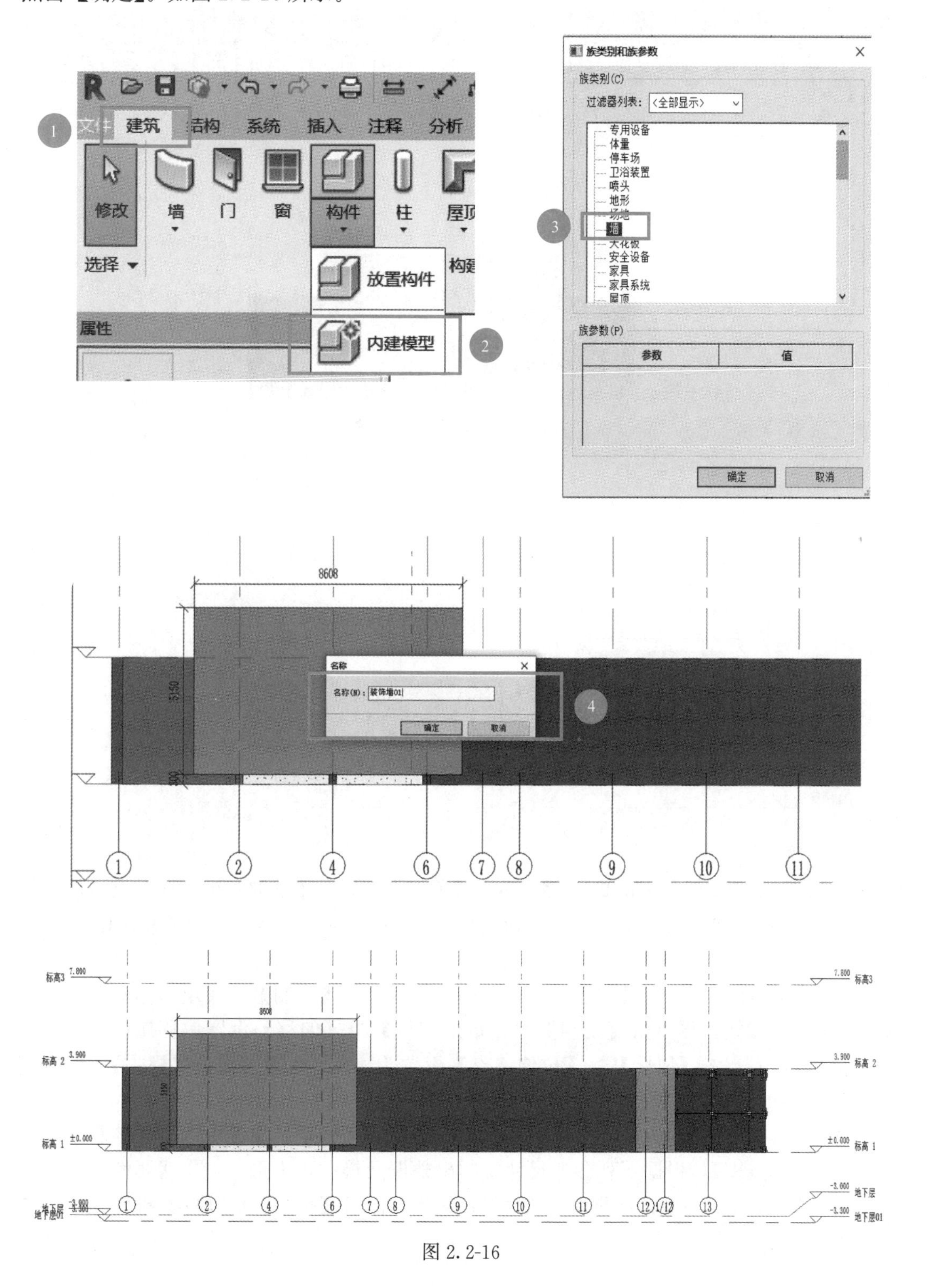

图 2.2-16

3）进入族面板，使用【创建】面板中的【参考平面】根据下列尺寸绘制出参考线。如图 2.2-17 所示。

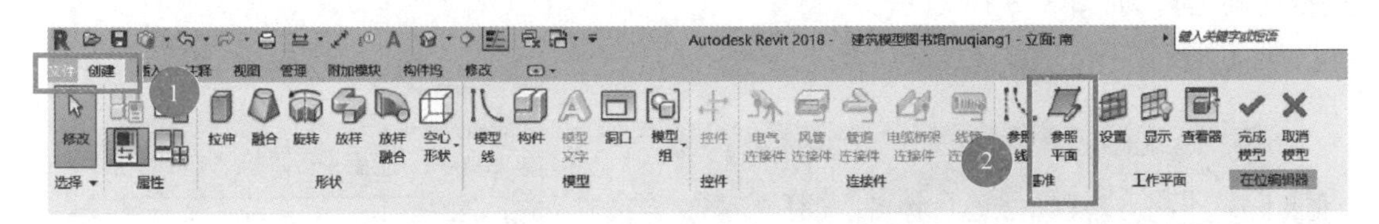

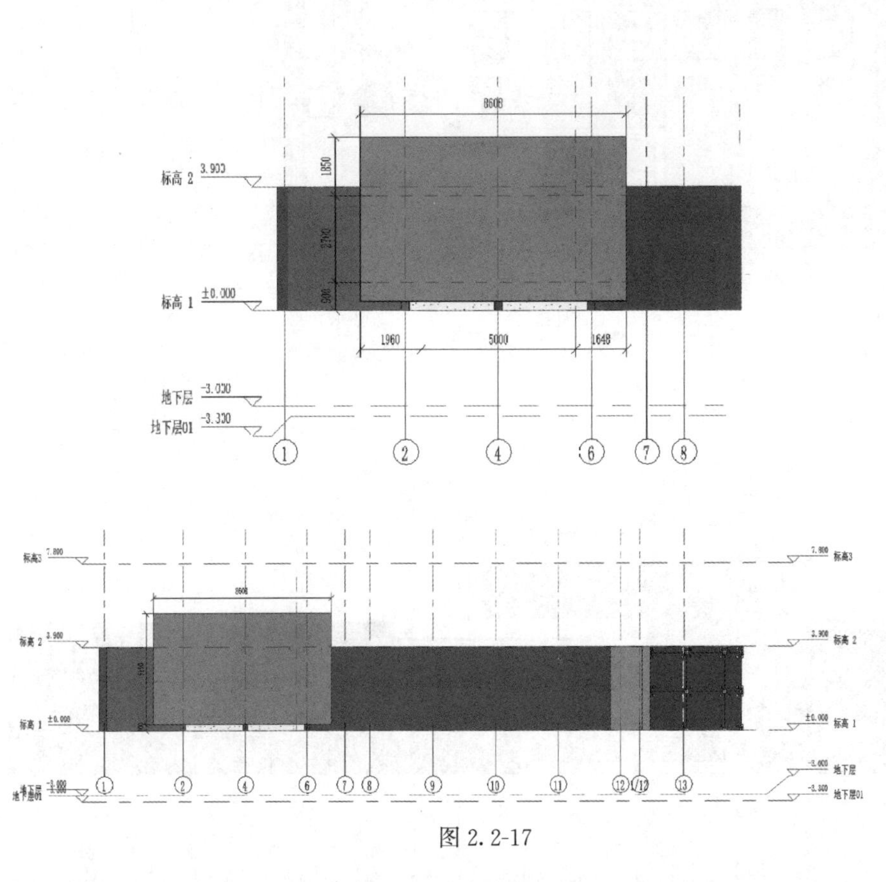

图 2.2-17

4）在一层平面中，点击【设置】，显示【工作平面】>【拾取一个平面】点击墙体靠南立线的边线；显示对话框，点击【转到视图】>【南立面】>【打开视图】。如图 2.2-18 所示。

5）在南立面中，使用【创建】面板中的【拉伸】>【绘制】>【矩形选框】绘制出墙体构件外轮廓线；再点击【绘制】>【矩形选框】>【偏移】设置偏移属性：－200；绘制内轮廓线；点击【属性】>【拉伸终点】设置为 250，在绘制面板【模式】>【√】确定完成。如图 2.2-19 所示。

6）完成装饰墙①的边框，继续绘制墙的镂空部分【创建】面板中的【拉伸】>【绘制】>【矩形选框】，根据下列参考尺寸绘制出外框及镂空正方形；点击【属性】>【拉伸终点】设置为 200；设置材质为白色涂料；在绘制面板【模式】>【√】确定完成。如图 2.2-20 所示。

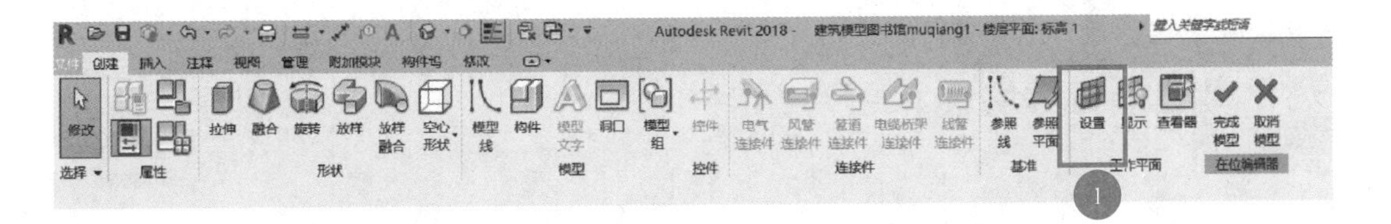
Autodesk Revit 2018 - 建筑模型图书馆muqiang1 - 楼层平面: 标高 1
创建
插入
注释
视图
管理
附加模块
构件坞
修改
修改
拉伸
融合
旋转
放样
放样融合
空心形状
模型线
构件
模型文字
洞口
模型组
控件
电气连接件
风管连接件
管道连接件
电缆桥架连接件
线管连接件
参照线
参照平面
设置
显示
查看器
完成模型
取消模型
选择
属性
形状
模型
控件
连接件
基准
工作平面
在位编辑器
1

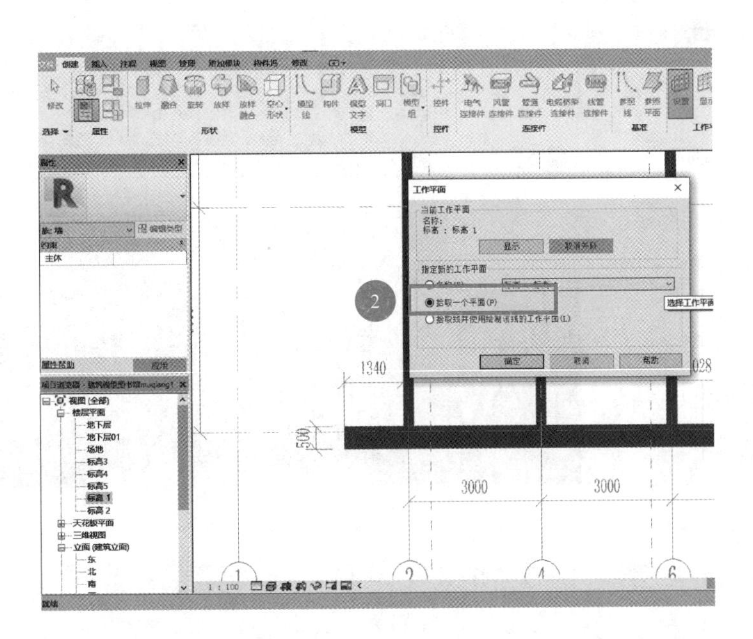
工作平面
当前工作平面
名称：
标高：标高 1
显示
取消关联
指定新的工作平面
拾取一个平面(P)
确定
取消
帮助
2
1340
500
3000
3000

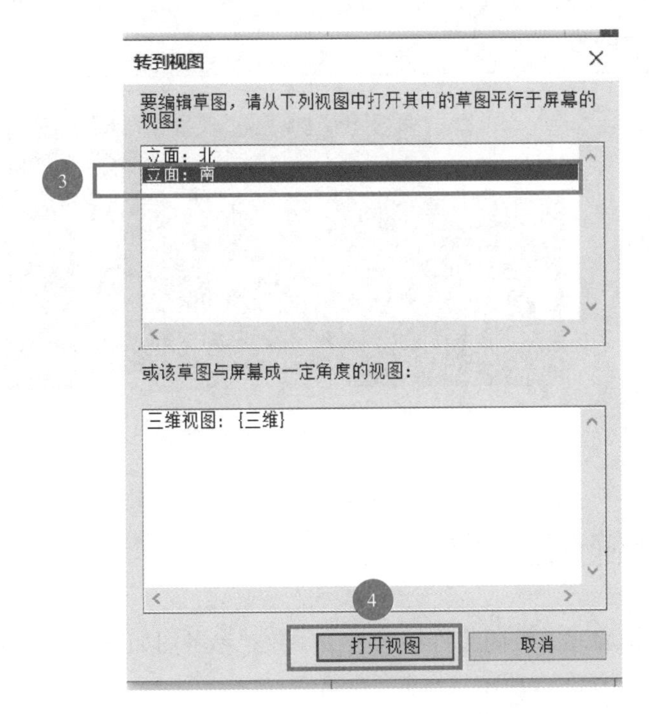
转到视图
要编辑草图，请从下列视图中打开其中的草图平行于屏幕的视图：
立面：北
立面：南
3
或该草图与屏幕成一定角度的视图：
三维视图：{三维}
4
打开视图
取消

图 2.2-18

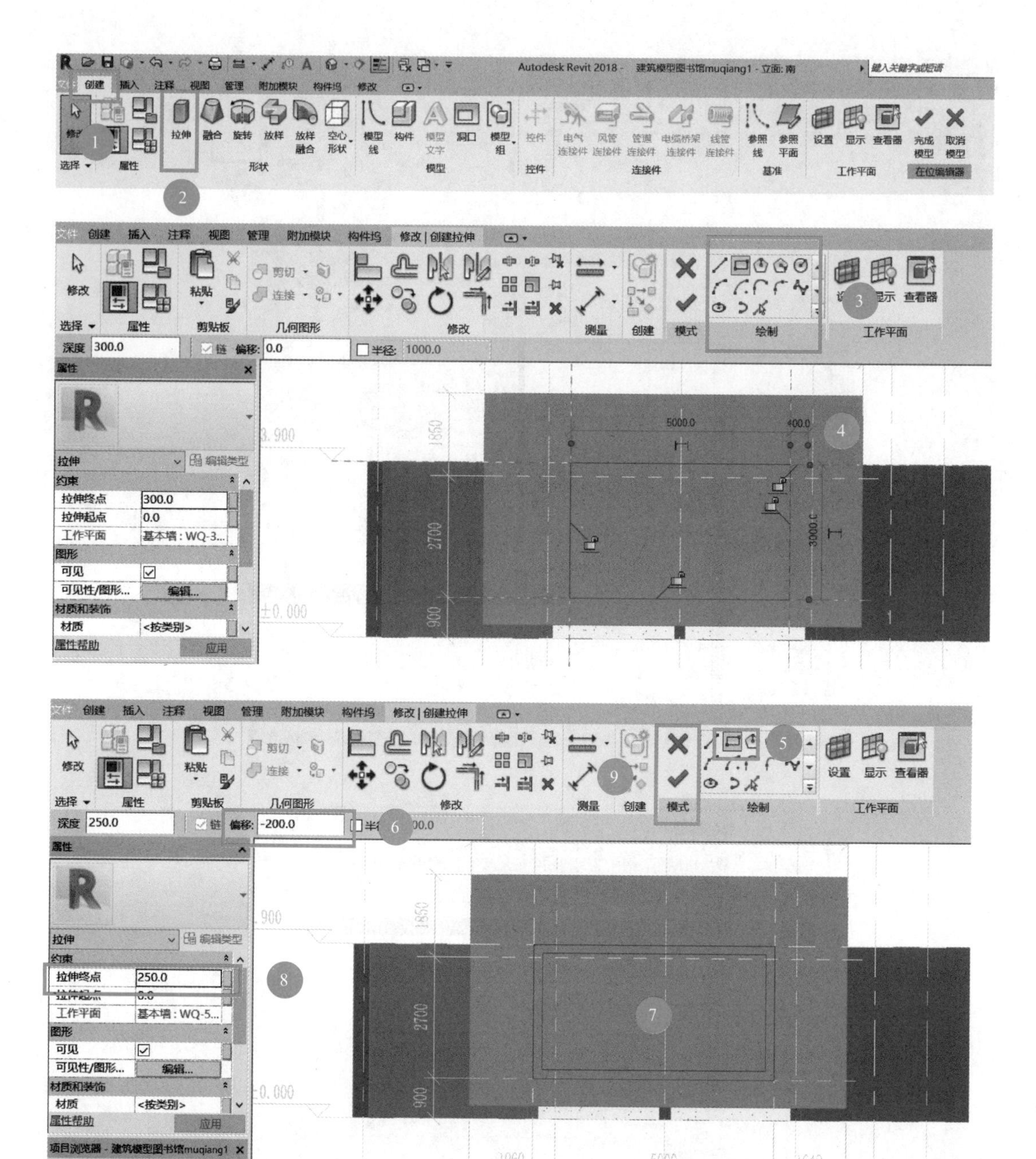

图 2.2-19

7）装饰墙①完成后如图 2.2-21 所示。

（2）绘制装饰墙体②

绘制幕墙后面的装饰墙②方法同装饰墙①方法一致；参考图如图 2.2-22 所示。

一层完成参考图如图 2.2-23 所示。

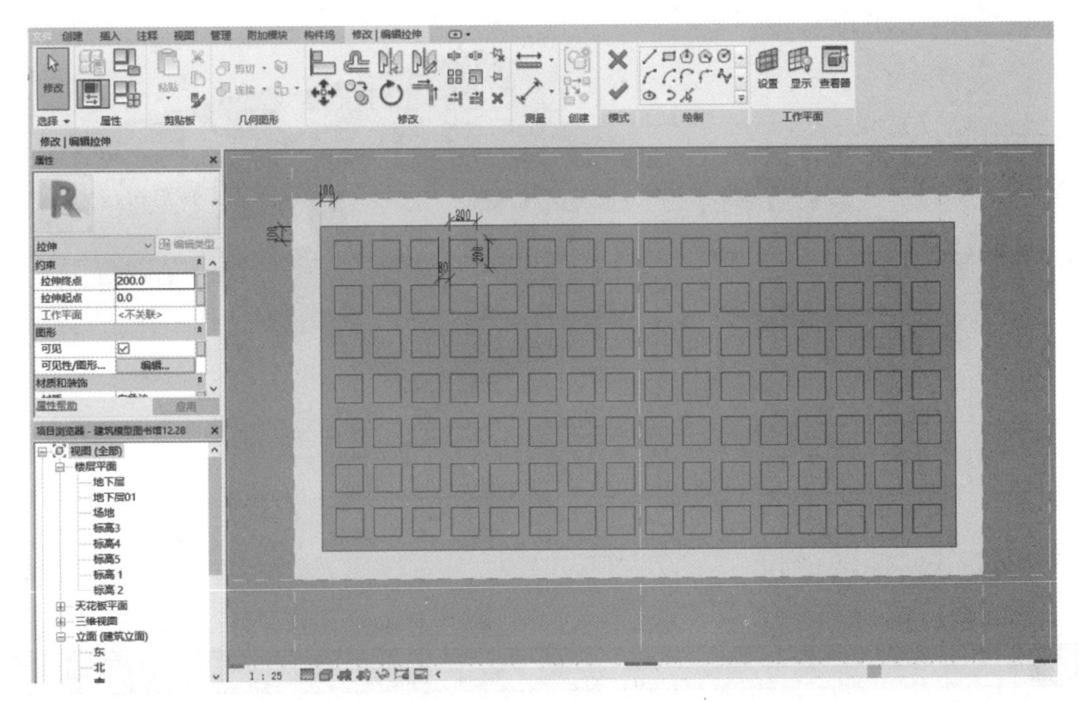

图 2.2-20

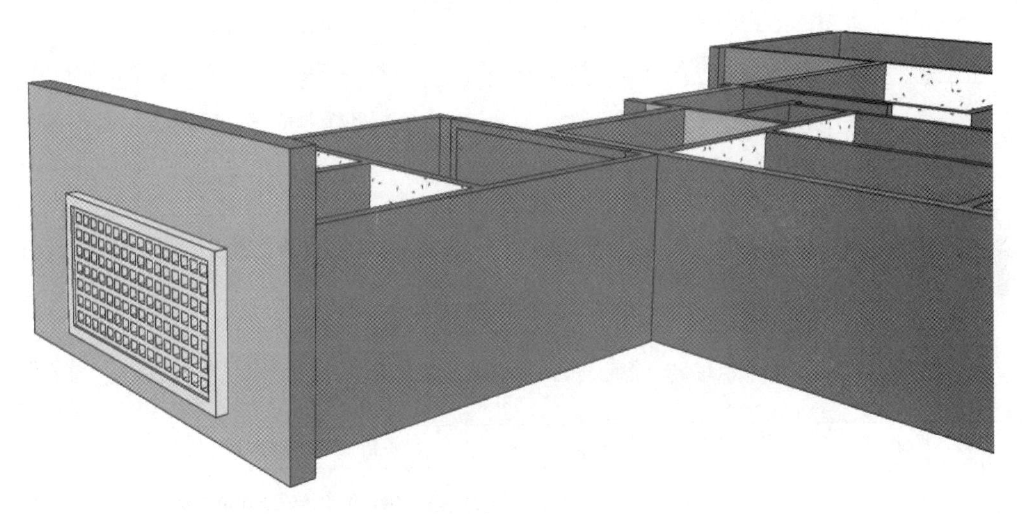

图 2.2-21

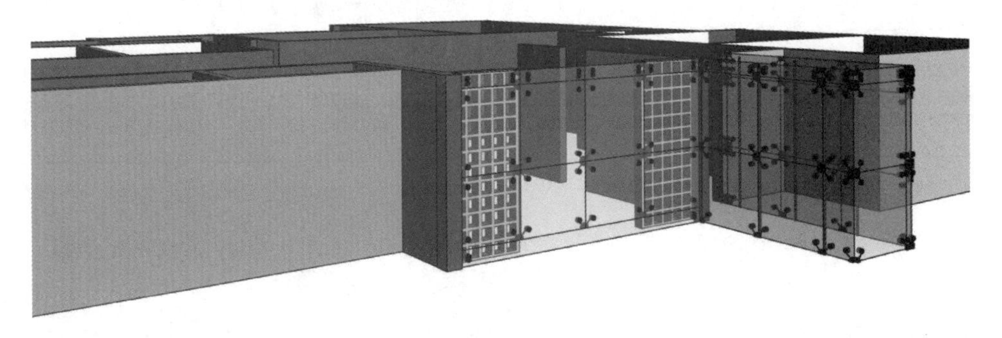

图 2.2-22

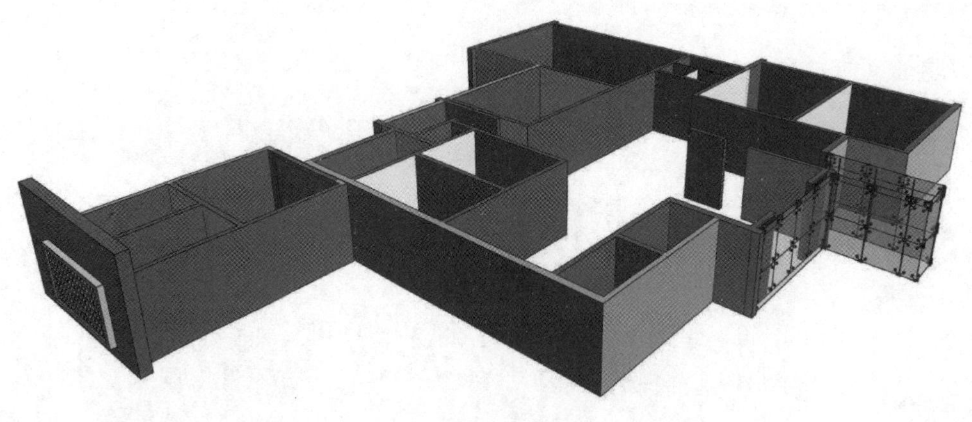

图 2.2-23

2.2.3 任务评价

序号	评价内容	评分标准	扣分标准	标准分	得分
1	墙体命名	与图纸要求一致	每错一处扣 1 分，直至扣完	10	
2	墙体材质	与建筑施工图一致	每错一处扣 1 分，直至扣完	10	
3	墙体尺寸	与建筑施工图一致	每错一处扣 1 分，直至扣完	10	
4	墙体位置	墙体相对于轴线的偏移位置准确，顶部和底部的标高准确	偏移位置每错一处扣 1 分，顶部或底部的标高每错一处扣 1 分，直至扣完	10	
5	幕墙命名	与建筑施工图一致	每错一处扣 1 分，直至扣完	10	
6	幕墙尺寸	与建筑施工图一致	每错一处扣 1 分，直至扣完	10	
7	幕墙位置	墙体相对于轴线的偏移位置准确，顶部和底部的标高准确	偏移位置每错一处扣 1 分，顶部或底部的标高每错一处扣 1 分，直至扣完	10	
8	构件尺寸	与建筑施工图一致	每错一处扣 1 分，直至扣完	10	
9	构件位置	墙体相对于轴线的偏移位置准确，顶部和底部的标高准确	偏移位置每错一处扣 1 分，顶部或底部的标高每错一处扣 1 分，直至扣完	10	
10	完成度	无缺漏或重复布置	每缺漏一处扣 2 分，每重复一处扣 2 分，直至扣完	10	
总分				100	

2.2.4 拓展实训

本任务的拓展实训以某学院食堂为案例，使用 Revit 2018 软件掌握墙体、幕墙及墙体构件的创建。拓展实训任务清单如下：

序号	项目	内容	
1	实训概况	(1)总体概述：某学院食堂为钢筋混凝土框架结构建筑，共有 3 层。根据建筑施工图图纸，在已经完成轴网的基础的模型中按照要求创建一层、二层、三层建筑墙体。 (2)实训组织：课后独立完成拓展实训。 (3)实训准备：①已掌握建筑墙体、幕墙及墙体构件的创建、编辑和修改；②某学院食堂建筑施工图纸，已完成轴网的某学院食堂模型文件。 (4)实训学时：课后 4 学时	微课讲解
2	实训目标	掌握建筑墙体及墙体构件的创建、编辑和修改	
3	成果要求	(1)建筑墙体命名规范 (2)建筑墙体形状正确 (3)建筑墙体尺寸正确 (4)建筑墙体材质正确 (5)建筑墙体位置正确 (6)建筑墙体无缺漏或重复布置现象	
4	成果范例		

2.3 任务 2 门窗创建

2.3.1 任务描述

本任务是 BIM 建模-建筑模块的第二个任务，以某学院行政办公楼为案例，使用 Revit 2018 软件学习和掌握门窗的创建。任务清单如下：

序号	项目	内容
1	任务概况	(1)总体概述:门窗是建筑设计中最常用的构件,门窗可以自动识别墙体并且只能插入到墙体构件上,依附于墙体存在,删除墙体,门窗也会同时被删除。门窗图元可以通过修改类型参数,形成新的门窗类型。 (2)任务组织:课前预习门窗构件的基本操作视频;课中讲解重点及易错点,完成项目门窗的绘制;课后发放拓展实训习题。 (3)准备工作:①已掌握墙体构件的绘制、编辑和修改;②已完成某学院行政办公楼的墙体模型搭建。 (4)参考学时:4学时
2	任务目标	掌握门窗的编辑方法及相关参数设置,根据提供的CAD图纸,给项目添加对应的门窗构件
3	成果要求	(1)门窗命名规范
		(2)门窗属性正确
		(3)门窗位置正确
		(4)门窗无缺漏布置
4	成果范例	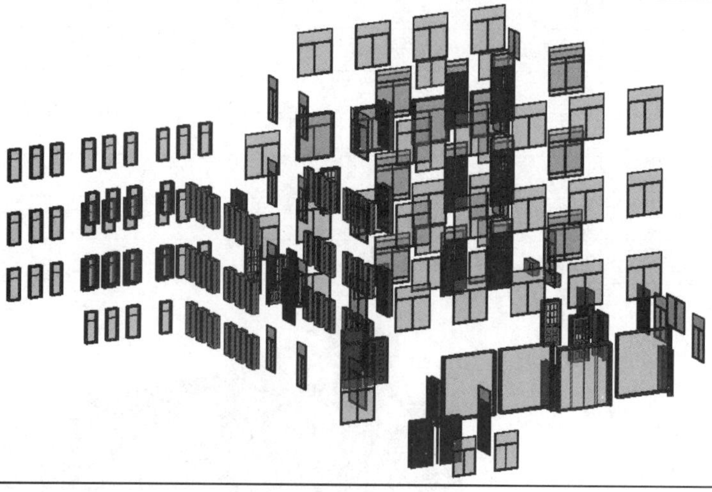

2.3.2 任务实操

操作思路

了解门窗类型 → 载入门窗类型 → 编辑门窗类型 → 插入门窗

	微课讲解

1. 了解门窗类型

识读项目建筑施工图纸，了解门窗构件类型，大致有几种类型的门和窗，每种类型门窗的宽、高以及材质类型等，并且在项目中的放置位置。表2.3-1为该项目门窗明细表。

门窗明细表　　　表2.3-1

门明细表				窗明细表				
类型标记	宽度	高度	合计	类型标记	宽度	高度	底高度	合计
M1	2700	3000	1	C3	1800	2100	900	31
M2	1200	3000	1	C4	600	1500		75
M3	1500	3000	1	C6	1200	1800	900	2
M4	2100	1000	1	C7	900	1500		10
M5	900	3000	1	C8	2400	1500	900	5
M6	1200	2100	1	C9	4100	1500	900	2
M7	1000	2100	1	C10	4100	1500	900	
M8	900	2100	1					
M9	2300	3500	1					
M10	1000	30000	1					

2. 载入门窗类型

在某楼层平面放置门窗时，打开相应平面视图，选择【建筑】选项卡中【门】或【窗】选项，激活【放置 | 放置门（或窗）】选项，在【属性】工具面板的【类型选择器】中选择所需要门窗类型，由于Revit 2018软件自带门窗类型有限，所以在放置门窗之前需要先载入门窗族。

载入门窗族有两种方法。

方法一：打开建筑模型文件，如图2.3-1所示。点击【插入】选项卡中【从库中载入】面板中的【载入族】工具按钮，在弹出的窗口中点选【查找范围】中选择存放门窗族的位置，按鼠标左键，选中所有的门窗族，点击【打开】载入项目中。

方法二：打开建筑模型文件，点击【建筑】选项卡中的【门】或【窗】，在门或窗【属性】工具面板中点选【编辑类型】，在弹出的【类型属性】中点击【载入】，在弹出的窗口中点选【查找范围】选择存放门窗族的位置，按鼠标左键，选中所有的门窗族，点击【打开】载入项目中。如图2.3-2所示。

3. 编辑门窗类型

单击【建筑】选项卡的【构建】面板中的【门】或【窗】工具按钮，在门或窗【属性】栏中点选【编辑类型】，在弹出的【类型属性】中选择【门】或【窗】的【族（F）】样式，再在点击【复制】按钮进行复制，【窗】的命名为【C+宽度+高度】，如C4，在类型重命名时应当输入【C1518】表示该窗为1500mm宽，1800mm高；接着检查一下其设置的宽与高是否匹配；再拖动右侧滑条到底，在【类型标记】中输入该门的标记【C1】。如图2.3-3所示。

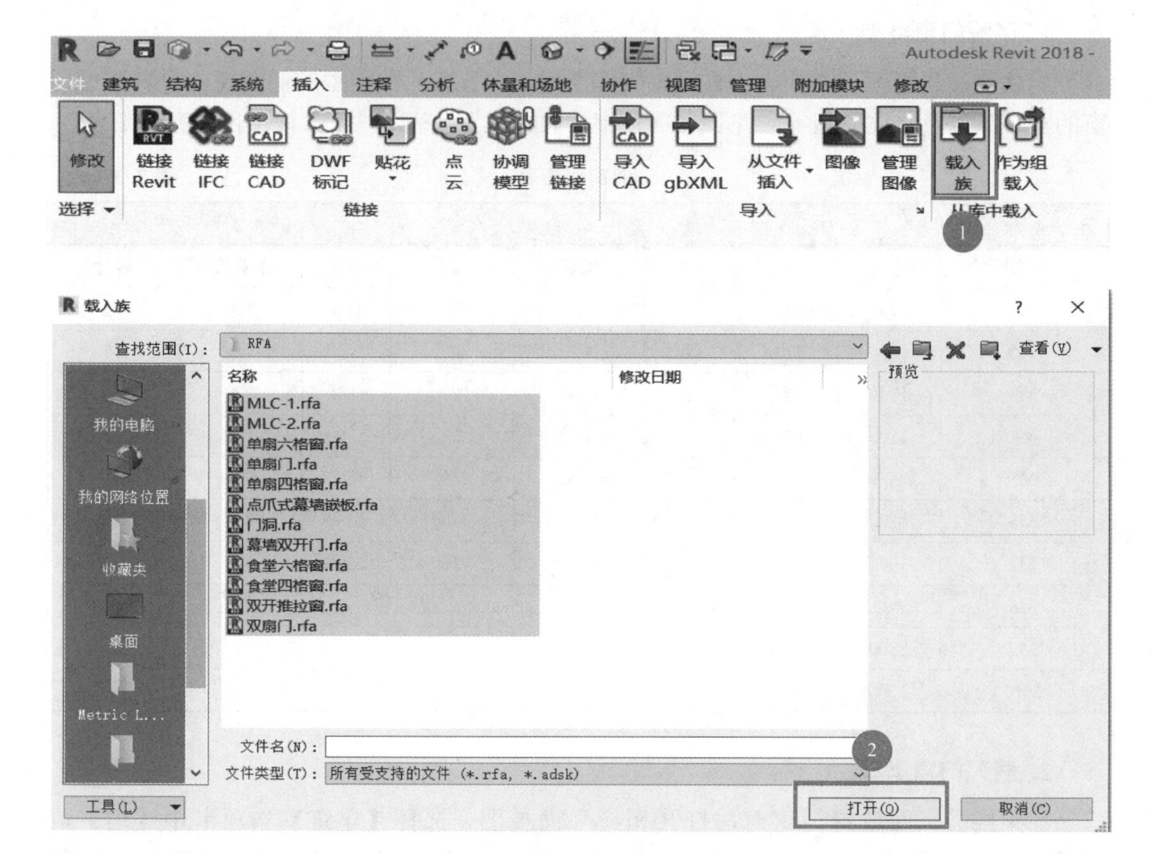
Autodesk Revit 2018 -
文件 建筑 结构 系统 插入 注释 分析 体量和场地 协作 视图 管理 附加模块 修改
修改
链接 Revit
链接 IFC
链接 CAD
DWF 标记
贴花
点云
协调 模型
管理 链接
导入 CAD
导入 gbXML
从文件 插入
图像
管理 图像
载入 族
作为组 载入
选择
链接
导入
从库中载入
1
载入族
查找范围(I)：
RFA
名称
修改日期
预览
查看(V)
我的电脑
我的网络位置
收藏夹
桌面
Metric L...
MLC-1.rfa
MLC-2.rfa
单扇六格窗.rfa
单扇门.rfa
单扇四格窗.rfa
点爪式幕墙嵌板.rfa
门洞.rfa
幕墙双开门.rfa
食堂六格窗.rfa
食堂四格窗.rfa
双开推拉窗.rfa
双扇门.rfa
文件名(N)：
文件类型(T)：
所有受支持的文件 (*.rfa, *.adsk)
2
工具(L)
打开(O)
取消(C)
图 2.3-1

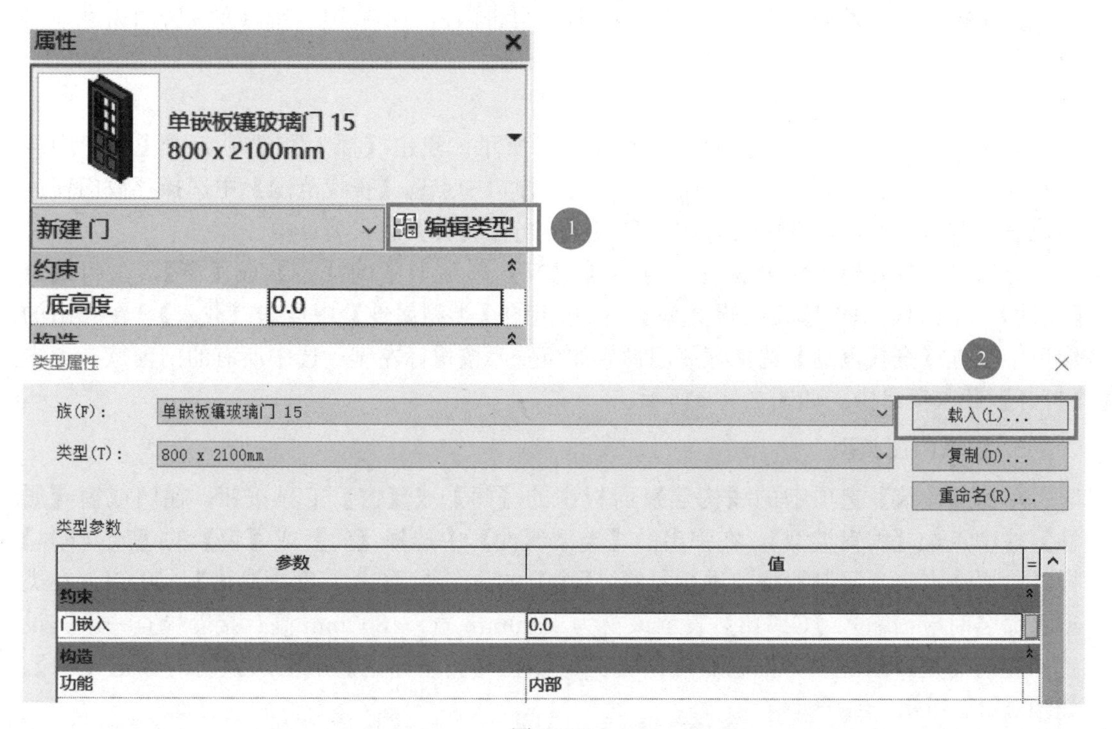
属性
单嵌板镶玻璃门 15
800 x 2100mm
新建 门
编辑类型
1
约束
底高度
0.0
构造
类型属性
2
族(F)：
单嵌板镶玻璃门 15
载入(L)...
类型(T)：
800 x 2100mm
复制(D)...
重命名(R)...
类型参数
参数
值
约束
门嵌入
0.0
构造
功能
内部
图 2.3-2

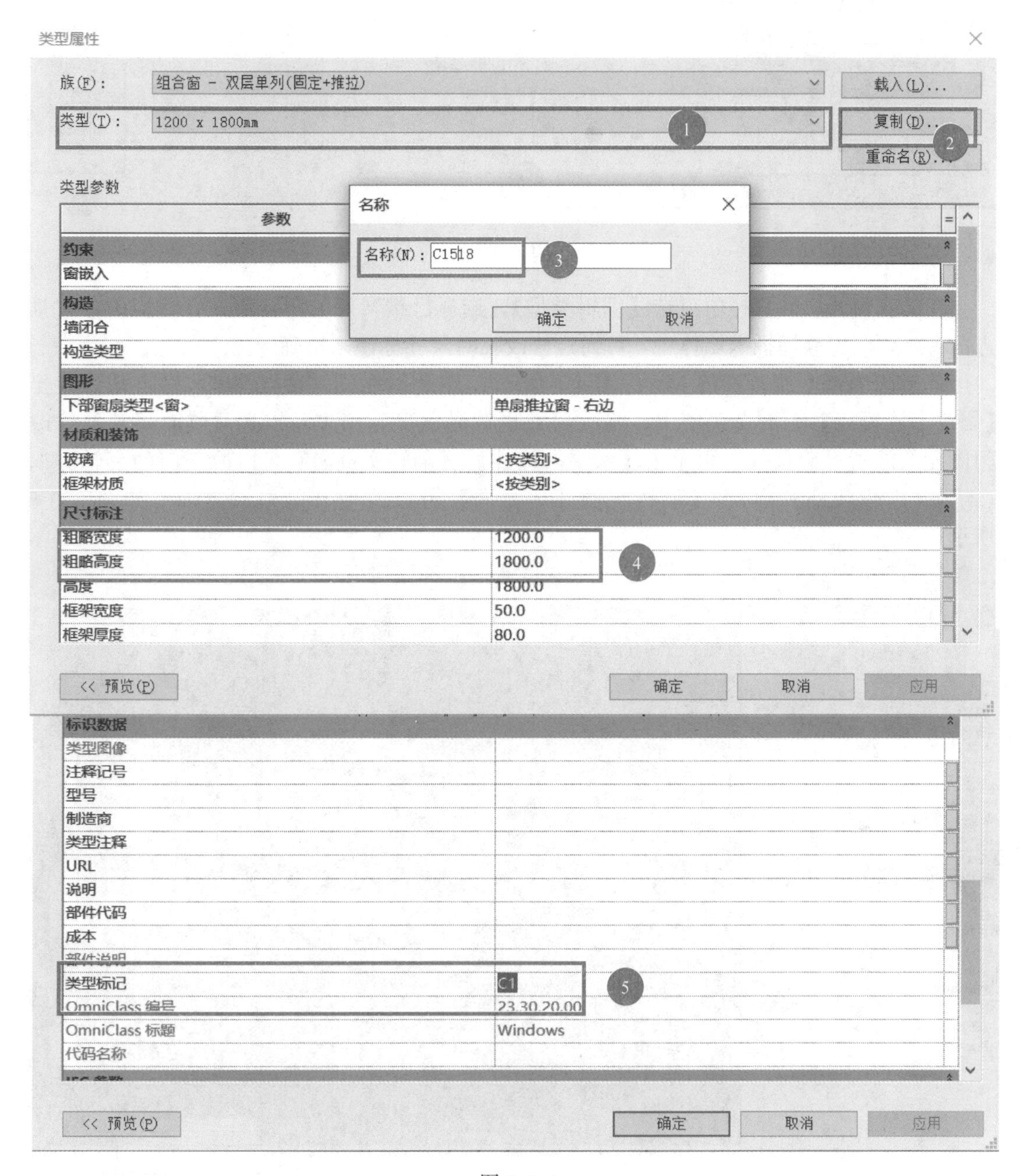

图 2.3-3

同理，所有的门窗都是同样操作：①选择相应门窗族样式；②复制以类型 M 或 C+宽高重命名；③修改相应宽高值；④更改类型标记。

4. 插入门窗族

单击【建筑】选项卡的【构建】面板中的【门】或【窗】工具按钮，Revit 2018 将自动切换至【修改 | 放置门】上下文选项卡，点选【在放置时进行标记】选项，软件将会自动标记该构件的【类型标记】。在【选项栏】中可以选择是否勾选【引线】复选框，以及

设置引线长度。见图 2.3-4。

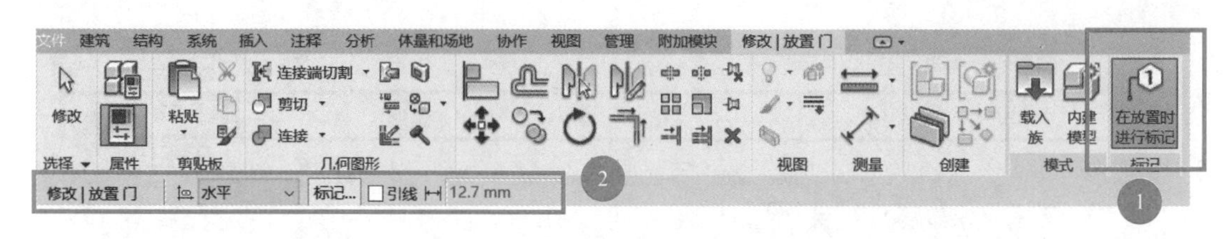

图 2.3-4

在门或窗【属性】栏中点选【编辑类型】，选择已编辑好的门窗族，在相应的位置插入门窗族，门窗族即插入墙体中，可通过修改临时尺寸标注来精确定位。

单击选中一个放置好的 M4 门图元，此时门图元被激活，Revit 2018 将自动切换至【修改 | 放置门】上下文选项卡，临时尺寸也被激活显示出来，点选【临时尺寸】修改门图元的放置准确尺寸；再单击【水平向控件】>【翻转实例面】可以改变门的翻转方向（朝内开启或朝外开启）；【翻转实例开启方向】可以改变开的左右方向。如图 2.3-5 所示。

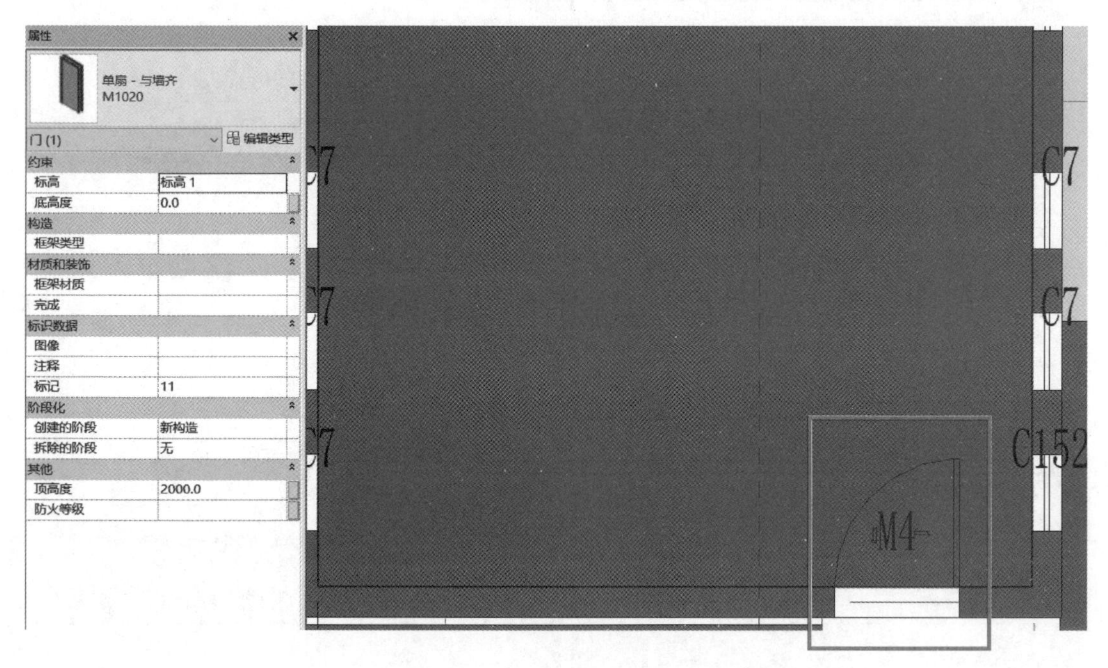

图 2.3-5

门窗的放置除了可以在平面上操作，也可以转到立面视图上操作。在立面上任意墙面放置门窗，放置好后，临时尺寸被激活，可以调整水平位置和空间高度位置。门底高度大多为 0，而窗在立面图上临时尺寸数值就是窗的实例属性中的【底高度】参数值，对照项目要求调整相应参数，如图 2.3-6 所示。

重复上述方法，完成其他的门窗放置。

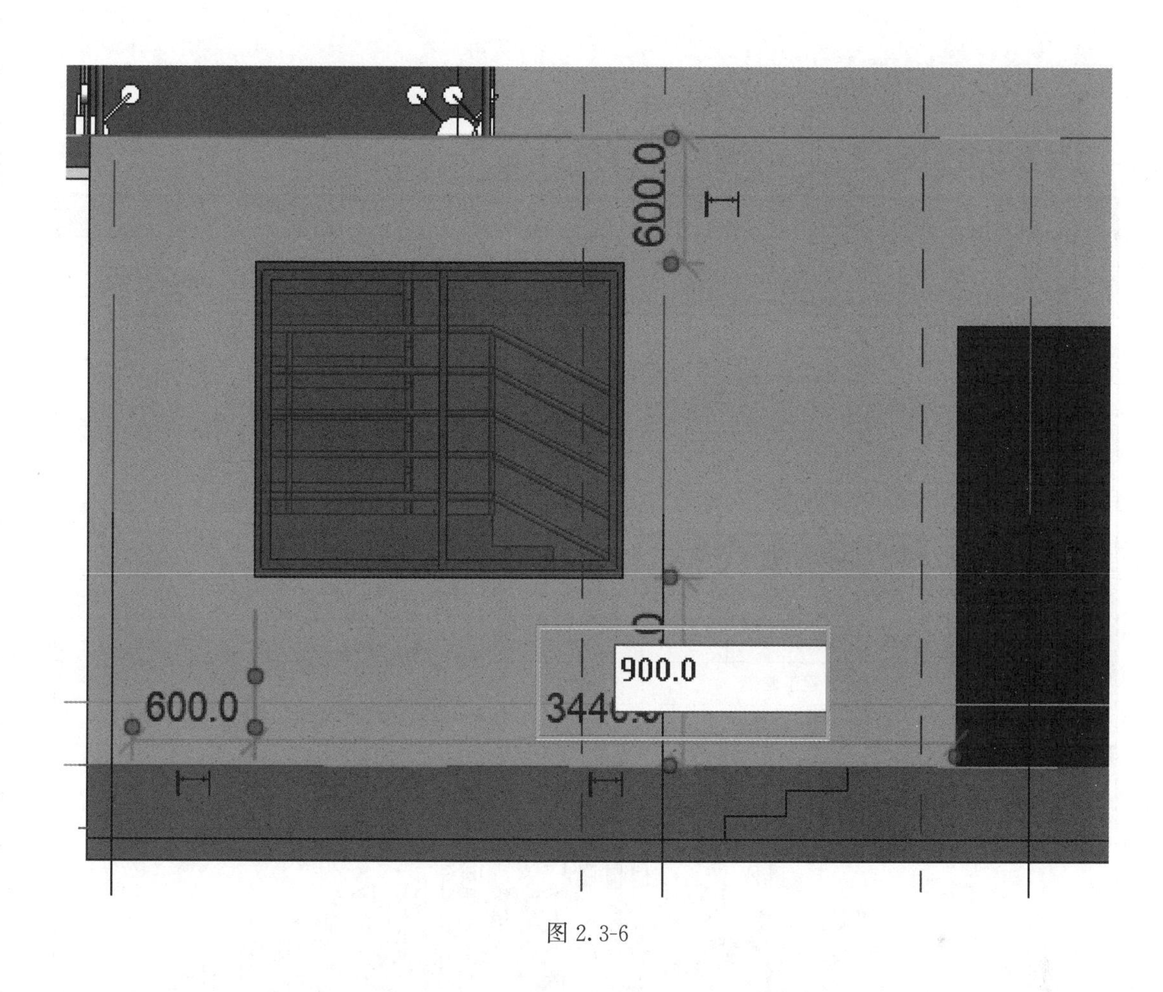

图 2.3-6

2.3.3　任务评价

序号	评价内容	评分标准	扣分标准	标准分	得分
1	门窗类命名	插入门窗命名 是否与图纸一致	每错一处扣 3 分， 直至扣完	30	
2	门窗属性	按图纸修改:类型名称、 尺寸、材质、类型标记	每错一处扣 3 分， 直至扣完	30	
3	门窗位置	按图纸插入门窗族： 水平和空间位置精确	每错一处扣 3 分， 直至扣完	30	
4	完成度	无缺漏或重复布置	每缺漏一处扣 2 分， 直至扣完	10	
总分				100	

2.3.4 拓展实训

本任务的拓展实训是以某学院食堂为案例，使用 Revit 2018 软件掌握门窗族的绘制。

序号	项目	内容	
1	实训概况	(1)总体概述：某学院食堂为钢筋混凝土框架结构建筑，根据建筑图纸，在已经完成建筑模型中按照要求创建门窗图元。 (2)实训组织：课后独立完成拓展实训。 (3)实训准备：①已掌握门窗的创建、编辑和修改；②某学院食堂建筑图纸，已完成墙体的某学院食堂模型文件。 (4)实训学时：课后 4 学时	微课讲解
2	实训目标	掌握门窗的编辑方法及相关参数设置，根据提供的 CAD 图纸，给项目添加对应的门窗构件	
3	成果要求	(1)门窗命名规范	
		(2)门窗属性正确	
		(3)门窗位置正确	
		(4)门窗无缺漏布置	
4	成果范例		

2.4 任务 3 楼板

2.4.1 任务描述

本任务是 BIM 建模-建筑模块的第三个任务，以某学院行政办公楼为案例，使用 Revit 2018 软件学习和掌握楼板的创建。任务清单如下：

序号	项目	内容
1	任务概况	(1)总体概述：楼板是建筑物中的水平构件，用于分隔建筑各层空间，可以根据楼层边界轮廓及类型属性定义的结构生成任意结构和形状的楼板。 (2)任务组织：课前预习楼板构件的基本操作视频；课中讲解重点及易错点，完成项目楼板的绘制；课后发放拓展实训习题。 (3)准备工作：①已掌握墙体的绘制、编辑和修改；②已完成某学院行政办公楼的墙体模型搭建。 (4)参考学时：4 学时
2	任务目标	熟悉楼板的编辑方法及相关参数设置，根据提供的 CAD 图纸，给项目添加楼板构件
3	成果要求	(1)楼板命名正确
		(2)楼板位置正确
		(3)楼板尺寸正确
		(4)楼板无缺漏
4	成果范例	

2.4.2　任务实操

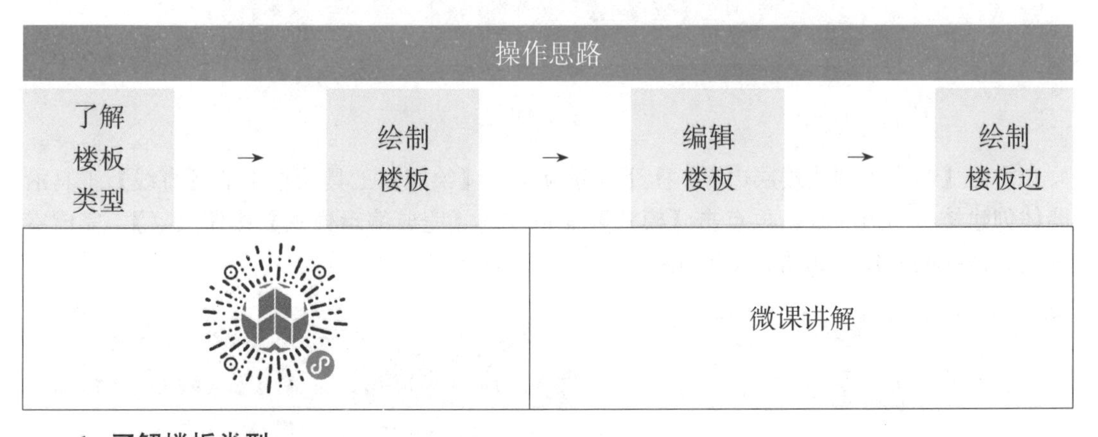

1. 了解楼板类型

在 Revit 楼板工具栏下提供建筑楼板、结构楼板、面楼板及楼板，楼板边的命令按钮。建筑楼板和结构楼板在绘制上没区别，区别在于结构楼板可以布置钢筋，可以进行结构受力分析。面楼板，用于概念体量模型中楼板创建。创建楼板应考虑楼板轮廓、结构做法及安放的位置。

2. 绘制楼板

点击【建筑】选项卡中【构建】面板上的【楼板】按钮的向下三角形，在弹出的列表中单击【楼板：建筑】命令，在【属性】面板中选择任意一楼板类型，点击【编辑类型】弹出【类型属性】面板，复制现选楼板类型并重命名为【办公楼 150mm 室内楼板】(图 2.4-1)。

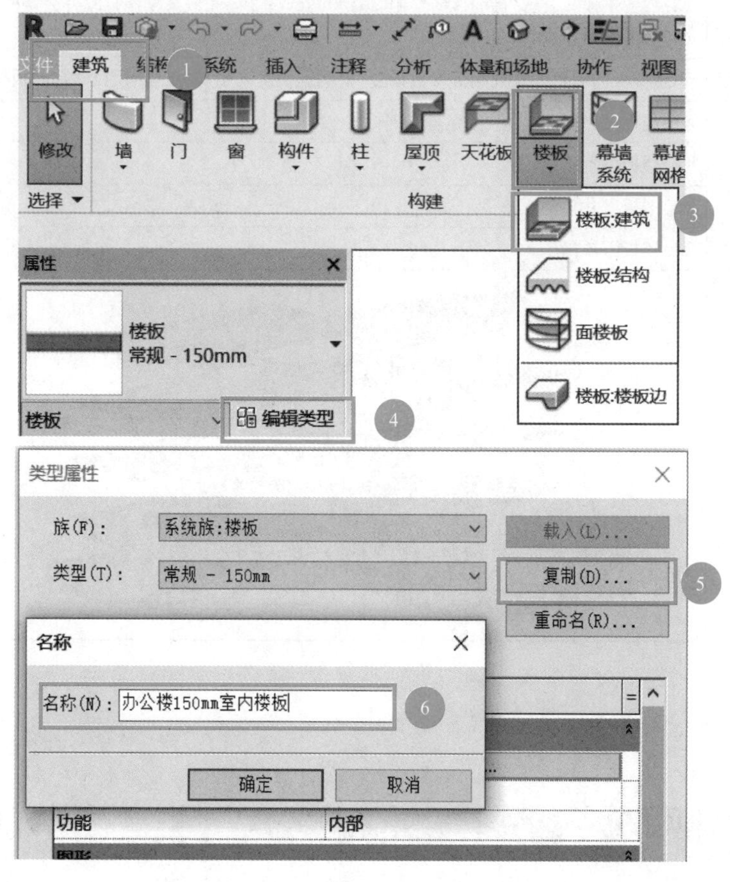

图 2.4-1

点击【修改｜创建楼层边界】上下文选项卡中【绘制】工具面板中的【直线】工具沿墙体创建楼板的边界线，再点击【模式】面板中的【完成编辑模式】按钮【√】，完成室内建筑楼板的构建。如图 2.4-2 所示。

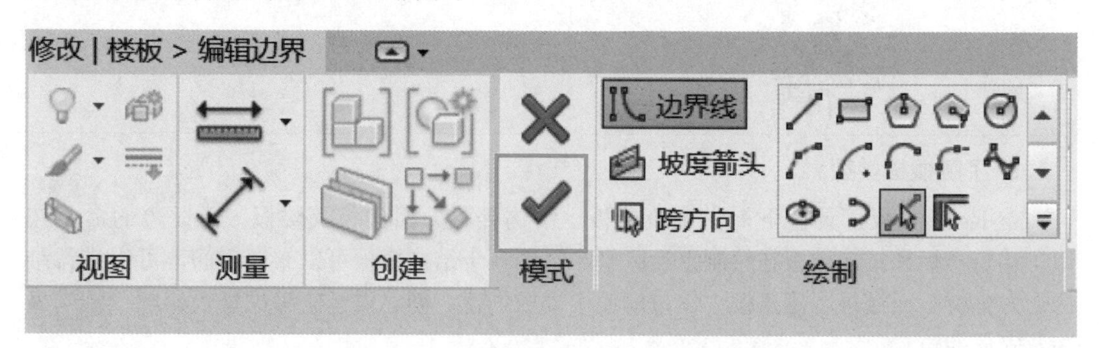

图 2.4-2

楼板绘制完成或中途退出绘制必须在【修改｜创建楼层边界】面板中点击【完成编辑模式】或【取消编辑模式】方能结束命令，否则无法进入下一个绘制命令。

该项目楼板只需用【绘制】面板中功能命令【边界线】绘制楼板轮廓线即可。楼板的边界线有三种创建方式：系统默认方式【拾取墙】，鼠标移至绘制区域，软件自动识别墙体线，按一下【Tab】键，能自动识别同类型且相连的墙体，识别高亮显示后点击鼠标左键确认绘制楼板轮廓线；【拾取线】命令不仅仅可以识别墙体还可以识别绘图区域任意线条；【画线】命令可以在任意位置绘制楼板轮廓线。

注意：软件中所有绘制的轮廓线必须是无重叠、闭合且无交叉的环线。

当楼板与墙有相交时，Revit会提示询问是否希望连接几何图形并从墙中剪切重叠的体积，应选择【是】默认删除重叠的体积。如图2.4-3所示。

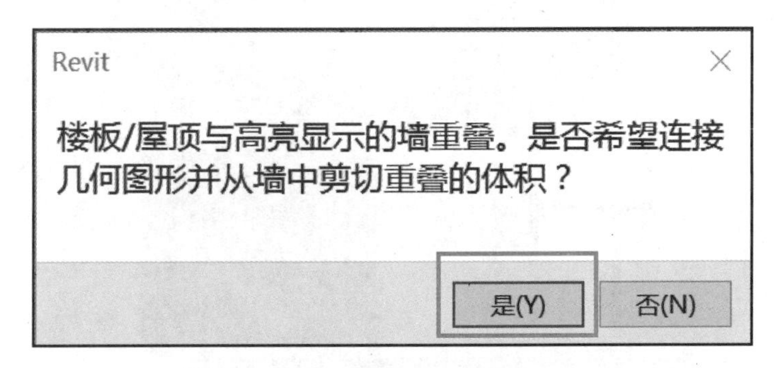

图2.4-3

如果弹出【是否希望将高达此楼层标高的墙附着到此楼层的底部?】提示面板，选择【否】，通常不需要附着墙到楼板底部。如图2.4-4所示。

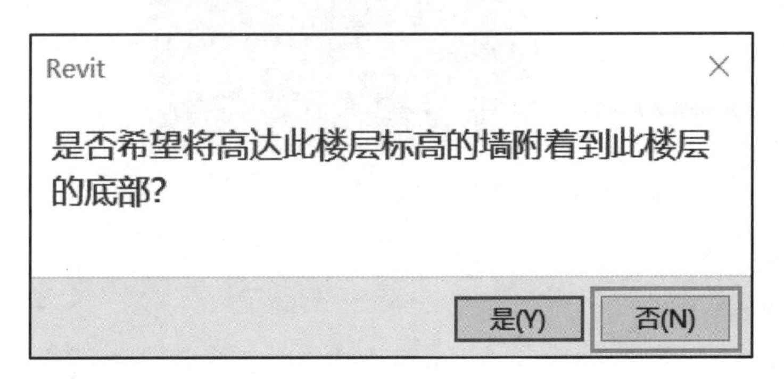

图2.4-4

同一材质、同一水平高度楼板可以一起绘制，如图2.4-5所示。可以绘制单个或多个不相交的楼板轮廓线。

卫生间的建筑楼板原则上要比其他房间低，所以绘制时分开绘制，方法与其他房间绘制方法一样，创建楼板轮廓边线。中庭水池材质不同，也须单独绘制。如图2.4-6所示。

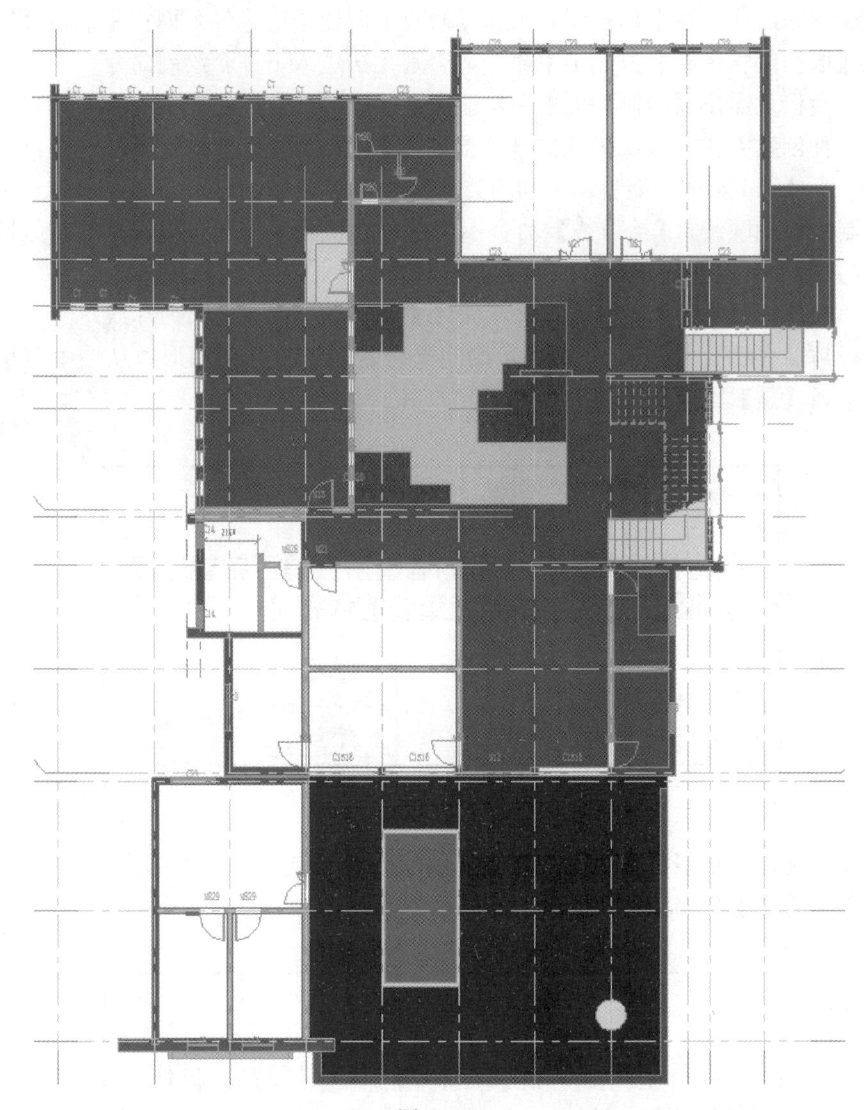

图 2.4-5

3. 编辑楼板

（1）楼板层构造

选中需要编辑构造做法的楼板，属性面板自动切换至楼板属性，点击【编辑类型】命令，在弹出的类型属性面板的左下角点击【预览】可直观地知道当前楼板结构做法。如图 2.4-7 所示。

点击【类型参数】>【结构】>【编辑】，进入【编制部件】编辑楼板层构造，系统默认的楼板已有结构部分，其他功能结构层需要手动插入，单击面板中的【插入】按钮，在选择行中就会出现新的添加行：【结构［1］】，单击功能板块下【结构［1］】后面的下拉菜单按钮，会弹出构造层选项，按项目施工图纸添加构造做法；构造层添加完后，可以选择某行，点击面板中的【向下】【向上】按钮调整构造层的位置，如果需要删除，先选中构造层点击面板上的【删除】按钮即可。如图 2.4-8 所示。

C7
C7
C7
C23
M20
M20
C23
M15

图 2.4-6

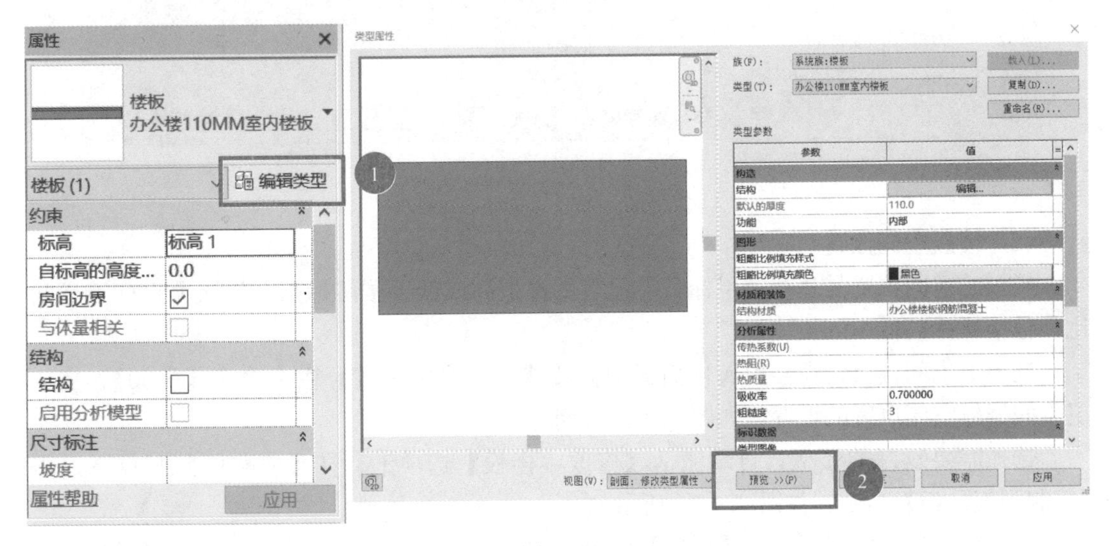
属性
楼板
办公楼110MM室内楼板
楼板 (1)
编辑类型
约束
标高
标高 1
自标高的高度...
0.0
房间边界
与体量相关
结构
结构
启用分析模型
尺寸标注
坡度
属性帮助
应用
1
类型属性
族(F)：
系统族:楼板
载入(L)...
类型(T)：
办公楼110MM室内楼板
复制(D)...
重命名(R)...
类型参数
参数
值
构造
结构
编辑...
默认的厚度
110.0
功能
内部
图形
粗略比例填充样式
粗略比例填充颜色
黑色
材质和装饰
结构材质
办公楼楼板钢筋混凝土
分析属性
传热系数(U)
热阻(R)
热质量
吸收率
0.700000
粗糙度
3
标识数据
视图(V)：剖面：修改类型属性
预览 >>(P)
2
取消
应用

图 2.4-7

	功能	材质	厚度	包络	结构材质	可变
1	结构 [1]	<按类别>	0.0			☐
2	结构 [1]	包络上层	0.0			
3	衬底 [2]	<按类别>	150.0		☑	☐
4	保温层/空气层 [3]	包络下层	0.0			
	面层 1 [4]					
	面层 2 [5]					
	涂膜层					

插入(I)　删除(D)　向上(U)　向下(O)

图 2.4-8

楼板中材质添加与墙构造层材质添加一致，编辑好构造层，勾选【结构［1］】的【结构材质】，单击【确定】，完成楼板构造的编辑。如图 2.4-9 所示。

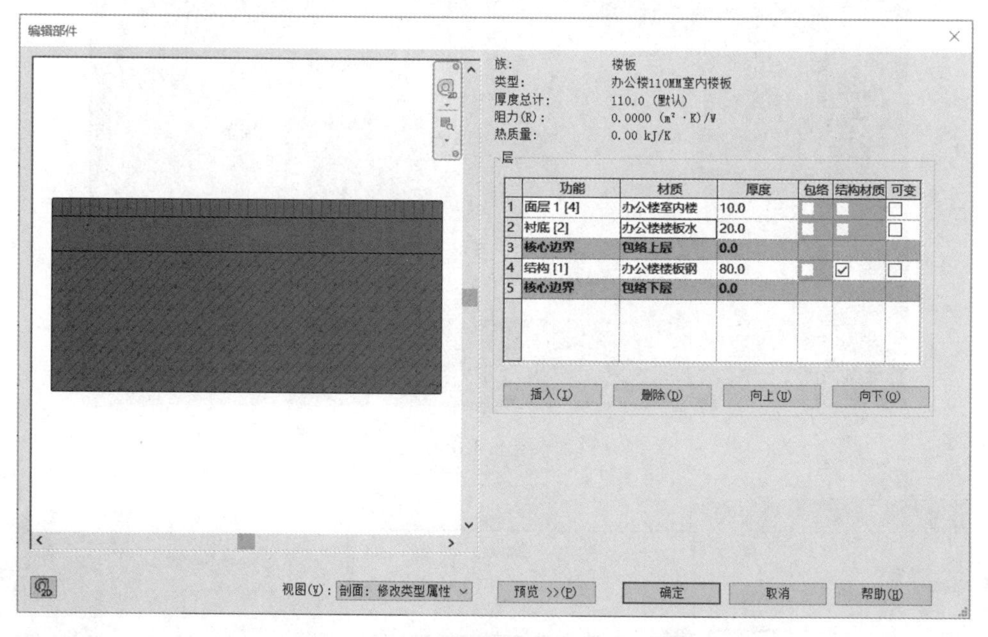

图 2.4-9

（2）楼板空间位置

楼板的空间位置是基于楼层标高，但有些楼板高或低于楼层标高，如该项目中卫生间比其他楼板标高低 50mm。

选中卫生间楼板，在楼板属性面板中修改【自标高的高度】栏中输入【－50】，完成卫生间楼板空间位置的设置。如图 2.4-10 所示。

选择需要复制的楼板，自动激活【修改｜楼板】选项卡，在【剪贴板】面板下点击【复制到剪贴板】命令，如图 2.4-11 所示。

点击在【剪贴板】面板的【粘贴】命令下的下拉三角，在弹出的面板上点选【与选定

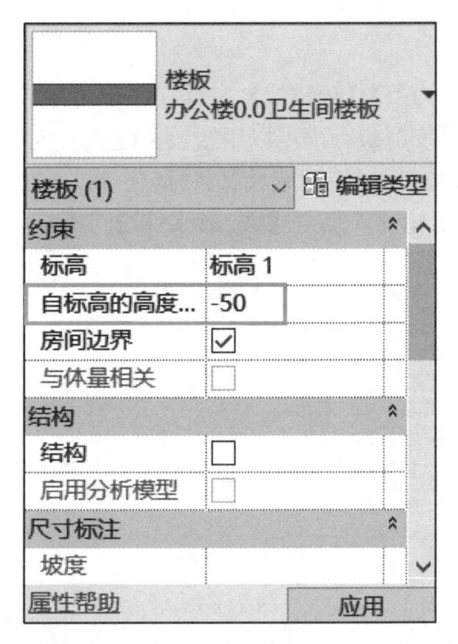

图 2.4-10

图 2.4-11

的标高对齐】命令，接着在弹出的【选择标高】面板上选择需要按放楼板的标高，楼板自动复制到所选楼层。如图 2.4-12 所示。

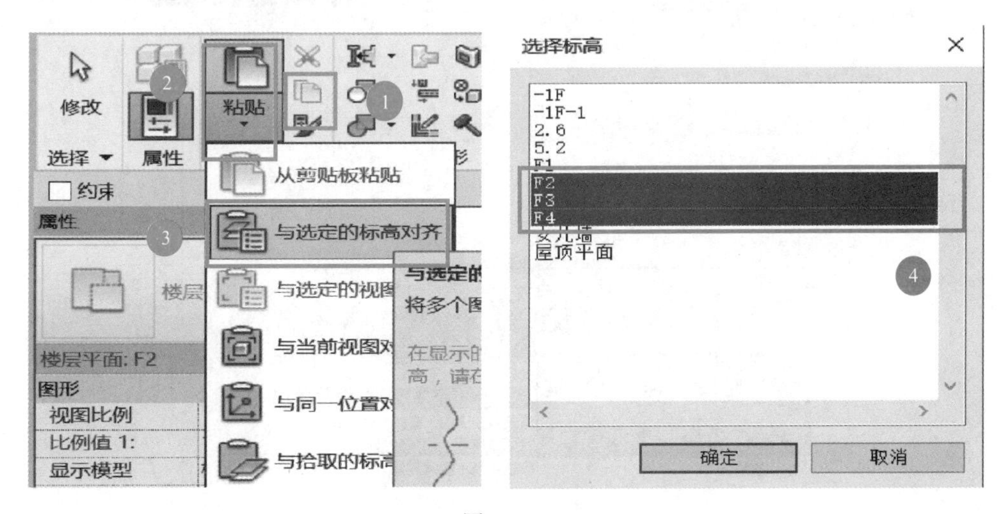

图 2.4-12

4. 楼板边

楼板边如同墙体的【墙饰条】【分割线】一样，属于主体放样，其放样的主体为楼板。阳台板下的滴檐、建筑分层装饰条等都可以用楼板边绘制。入户台阶也可用楼板边绘制。

先绘制一个台阶截面轮廓族。新建族：文件-新建-族，选择样板文件：公制轮廓，如图2.4-13所示。绘制完截面轮廓，点击【载入到项目】。

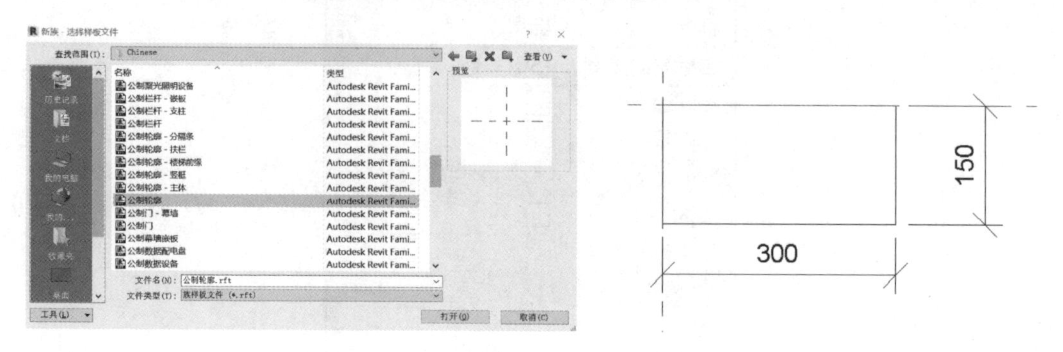

图2.4-13

点击【建筑】选项卡中的【楼板：楼板边】命令，在楼板的【属性】面板上点【编辑类型】进入【类型属性】，复制一个新板边缘，在【构造】>【轮廓】中选择楼板边族载入项目中。如图2.4-14所示。

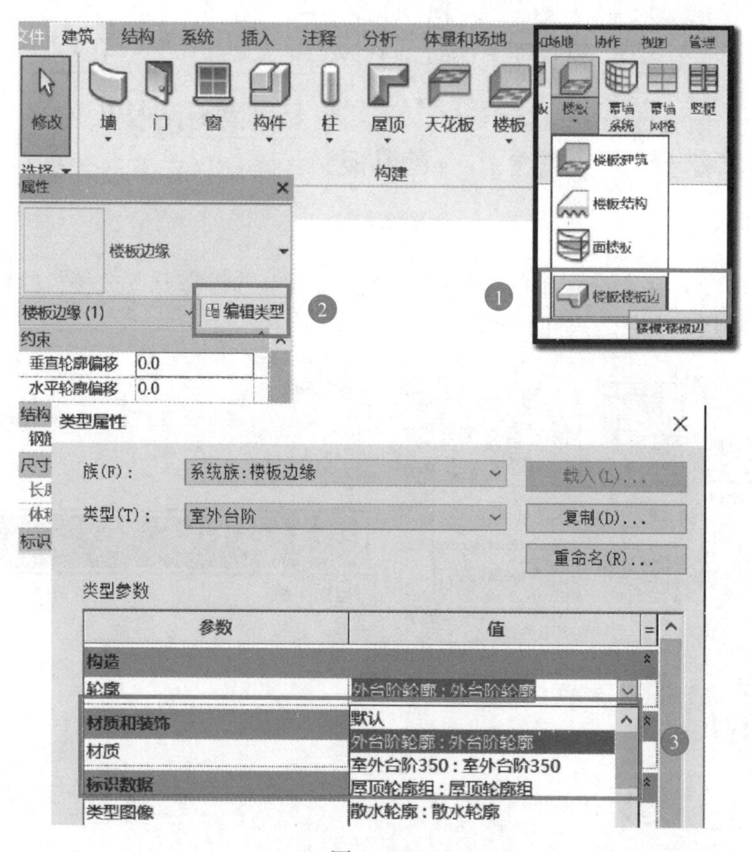

图2.4-14

选择相应的楼板边，如图 2.4-15 所示。

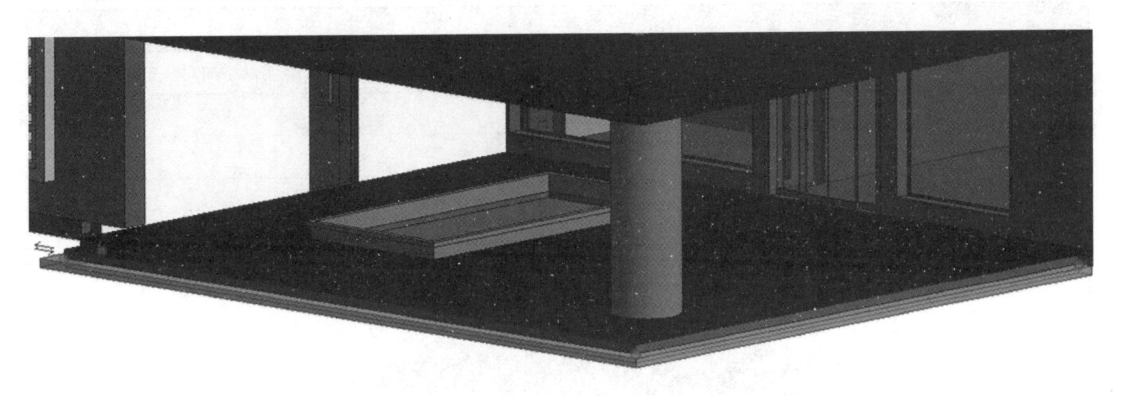

图 2.4-15

2.4.3 任务评价

序号	评价内容	评分标准	扣分标准	标准分	得分
1	楼板命名正确	楼板类型是否与图纸一致	每错一处扣3分，直至扣完	30	
2	楼板位置正确	按图纸创建楼板型：水平和空间位置精确	每错一处扣3分，直至扣完	30	
3	楼板尺寸正确	按图纸编辑楼板：尺寸大小一致	每错一处扣3分，直至扣完	30	
4	楼板无缺漏	按图纸插入楼板完整	每缺漏一处扣2分，直至扣完	10	
总分				100	

2.4.4 拓展实训

本任务的拓展实训是以 3000～5000m^2 的多层框架结构建筑为例，案例为某学院食堂，使用 Revit 2018 软件掌握楼板的绘制。拓展实训任务清单如下：

序号	项目	内容	
1	实训概况	(1)总体概述：某学院食堂为钢筋混凝土框架结构。根据结构图纸，在已经完成结构基础的模型中按照要求创建楼板图元。 (2)实训组织：课后独立完成拓展实训。 (3)实训准备：①已掌握楼板的创建、编辑；②某学院食堂建筑图纸，已完成墙体的某学院食堂模型文件。 (4)实训学时：课后4学时	微课讲解

续表

序号	项目	内容
2	实训目标	掌握楼板的编辑方法及相关参数设置，根据提供的 CAD 图纸，给项目添加对应的楼板构件。
3	成果要求	(1)楼板命名正确
		(2)楼板位置正确
		(3)楼板尺寸正确
		(4)楼板无缺漏
4	成果范例	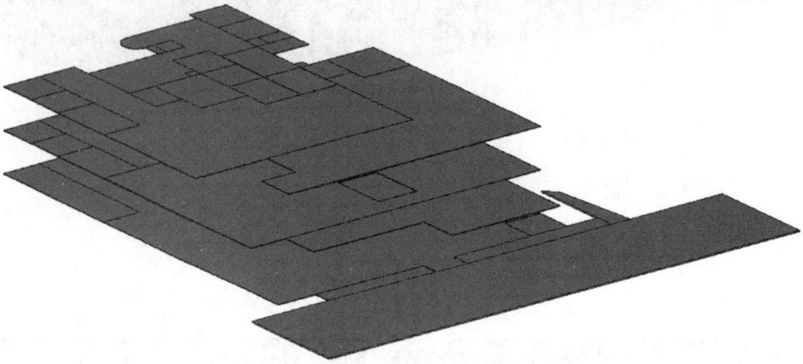

2.5 任务 4 屋顶

2.5.1 任务描述

本任务是 BIM 建模-建筑模块的第四个任务，以某学院行政办公楼为案例，使用 Revit 2018 软件学习和掌握屋顶的创建。任务清单如下：

序号	项目	内容
1	任务概况	(1)总体概述：屋顶是房屋或构筑物外部的顶盖，是建筑的重要组成部分。建筑屋顶形式多样，在 Revit 2018 中提供了屋顶的多种建模工具，通过各种屋顶命令，可以快速创建复杂的屋顶形状。 (2)任务组织：课前预习屋顶构件的基本操作视频；课中讲解重点及易错点，完成项目屋顶的绘制；课后发放拓展实训习题。 (3)准备工作：①已掌握屋顶的绘制、编辑和修改；②已完成某学院行政办公楼的屋顶模型搭建。 (4)参考学时：4 学时
2	任务目标	熟悉屋顶的编辑方法及相关参数设置，根据提供的 CAD 图纸，给项目添加屋顶构件
3	成果要求	(1)屋顶命名正确
		(2)屋顶位置正确
		(3)屋顶尺寸正确
		(4)屋顶无缺漏

续表

序号	项目	内容
4	成果范例	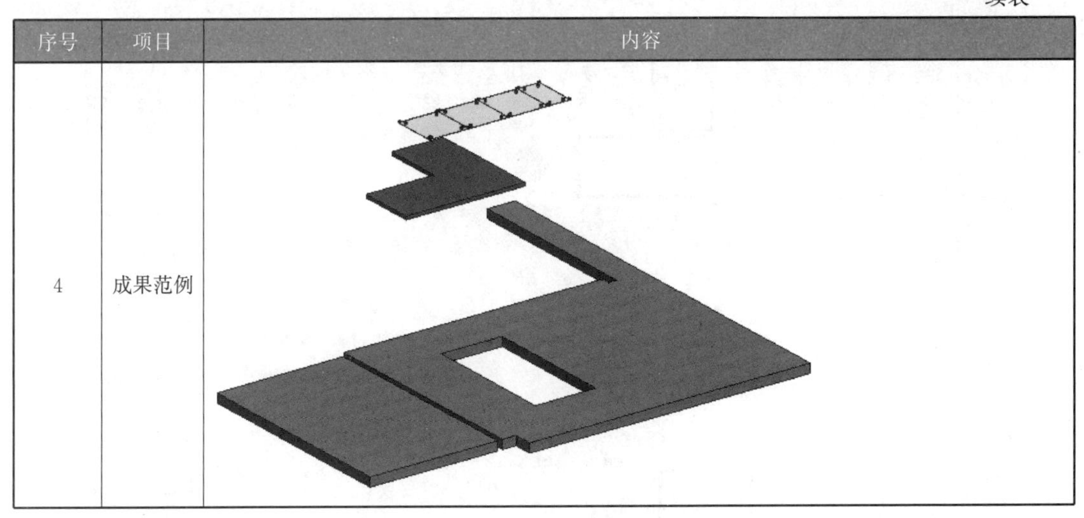

2.5.2　任务实操

操作思路						
了解屋顶类型	→	绘制屋顶	→	编辑屋顶	→	绘制屋顶洞口
			微课讲解			

1. 了解屋顶类型

Revit 提供了绘制屋顶的四种方式：①迹线屋顶，在建筑当前平面绘制闭合线段为建筑屋顶边界迹线创建屋顶，用于常规坡屋顶和平屋顶；②拉伸屋顶，通过拉伸绘制的轮廓线来创建屋顶，用于有规则断面的屋顶；③面屋顶，使用非垂直的体量面创建屋顶，用于异形曲面屋顶；④玻璃斜窗，用于玻璃采光屋顶。该项目中大部分屋顶为平屋顶，东侧有玻璃斜窗。

2. 绘制屋顶

点击【建筑】选项卡中【构建】面板上的【屋顶】，单击【迹线屋顶】命令，设定屋顶所在平面层，在【属性】面板中选择任意屋顶类型，点击【编辑类型】进入【类型属性】面板，复制现选屋顶类型并重命名为【办公楼屋顶】(图 2.5-1)。

平屋顶的创建：点击【修改 | 创建屋顶迹线】上下文选项卡中【绘制】工具面板中的【拾取墙】工具创建屋顶的边界线，在选项栏中取消勾选【定义坡度】复选框，悬挑为

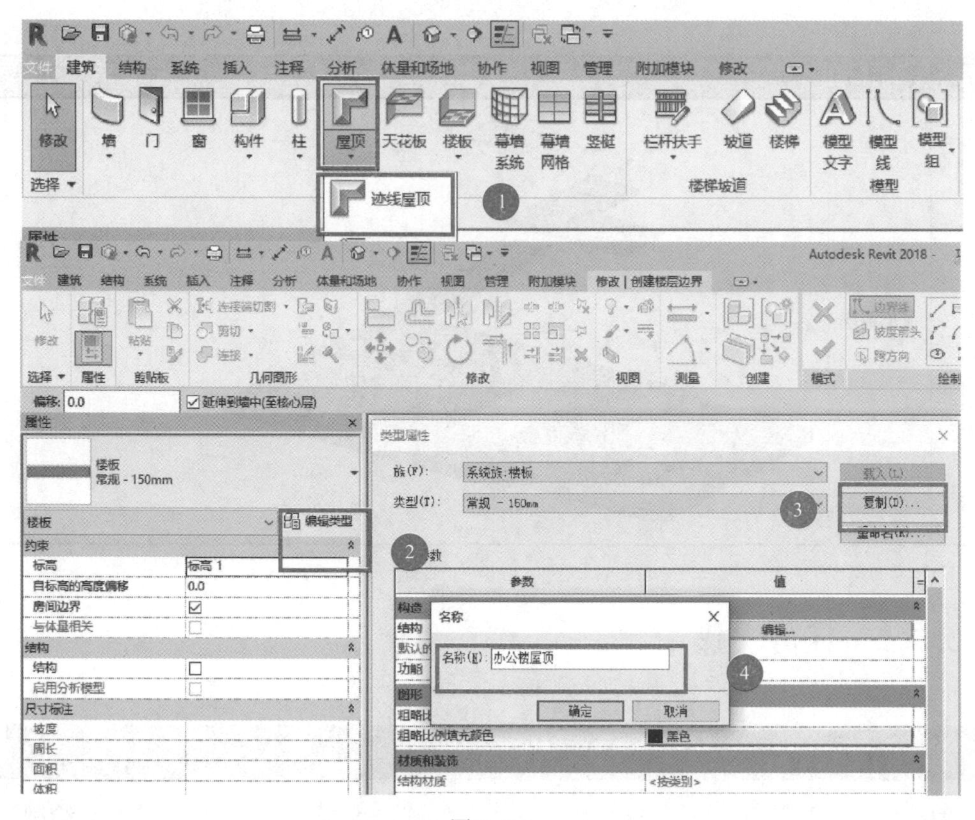

图 2.5-1

【0】，勾选【延伸到墙中（至核心层）】复选框，拾取墙体生成屋顶轮廓线，再点击【模式】面板中的【完成编辑模式】按钮【√】，完成平屋顶的构建。如图 2.5-2 所示。

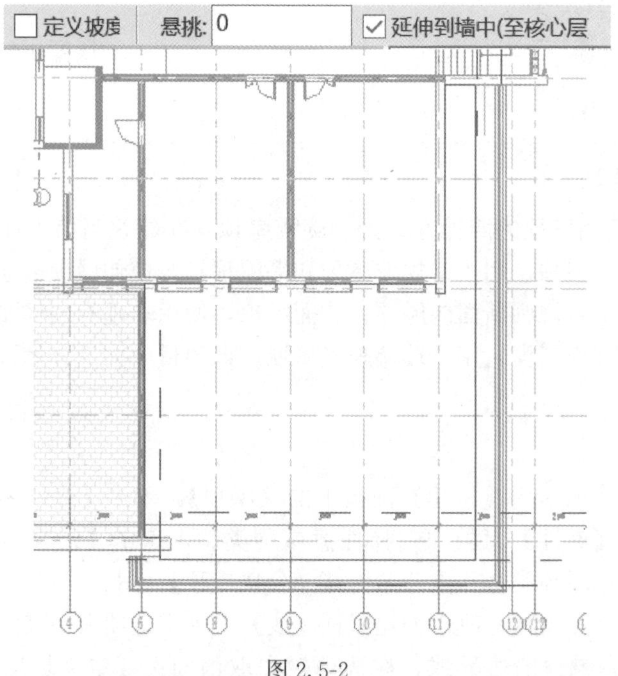

图 2.5-2

3. 编辑屋顶

（1）屋顶实例属性

属性修改：在【属性】对话框中可以修改所选屋顶的底部标高、偏移、截断标高、椽截面、坡度角等；选择【编辑类型】命令可以设置屋顶的构造（结构、材质、厚度）、图形（粗略比例、填充样式）等。如图 2.5-3 所示。

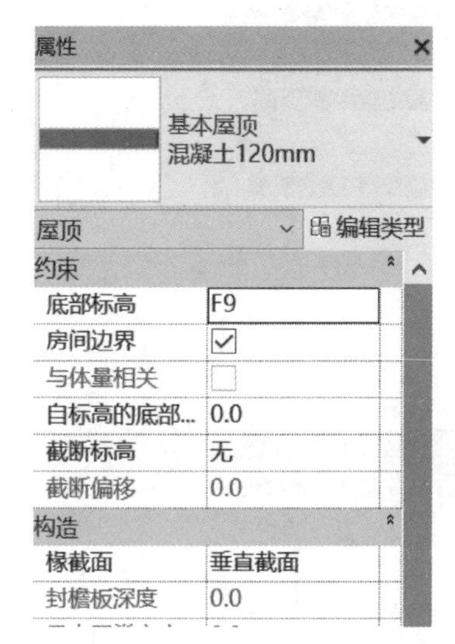

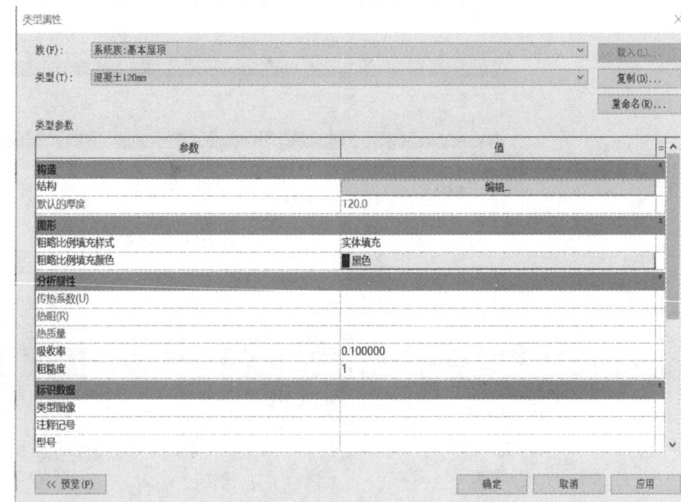

图 2.5-3

（2）屋顶特殊类型编辑

现建筑设计中常做采光设计的透明屋顶，其创建方法与常规屋顶一样，只是在类型选择时用【玻璃斜窗】（图 2.5-4）。

图 2.5-4

创建编辑方法与幕墙的编辑方法相同。如图 2.5-5 所示。

（3）墙体与屋顶附着

选中墙体后，在激活的【修改 | 墙】上下文选项卡中，单击【附着 顶部/底部】工具按钮，再选择屋顶，随后墙体会自动延伸至屋顶。如图 2.5-6 所示。

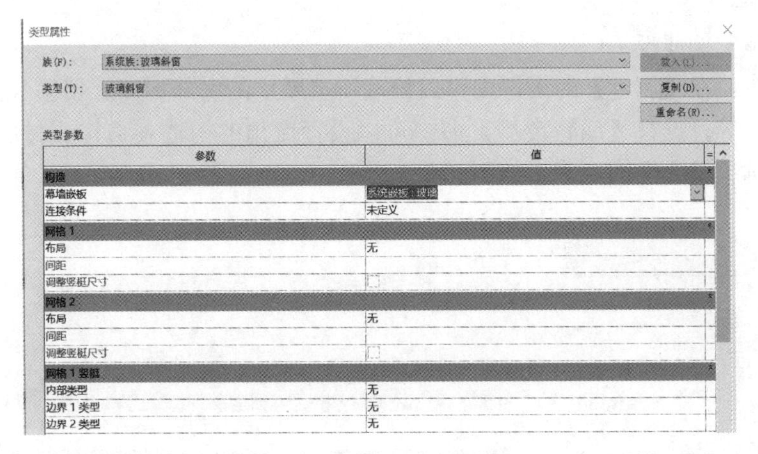

图 2.5-5

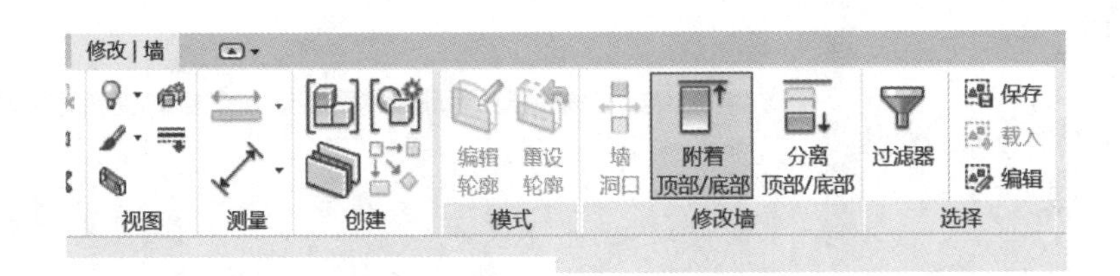

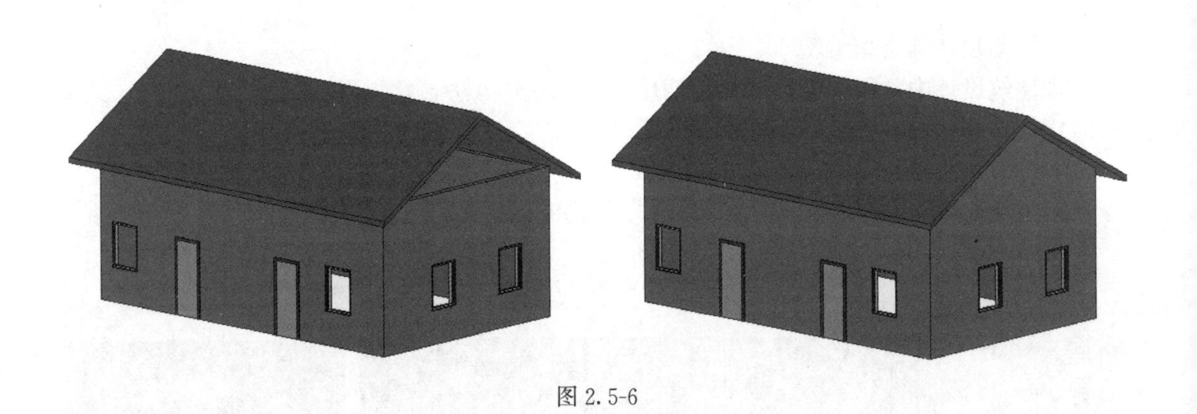

图 2.5-6

4. 洞口

在 Revit 2018 软件里，可以通过编辑楼板、屋顶、墙体的轮廓来创建洞口，也可以用软件提供的专门的【洞口】命令来创建面洞口、垂直洞口、竖井洞口、老虎窗洞口等。

点选【建筑】面板中【洞口】选项【竖井】进入【修改｜创建竖井洞口草图】面板，使用【边界线】中的【直线】工具绘制竖井轮廓，再在【属性】面板中设置竖井底部与顶部约束高度来完成竖井洞口的创建。如图 2.5-7 所示。

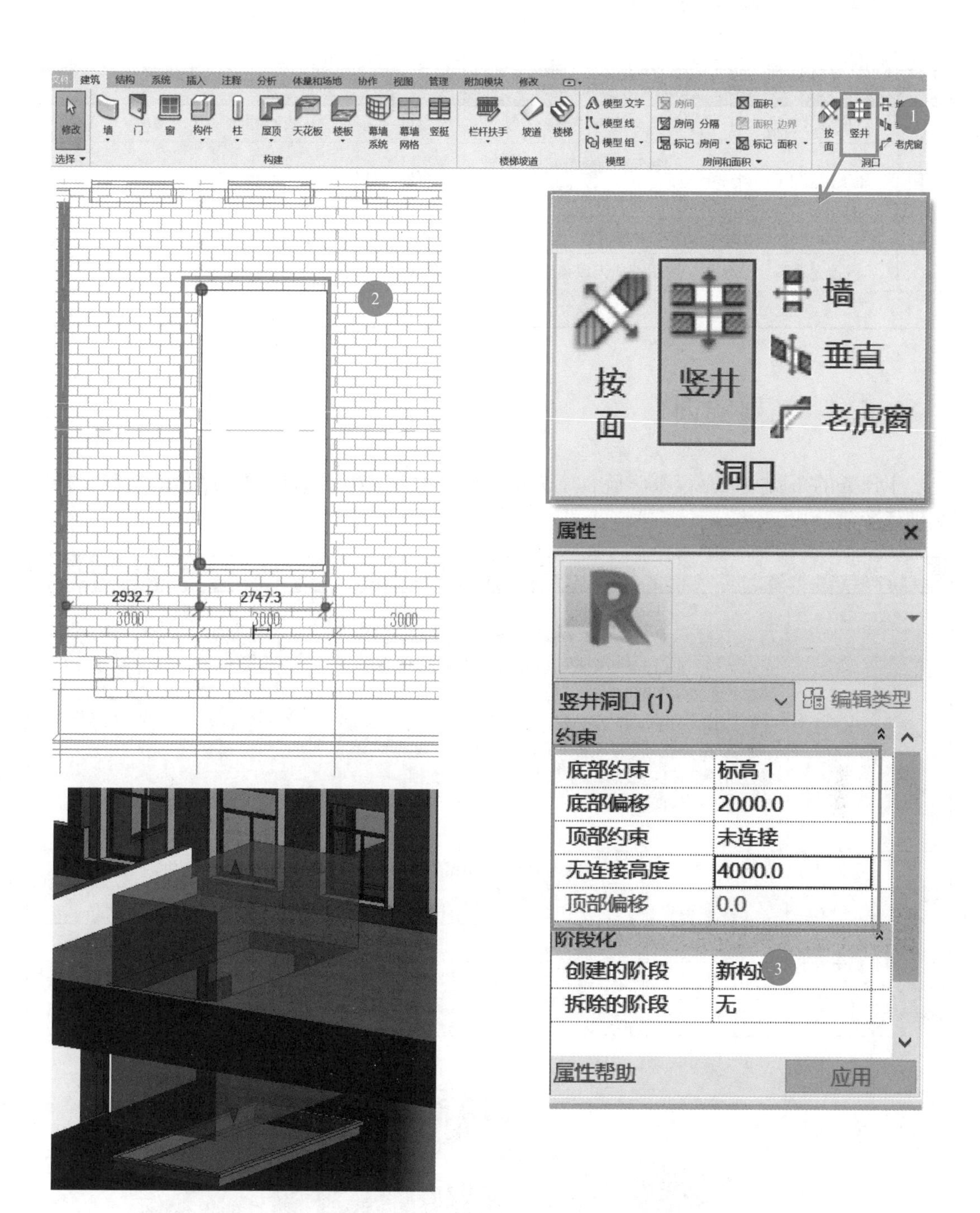

1
2
3
按面
竖井
墙
垂直
老虎窗
洞口
2932.7
2747.3
3000
3000
3000
属性
竖井洞口 (1)
编辑类型
约束
底部约束
标高 1
底部偏移
2000.0
顶部约束
未连接
无连接高度
4000.0
顶部偏移
0.0
阶段化
创建的阶段
新构造
拆除的阶段
无
属性帮助
应用

图 2.5-7

2.5.3 任务评价

序号	评价内容	评分标准	扣分标准	标准分	得分
1	屋顶命名正确	屋顶类型是否与图纸一致	每错一处扣 3 分，直至扣完	30	
2	屋顶位置正确	按图纸创建屋顶： 水平和空间位置精确	每错一处扣 3 分，直至扣完	30	
3	屋顶尺寸正确	按图纸编辑屋顶：尺寸一致	每错一处扣 3 分，直至扣完	30	
4	屋顶无缺漏	按图纸插入屋顶完整	每缺漏一处扣 2 分，直至扣完	10	
总分				100	

2.5.4 拓展实训

本任务的拓展实训是以某学院食堂为例，使用 Revit 2018 软件掌握屋顶的绘制。拓展实训任务清单如下：

序号	项目	内容	
1	实训概况	(1)总体概述：某学院食堂为钢筋混凝土框架结构建筑，根据结构图纸，在已经完成的建筑墙体楼板模型中按照要求创建屋顶图元。 (2)实训组织：课后独立完成拓展实训。 (3)实训准备：①已学习屋顶的创建、编辑；②某学院食堂建筑图纸，已完成墙体的某学院食堂模型文件。 (4)实训学时：课后 4 学时	微课讲解
2	实训目标	掌握屋顶的编辑方法及相关参数设置，根据提供的 CAD 图纸，给项目添加对应的屋顶构件	
3	成果要求	(1)屋顶命名正确	
		(2)屋顶位置正确	
		(3)屋顶尺寸正确	
		(4)屋顶无缺漏	
4	成果范例		

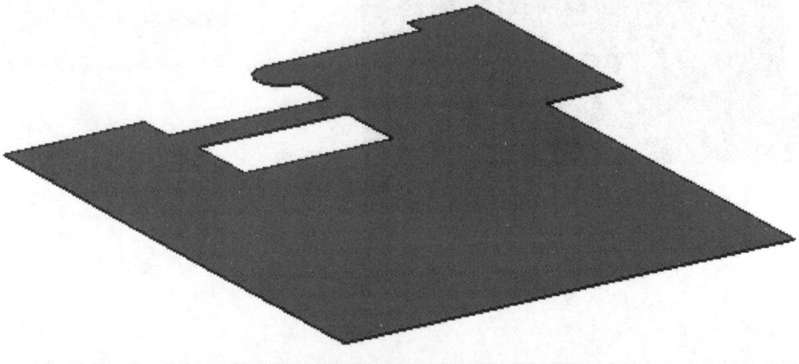

2.6 任务5 楼梯、栏杆、扶手的创建

2.6.1 任务描述

本任务在已完成的某学院行政办公楼模型主体的基础上制作楼梯、栏杆、扶手模型。任务清单如下：

序号	项目	内容
1	任务概况	(1)总体概述：以某学院行政办公楼为案例，使用Revit 2018软件讲解楼梯、栏杆、扶手的创建；楼梯、栏杆、扶手是建筑构件中重要的组成部分之一。 在Revit 2018软件中，可以通过定义楼梯梯段或者绘制踢面线及边界线的方式来绘制楼梯；栏杆、扶手则附着于楼梯或者楼板的主体上。 (2)任务组织：课前预习楼梯、栏杆、扶手创建的基本操作视频；课中讲解重点及易错点，完成项目某学院行政办公楼楼梯、栏杆、扶手的搭建；课后发放拓展实训习题。 (3)准备工作：①已掌握楼板的绘制、编辑及修改；②某学院行政办公楼建筑图纸，已完成建筑墙体、幕墙及楼板等建筑主体建筑。 (4)参考学时：4学时
2	任务目标	本任务主要掌握建筑楼梯、栏杆、扶手的创建、编辑和修改
3	成果要求	(1)建筑楼梯、栏杆、扶手命名规范
		(2)建筑楼梯、栏杆、扶手形状正确
		(3)建筑楼梯、栏杆、扶手尺寸正确
		(4)建筑楼梯、栏杆、扶手材质正确
		(5)建筑楼梯、栏杆、扶手位置正确
		(6)建筑楼梯、栏杆、扶手无缺漏或重复布置现象
4	成果范例	

2.6.2 任务实操

操作思路						
识读施工图	→	绘制楼梯	→	编辑楼梯	→	放置楼梯
	→	绘制栏杆、扶手	→	编辑栏杆、扶手	→	放置栏杆、扶手
				微课讲解		

1. 识读建筑施工图

识读该项目的建筑 CAD 施工图纸，了解项目楼梯、栏杆扶手的基本信息，包含楼梯在平面布置图的数量、位置及尺寸。如图 2.6-1 所示。

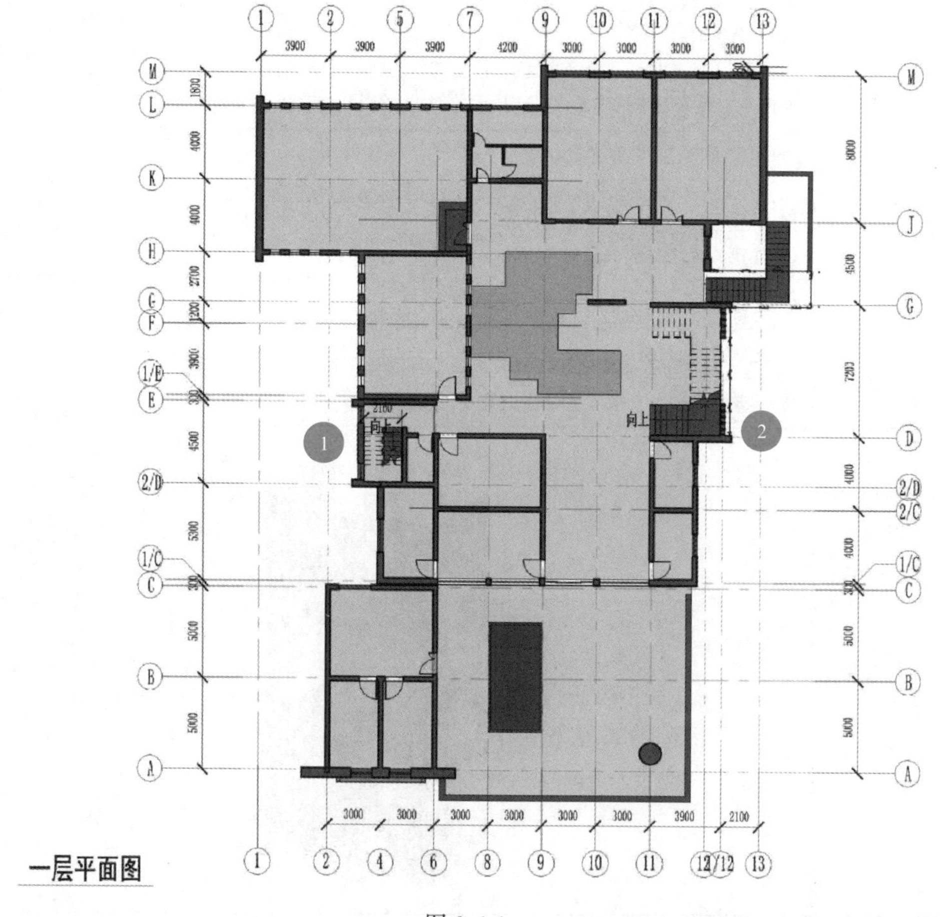

图 2.6-1

本项目有四个部分有楼梯，楼梯①在轴 5-轴 2/D 的位置，楼梯底部高度±0.000，顶部高度为 2600mm；楼梯②在轴 1/12-轴 D 的位置，楼梯底部±0.000，顶部高度为 3900mm；楼梯③在轴 13-轴 G 的位置，楼梯底部高度±0.000，顶部高度为 3900mm；楼梯④在轴线 7-轴线 H 的位置，底部为高度 2600mm，顶部高度为 5200mm。本任务以一层的楼梯②为案例讲解楼梯、栏杆、扶手在 Revit 中的绘制方法。

2. 绘制楼梯

在轴 1/12-轴 D 的位置绘制楼梯，点击工具栏【建筑】>【楼梯】，进入【修改/创建楼梯】面板，绘制梯段；在【属性】栏中设置【底部标高】为 F1，顶部标高为 F2，点击【修改/创建楼梯】>【构件】>【直梯】，修改定位线为【梯段：右】，实际梯段宽度为：1680mm，沿着墙体绘制楼梯；完成楼梯绘制点击【√】确定。如图 2.6-2 所示。

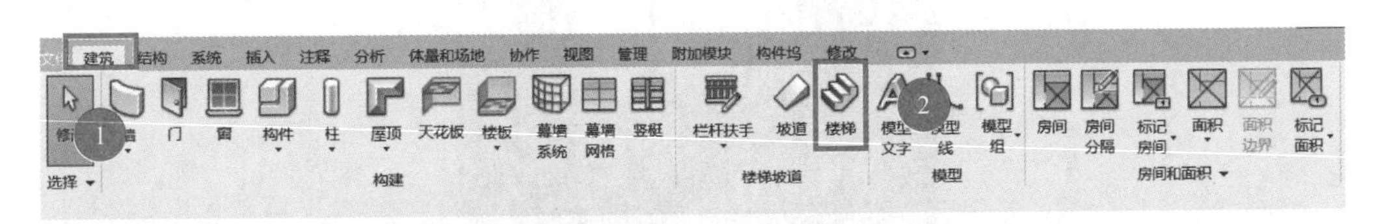

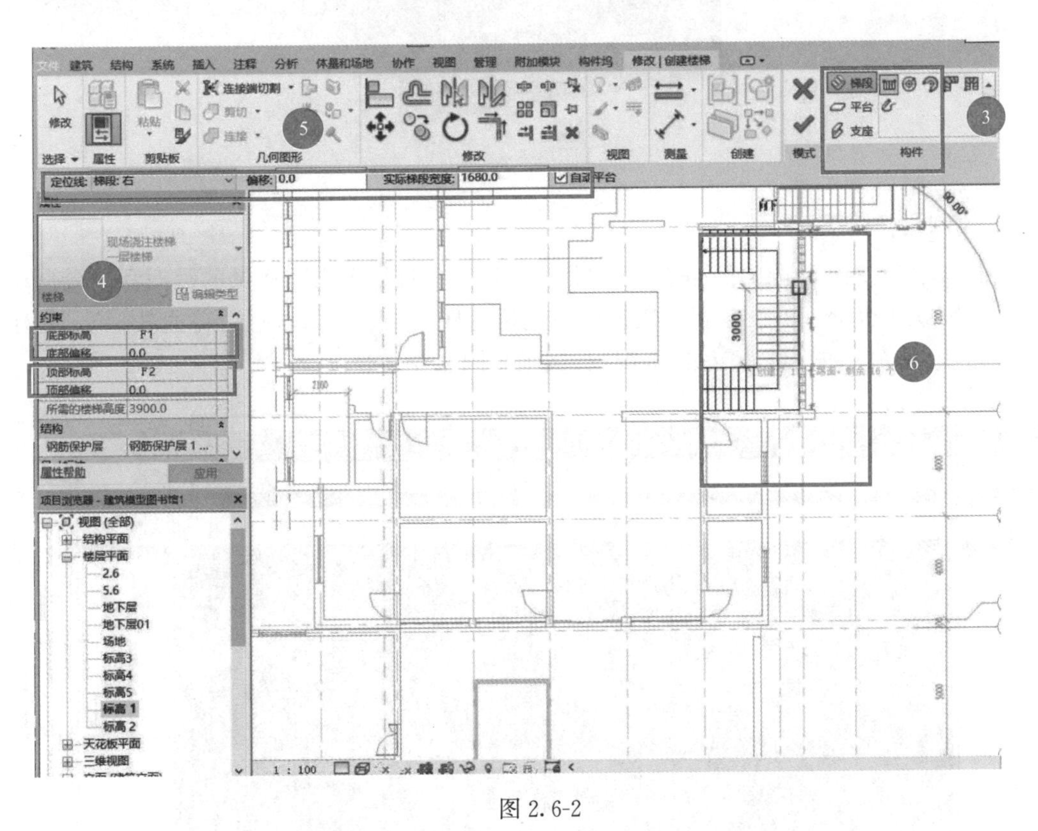

图 2.6-2

注意：在绘制楼梯时，注意踏面的高度和宽度，系统默认踏面高度为 150mm，宽度为 300mm；如果需要设置指定的踏面高度及踏面宽度，需要在【属性】>【编辑类型】中设置。

完成后如图 2.6-3 所示。

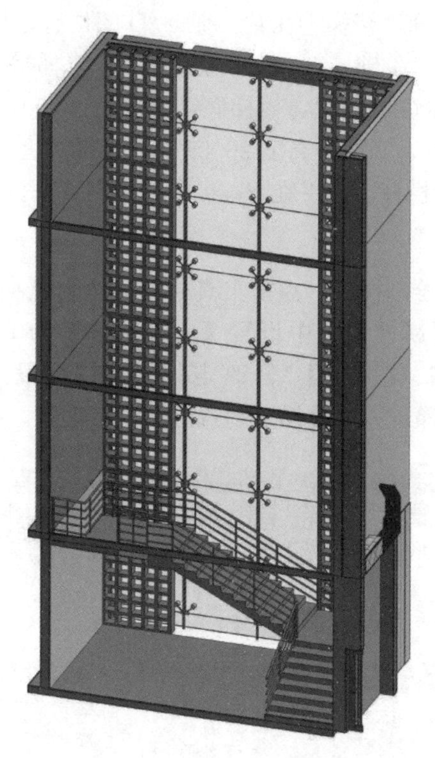

图 2. 6-3

3. 绘制栏杆扶手

栏杆扶手是在建筑主体之上的，在绘制楼梯时，栏杆扶手跟随楼梯的踏面和平台自动生成，栏杆扶手也可以单独绘制。栏杆扶手包括栏杆扶栏（顶部扶栏、普通扶栏）、支柱（起点支柱、转角支柱、终点支柱）和栏杆嵌板（图 2. 6-4）。

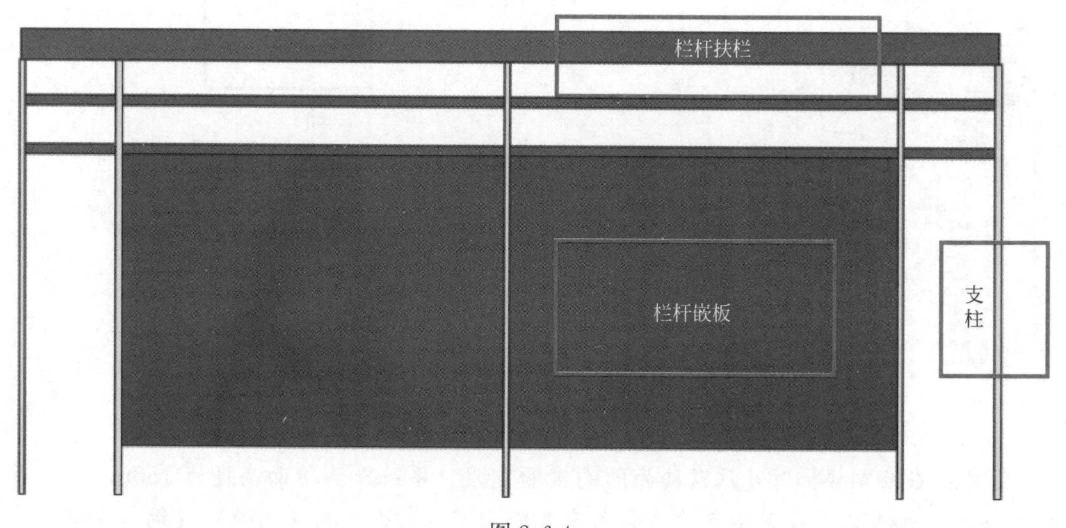

图 2. 6-4

（1）点击【建筑】选项卡，单击功能区绘制【栏杆扶手】>【绘制路径】，在平面图中绘制一条栏杆扶手的路径，绘制完成后点击【√】确定，如图 2.6-5 所示。

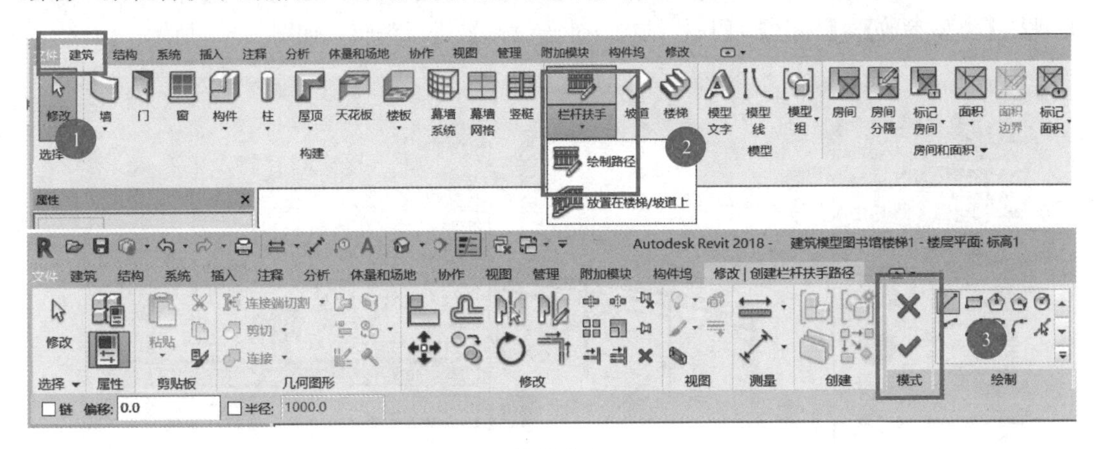

图 2.6-5

注意：在默认情况下，栏杆扶手为 900mm 圆管。

(2) 完成栏杆扶手的绘制后，可以进行编辑修改；在本案例中将默认的【900mm 圆管】修改为：玻璃嵌板栏杆扶手（图 2.6-6）。

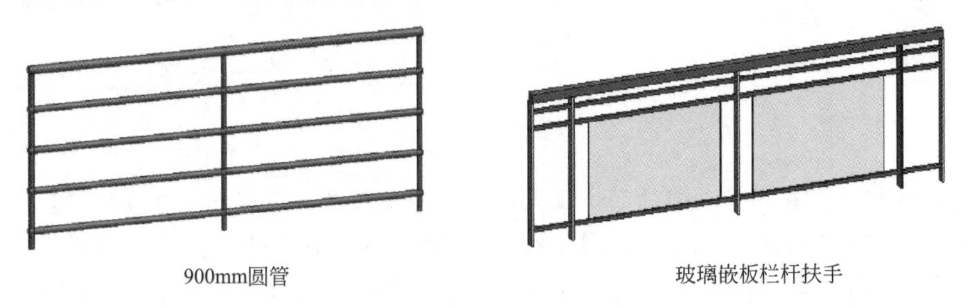

900mm圆管　　　　玻璃嵌板栏杆扶手

图 2.6-6

(3) 点击栏杆扶手【属性】面板将【栏杆扶手】下的【900mm 圆管】替换成【玻璃嵌板-底部填充】（图 2.6-7）。

图 2.6-7

（4）在【玻璃嵌板-底部填充】族中调整栏杆扶手的细节，点击【属性】面板>【编辑类型】>【类型参数】>【构造】>【扶栏结构（非连续）】进行编辑，如图 2.6-8 所示。

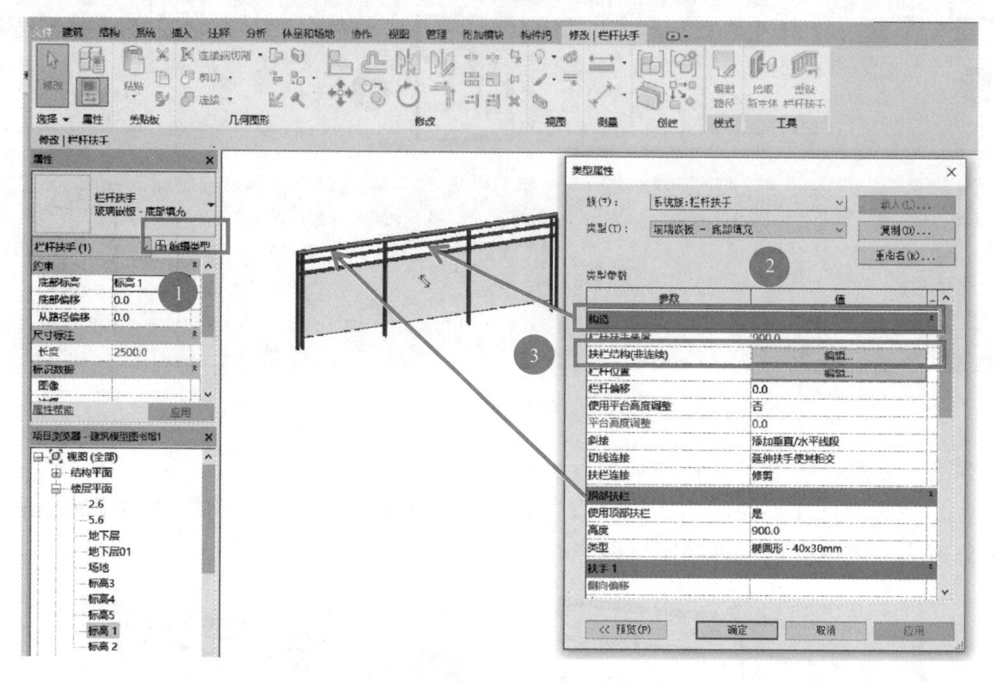

图 2.6-8

注意：扶栏设置在两个不同的面板设置，除顶部扶栏外，内部扶栏在【构造】中设置。

（5）进入【扶栏结构（非连续）】编辑，在默认情况下有两根扶栏，可进行增加，点击【插入】，重命名为“扶栏 3”，设置高度为“100”，偏移为“0”，轮廓为“矩形扶手：20mm”，点击【确定】，如图 2.6-9 所示。

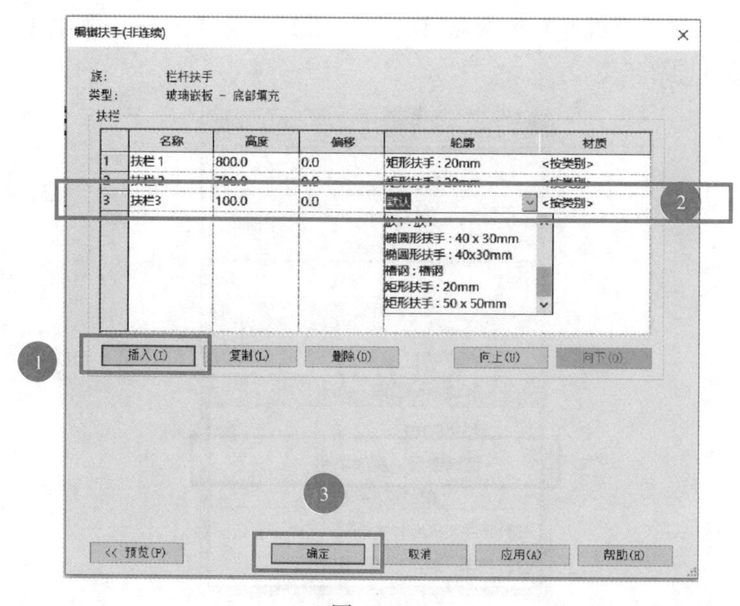

图 2.6-9

（6）通过预览，可以看到调整后的效果；修改顶部扶栏，点击【类型参数】>【顶部扶栏】>【类型】，调整为“矩形－50×50mm”，如图 2.6-10 所示。

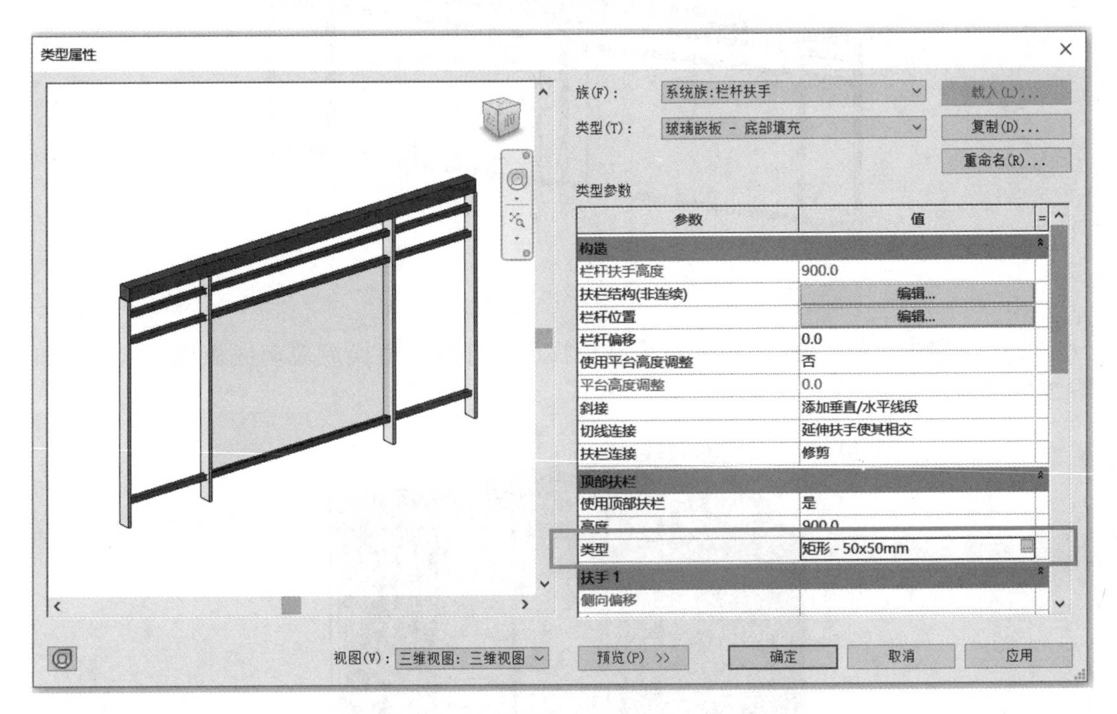

图 2.6-10

（7）修改栏杆，点击【类型参数】>【栏杆位置】进入编辑，修改【主样式】中相对前一栏杆的距离为“500mm”，点击【确定】，如图 2.6-11 所示。

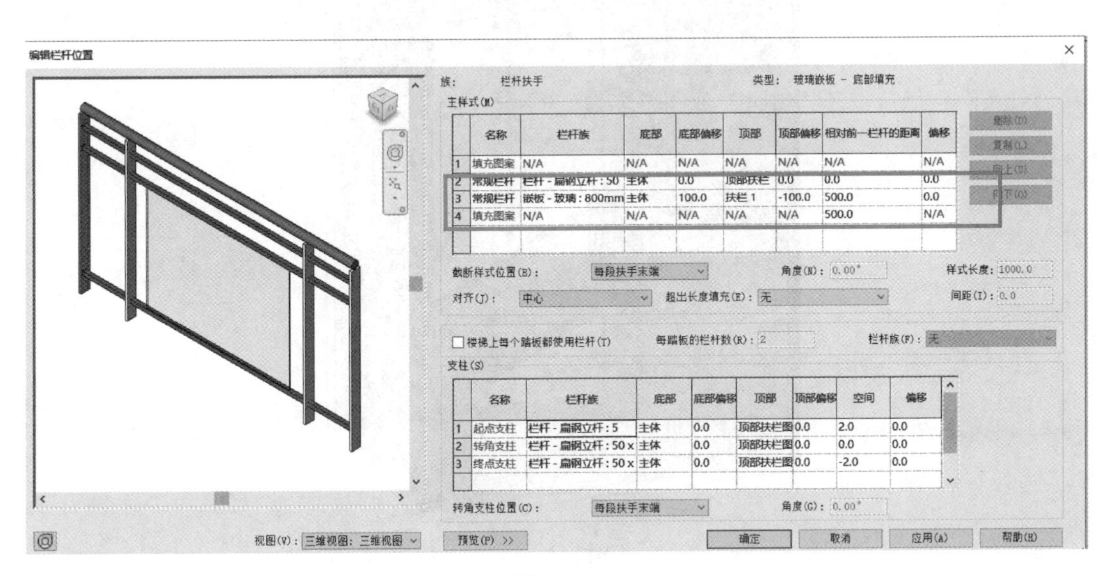

图 2.6-11

（8）完成后如图 2.6-12 所示。

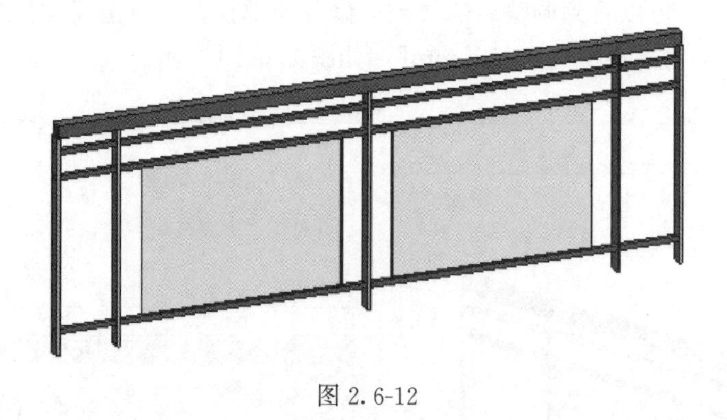

图 2.6-12

(9) 将楼梯②轴 12-轴 D 的位置绘制楼梯的栏杆扶手替换成玻璃嵌板栏杆扶手，如图 2.6-13 所示。

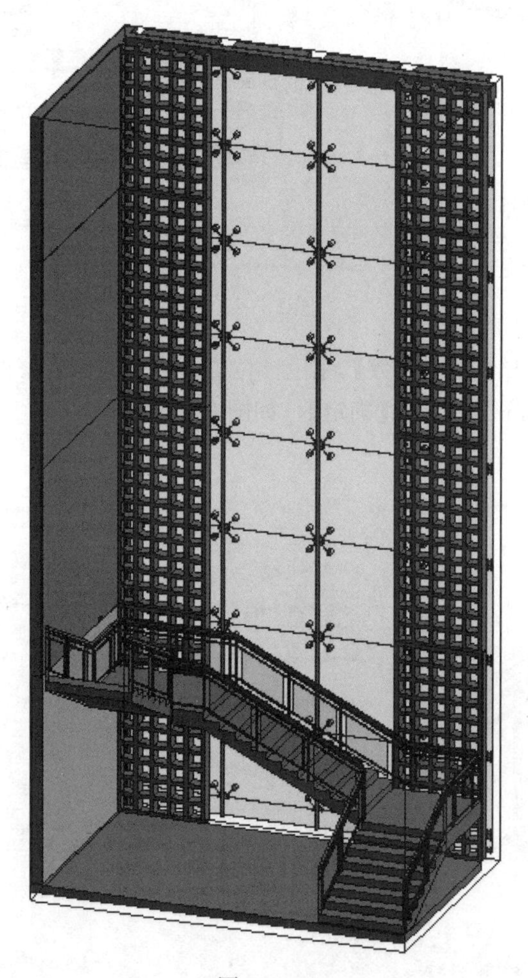

图 2.6-13

注意：点击【修改/楼梯】在【多层楼梯】中选择标高，将二层、三层楼梯完成。

2.6.3　任务评价

序号	评价内容	评分标准	扣分标准	标准分	得分
1	楼梯命名	与建筑施工图一致	每错一处扣 1 分,直至扣完	10	
2	楼梯材质	与建筑施工图一致	每错一处扣 1 分,直至扣完	10	
3	楼梯尺寸	与建筑施工图一致	每错一处扣 1 分,直至扣完	10	
4	楼梯位置	楼梯位置准确,顶部和底部的标高准确	楼梯位置每错一处扣 1 分,顶部或底部的标高每错一处扣 1 分,直至扣完	10	
5	栏杆命名	与建筑施工图一致	每错一处扣 1 分,直至扣完	10	
6	栏杆尺寸	与建筑施工图一致	每错一处扣 1 分,直至扣完	10	
7	栏杆位置	与建筑施工图一致	位置每错一处扣 1 分,直至扣完	10	
8	扶手尺寸	与建筑施工图一致	每错一处扣 1 分,直至扣完	10	
9	扶手位置	与建筑施工图一致	位置每错一处扣 1 分,直至扣完	10	
10	完成度	无缺漏或重复布置	每缺漏一处扣 2 分,每重复一处扣 2 分,直至扣完	10	
总分				100	

2.6.4　拓展实训

本任务的拓展实训以某学院食堂为案例，使用 Revit 2018 软件掌握楼梯、栏杆扶手构件的创建。拓展实训任务清单如下：

序号	项目	内容	
1	实训概况	(1)总体概述:某学院食堂为钢筋混凝土框架结构建筑,共有 3 层。根据建筑施工图图纸,在已经完成轴网的模型中按照要求创建一层、二层、三层建筑及室外的楼梯及栏杆扶手。 (2)实训组织:课后独立完成拓展实训。 (3)实训准备:①已掌握建筑墙体、幕墙及墙体构件等主体的创建;②识读某学院食堂建筑图纸,已完成某学院食堂模型主体建模。 (4)实训学时:课后 4 学时	微课讲解
2	实训目标	掌握建筑楼梯、栏杆扶手构件的创建、编辑和修改	
3	成果要求	(1)楼梯、栏杆扶手墙体命名规范	
		(2)楼梯、栏杆扶手形状正确	
		(3)楼梯、栏杆扶手尺寸正确	
		(4)楼梯、栏杆扶手材质正确	
		(5)楼梯、栏杆扶手位置正确	
		(6)楼梯、栏杆扶手无缺漏或重复布置现象	

续表

序号	项目	内容
4	成果范例	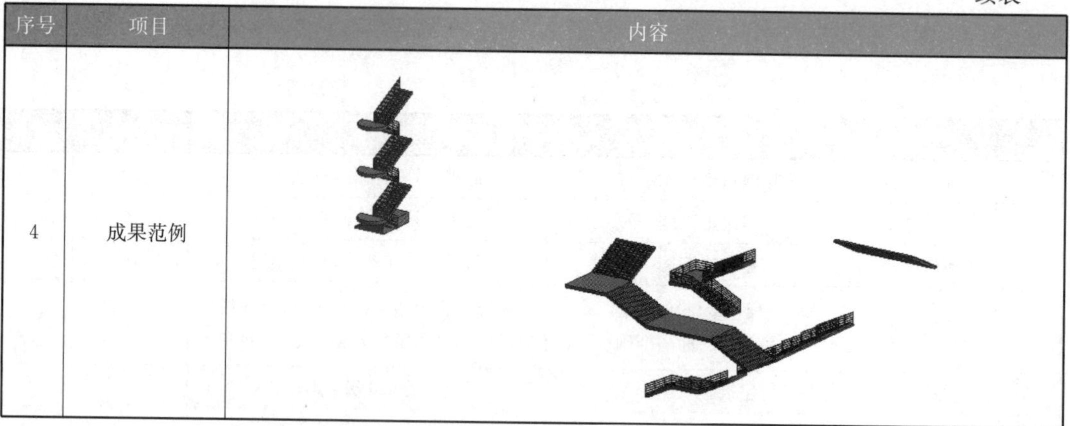

2.7 任务6 概念体量及族的创建

2.7.1 任务描述

本任务是 BIM 建模-建筑模块的第六个任务，以某学院行政办公楼为案例，使用 Revit 2018 软件学习和掌握概念体量及族的创建。任务清单如下：

序号	项目	内容
1	任务概况	(1)总体概述：族是涵盖图形表达和其参数化信息集的图元组，是组成项目的主要构件，也是非常重要的组成要素。概念体量是一种比较特殊的族类型。通过本次任务的学习，希望学生能够理解体量和族的概念和特点，掌握体量和族的使用和创建方法。根据建筑图纸，在建模中创建需要的体量和族。 (2)任务组织：课前预习概念体量和族创建的基本操作视频；课中讲解重点及易错点，完成项目中需要创建的体量和族；课后发放拓展实训习题。 (3)准备工作：①已掌握识图能力；②某学院行政办公楼建筑图纸，已完成某学院行政办公楼部分模型文件。 (4)参考学时：4 学时
2	任务目标	本任务主要掌握概念体量和族的创建、编辑和修改
3	成果要求	(1)创建概念体量
		(2)绘制模型
		(3)载入模型
		(4)创建轮廓
		(5)绘制轮廓
		(6)载入项目

续表

序号	项目	内容
4	成果范例	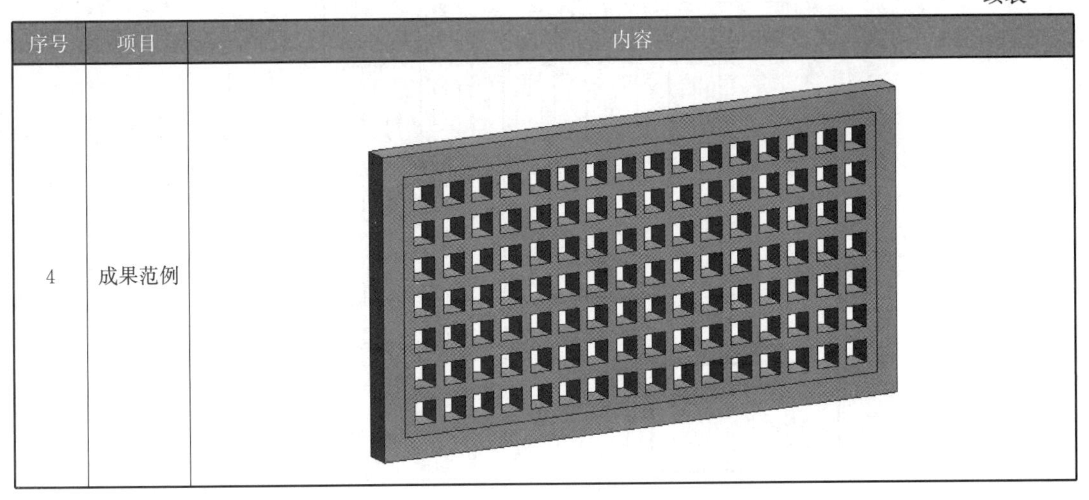

2.7.2　任务实操

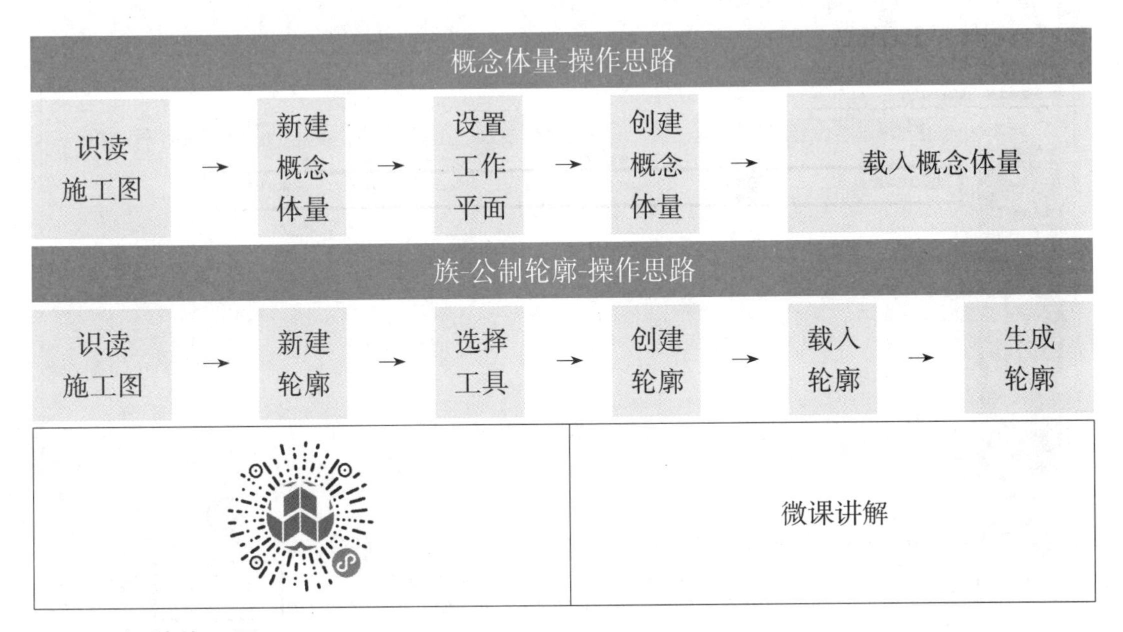

1. 识读施工图

识读项目图纸，了解项目所包含的体量和族的种类。图 2.7-1 中为可用体量和墙体创建模型。

2. 新建概念体量

体量是一种比较特殊的族类型。在建筑方案设计过程中，会遇到一些构件在常规族和项目模型中无法创建，或者无法进行参数化控制的情况，这些都可以通过利用概念体量族来解决。如果在项目中需用到概念体量，需要先创建概念体量然后载入到项目中。

打开模型文件，按照图纸要求创建概念体量，步骤为【新建】>【新建概念体量】>选

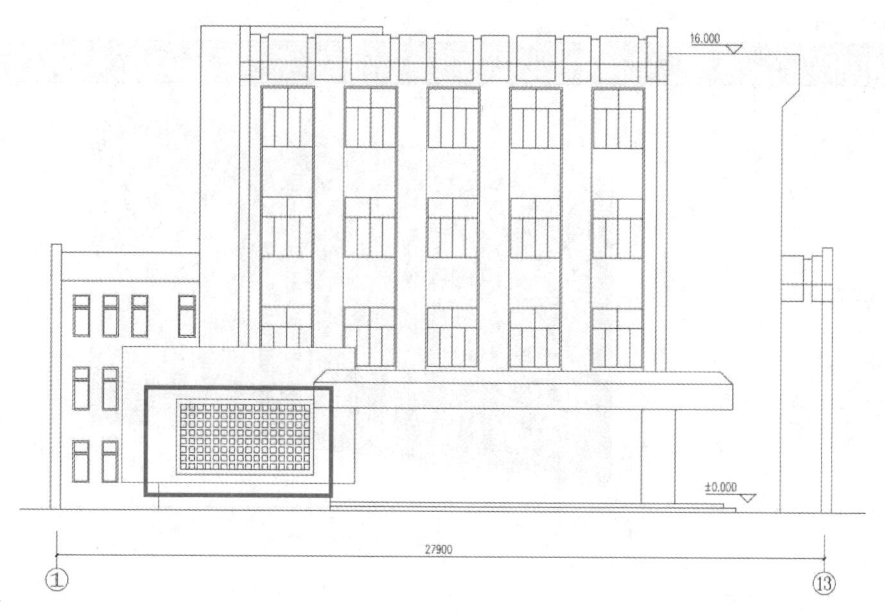

图 2.7-1

择【公制体量】(图 2.7-2)。

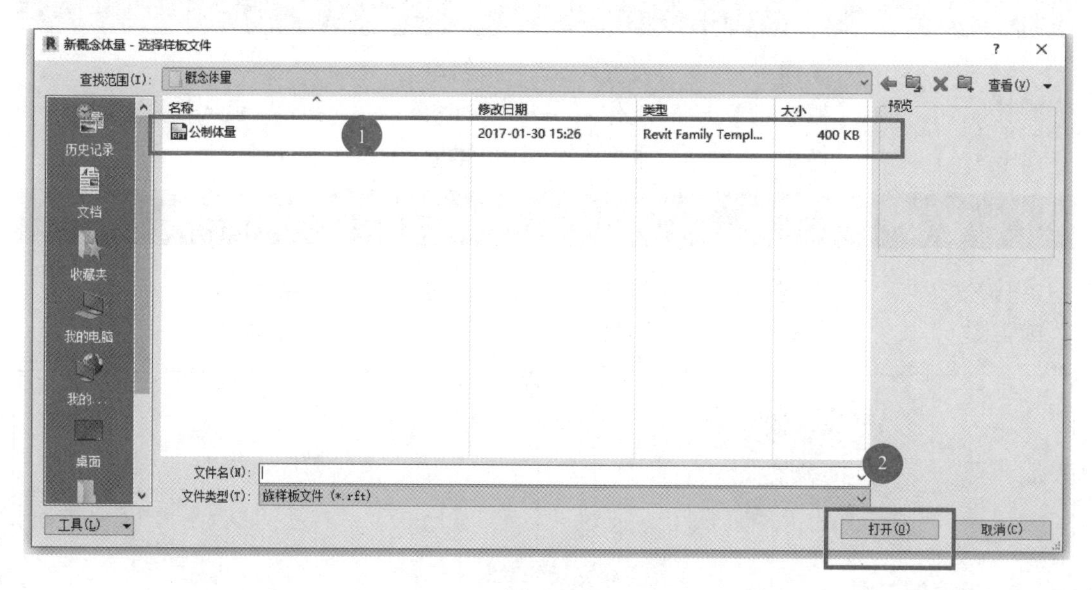

图 2.7-2

3. 设置工作平面

点击选项栏中的【创建】，选择工具栏中的【设置】(图 2.7-3)。

鼠标左键点击【参照平面：参照平面：中心（前/后）】(图 2.7-3)，在图 2.7-4 位置点击图 2.7-5【项目浏览器】中的【南】立面，进入图 2.7-6 所示绘制界面。

4. 创建概念体量

按图 2.7-7 中步骤选择【矩形】，根据施工图中给定的尺寸绘制轮廓（图 2.7-8)。

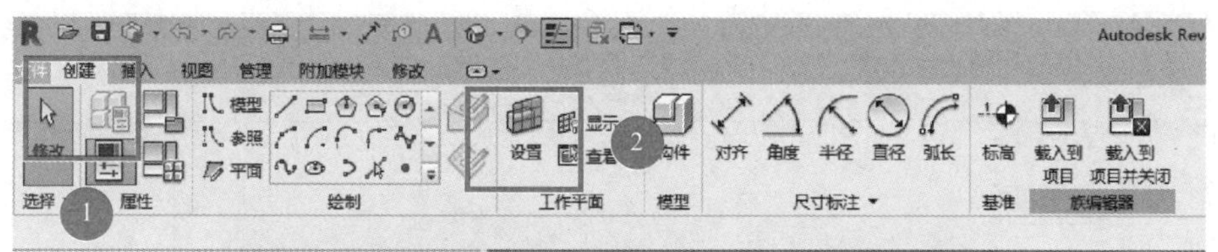

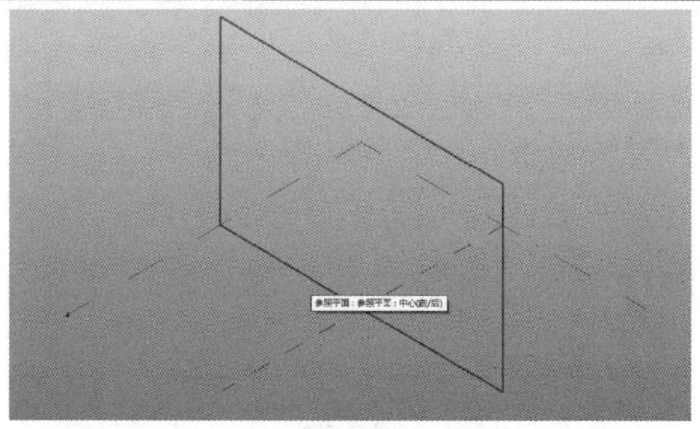

图 2.7-3

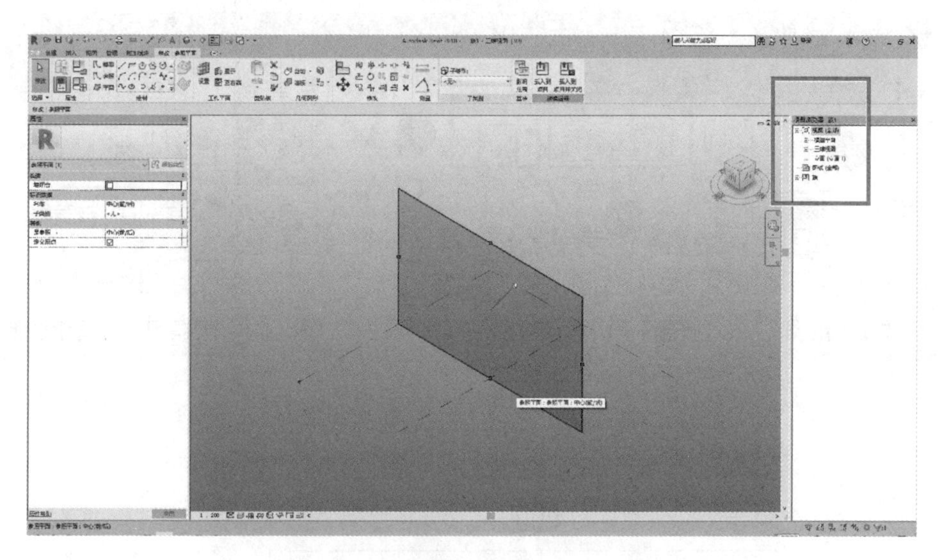

图 2.7-4

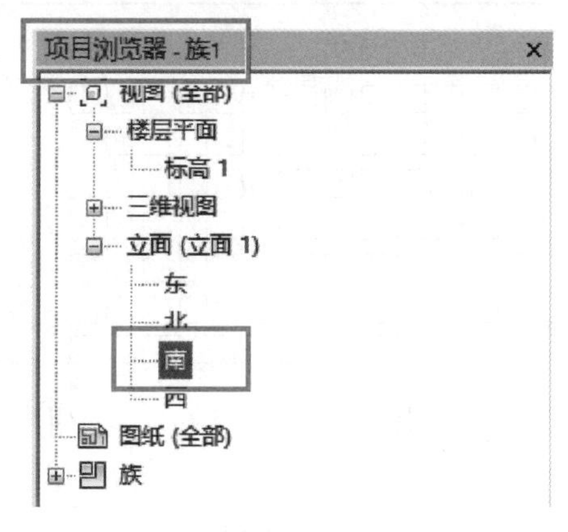

图 2.7-5

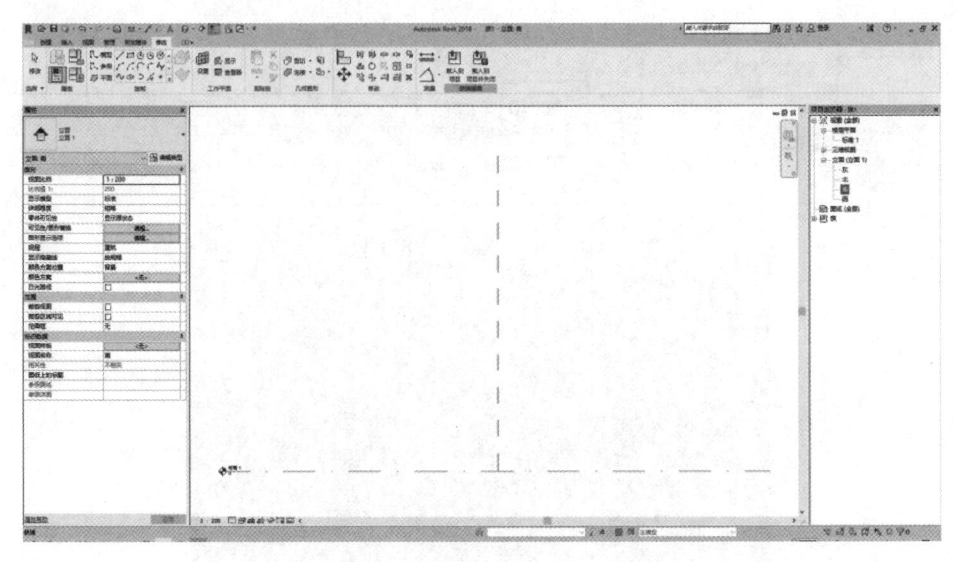

图 2.7-6

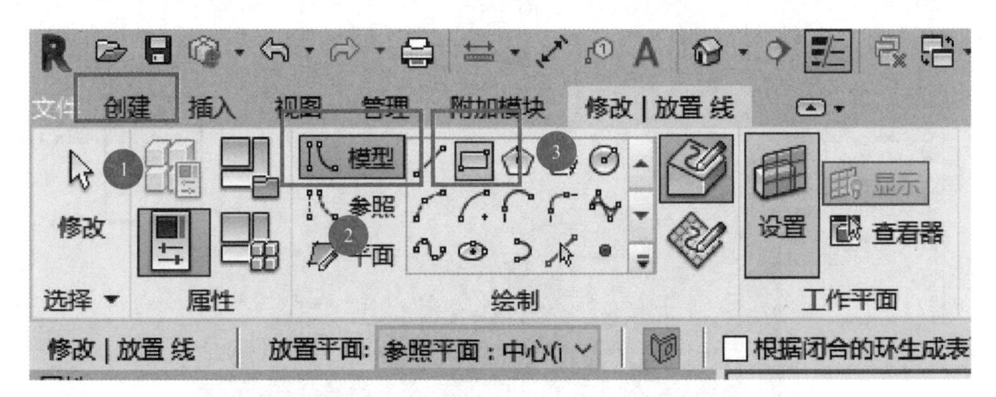

图 2.7-7

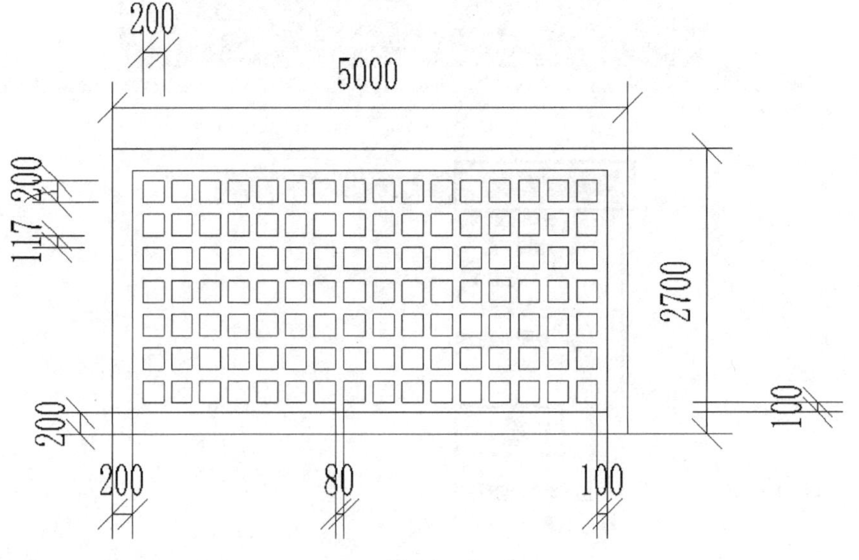

图 2.7-8

在【快速工具访问栏】中选择【默认三维视图】，点击后如图 2.7-9 所示。

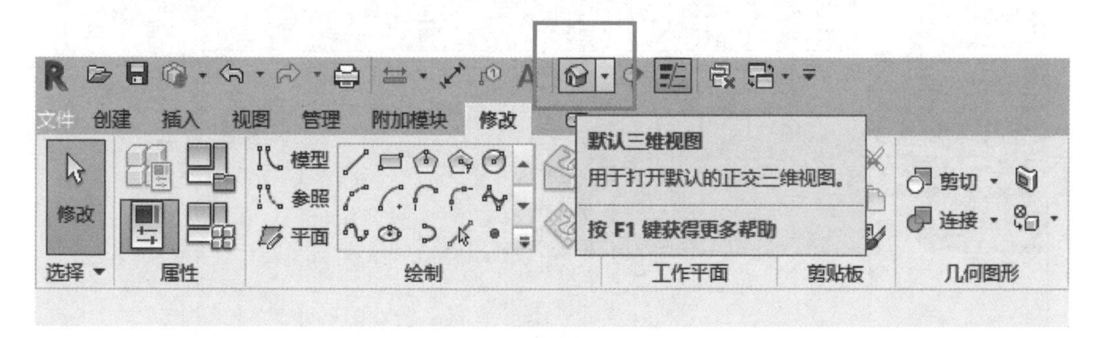

图 2.7-9

用鼠标左键框选所有创建的模型线，如图 2.7-10 所示。

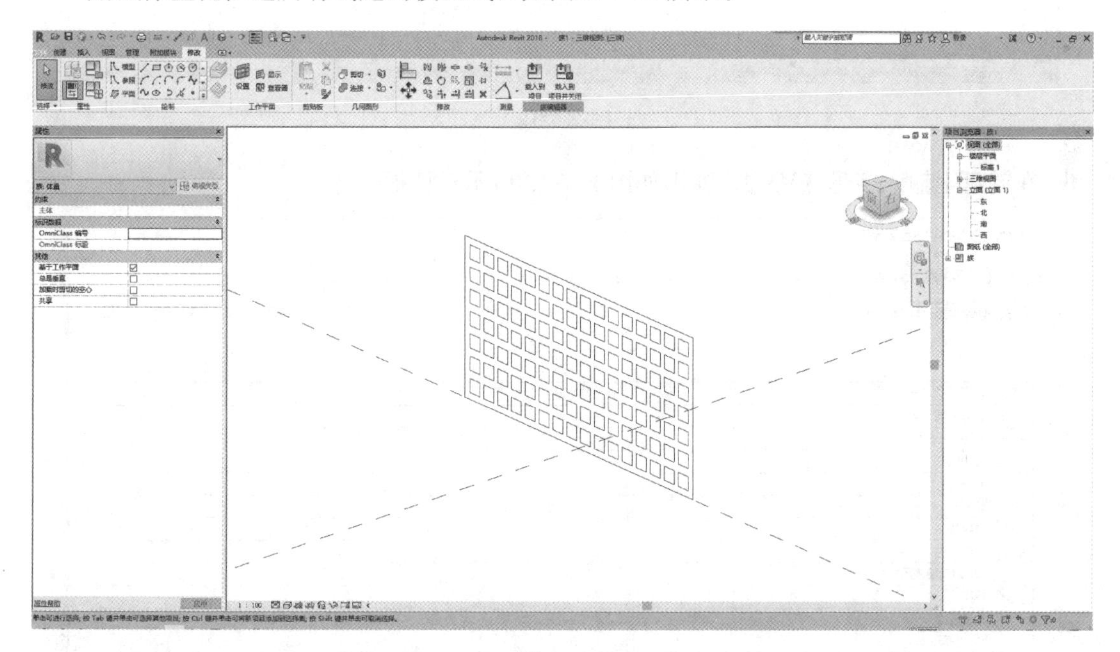

图 2.7-10

绘制模型线，长度为 120。如图 2.7-11、图 2.7-12 所示。

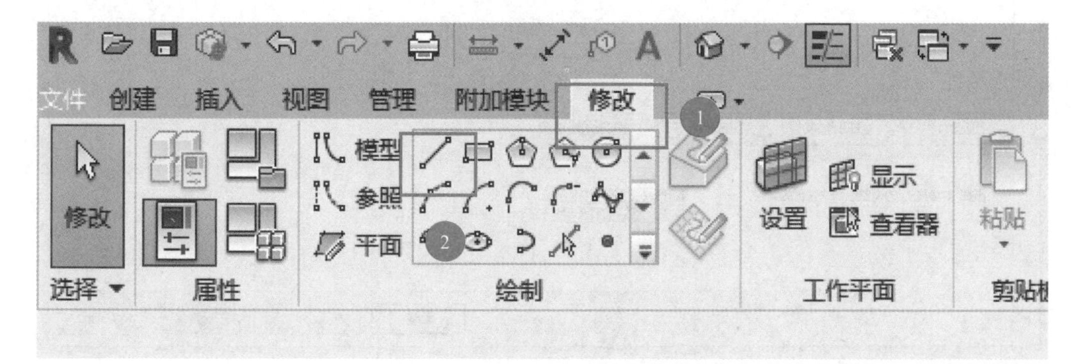

图 2.7-11

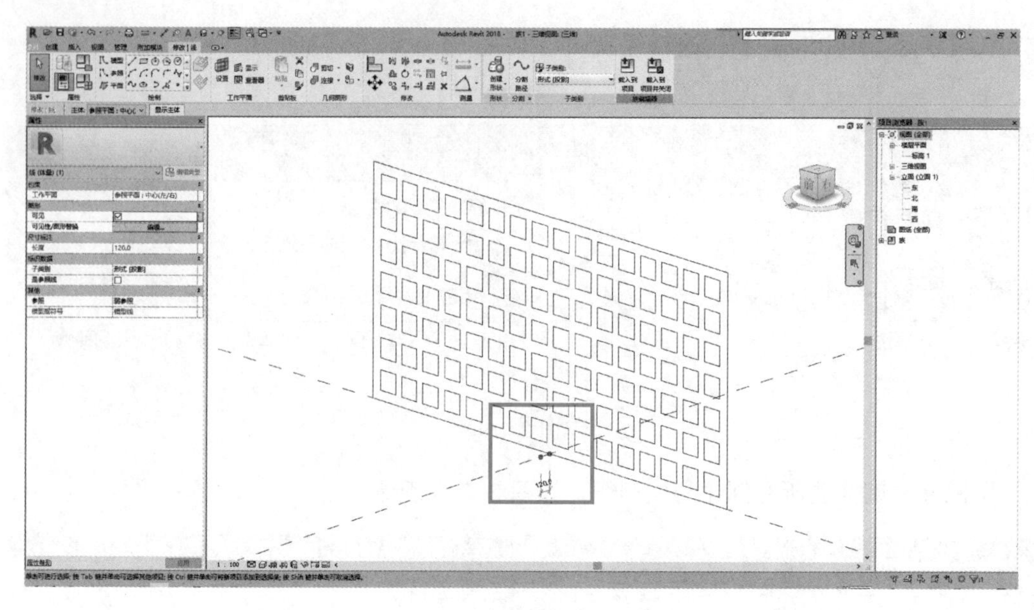

图 2.7-12

在键盘上输入字母【VV】，弹出如图 2.7-13 所示对话框。

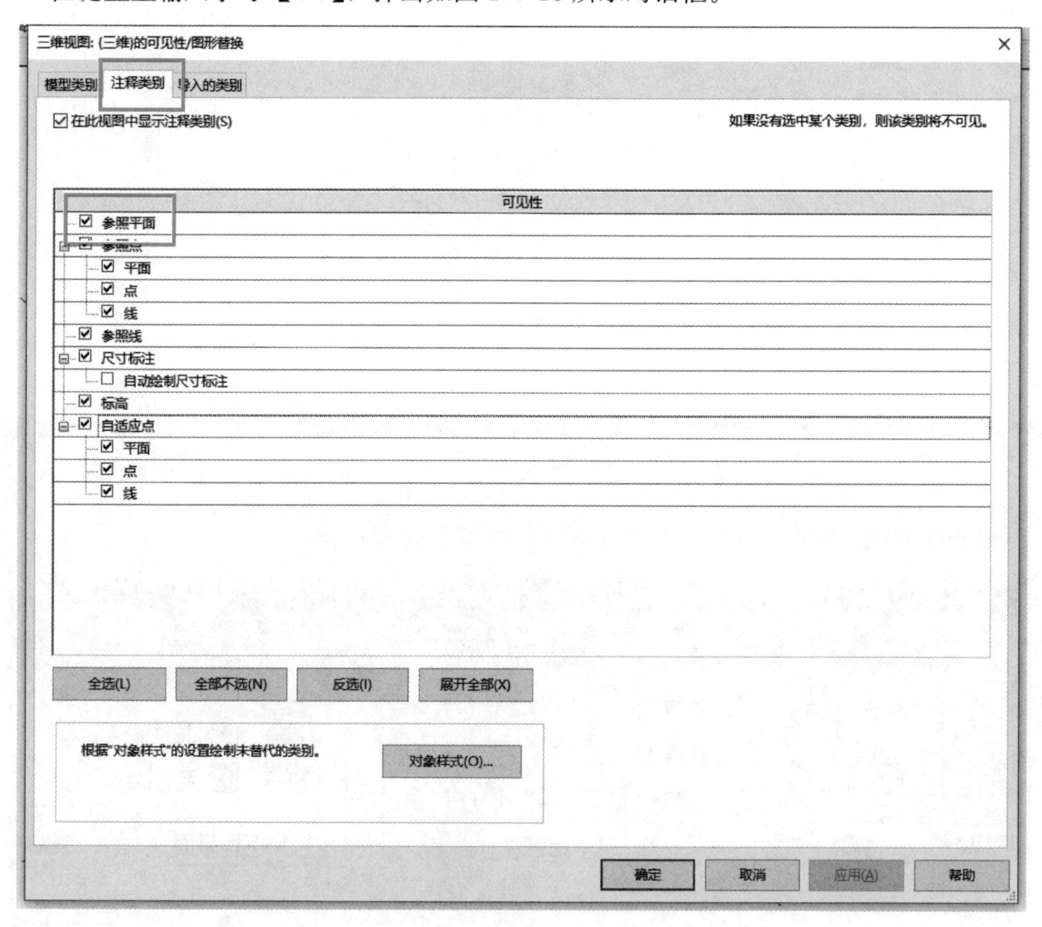

图 2.7-13

取消勾选参照平面，点击【确定】。如图 2.7-14 所示。确定后如图 2.7-15 所示。

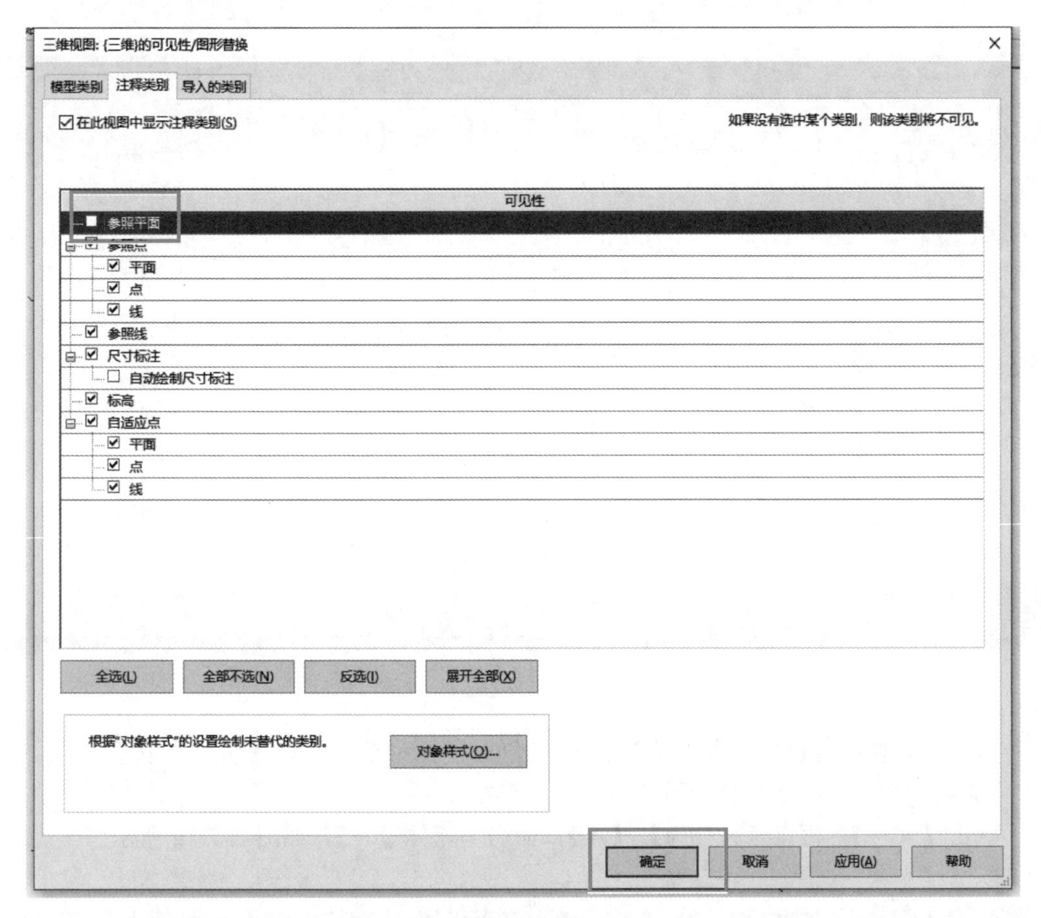

图 2.7-14

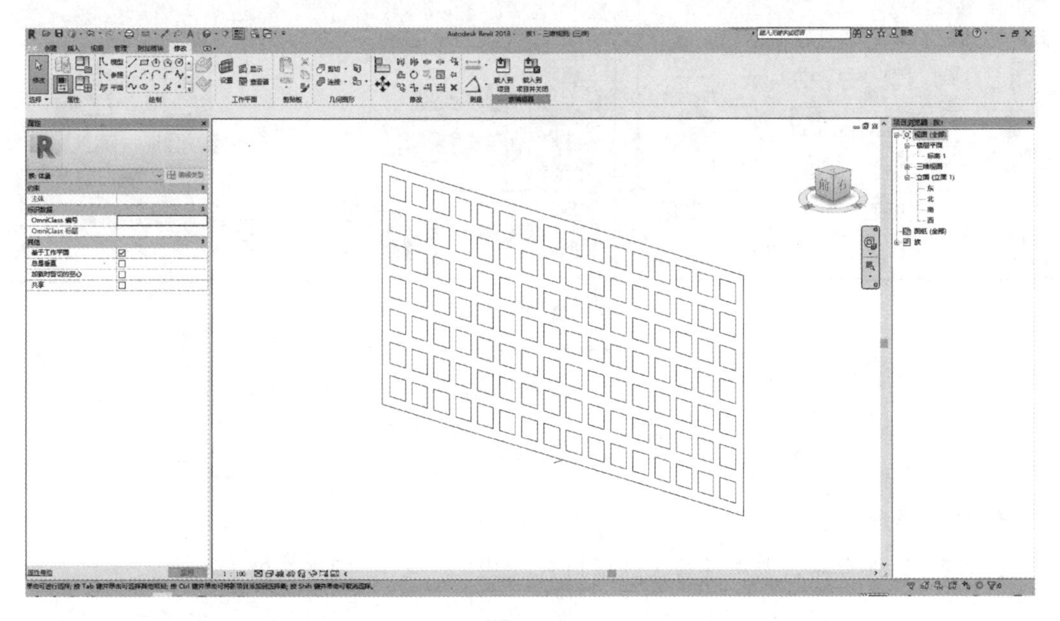

图 2.7-15

用鼠标左键框选所有创建的模型线，如图 2.7-16 所示。

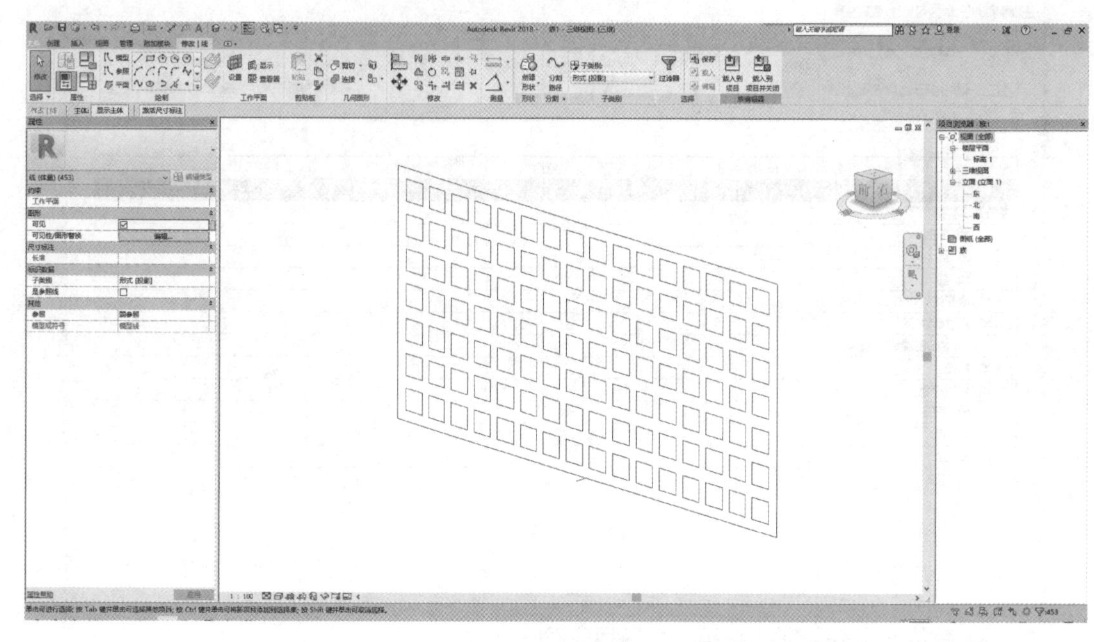

图 2.7-16

点击工具栏中【创建形状】旁边的小三角形下拉菜单，选择【实心形状】（图 2.7-17），完成创建，如图 2.7-18 所示。

点击【文件】，再点【另存为】>【族】，命名为【体量一】，如图 2.7-19 所示。

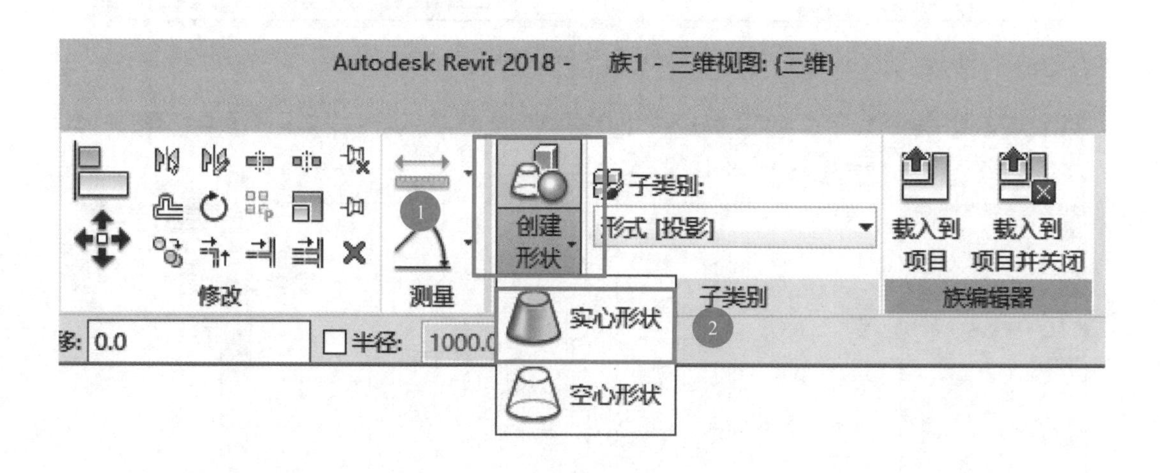

图 2.7-17

5. 载入概念体量

【体量一】保存后，点击【载入到项目】，如图 2.7-20、图 2.7-21 所示。

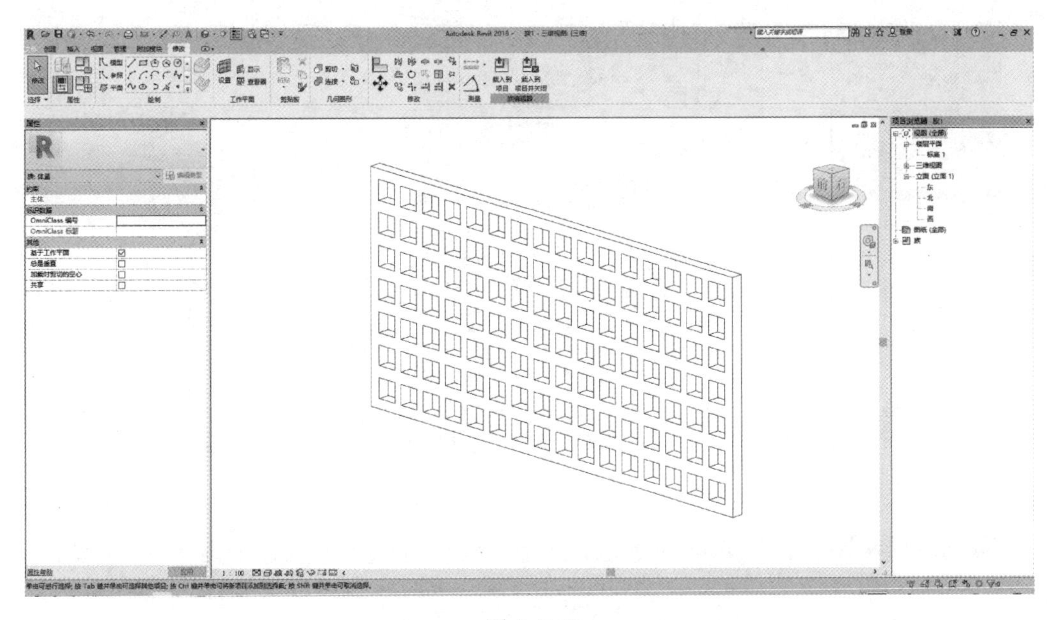

图 2.7-18

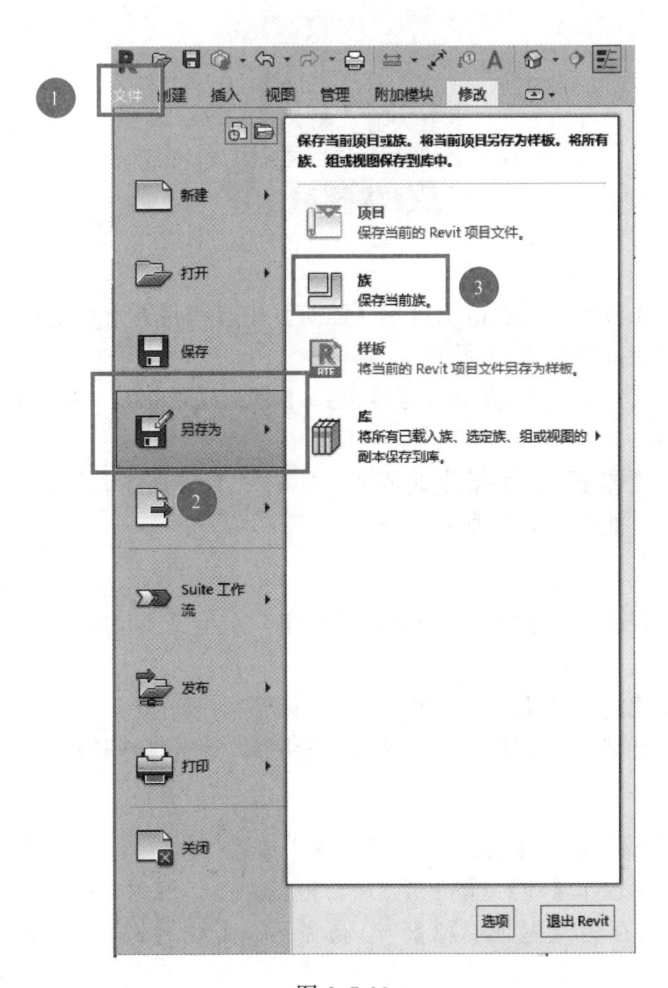
文件
创建
插入
视图
管理
附加模块
修改
保存当前项目或族。将当前项目另存为样板。将所有族、组或视图保存到库中。
新建
打开
保存
另存为
项目
保存当前的 Revit 项目文件。
族
保存当前族。
样板
将当前的 Revit 项目文件另存为样板。
库
将所有已载入族、选定族、组或视图的副本保存到库。
Suite 工作流
发布
打印
关闭
选项
退出 Revit
1
2
3

图 2.7-19

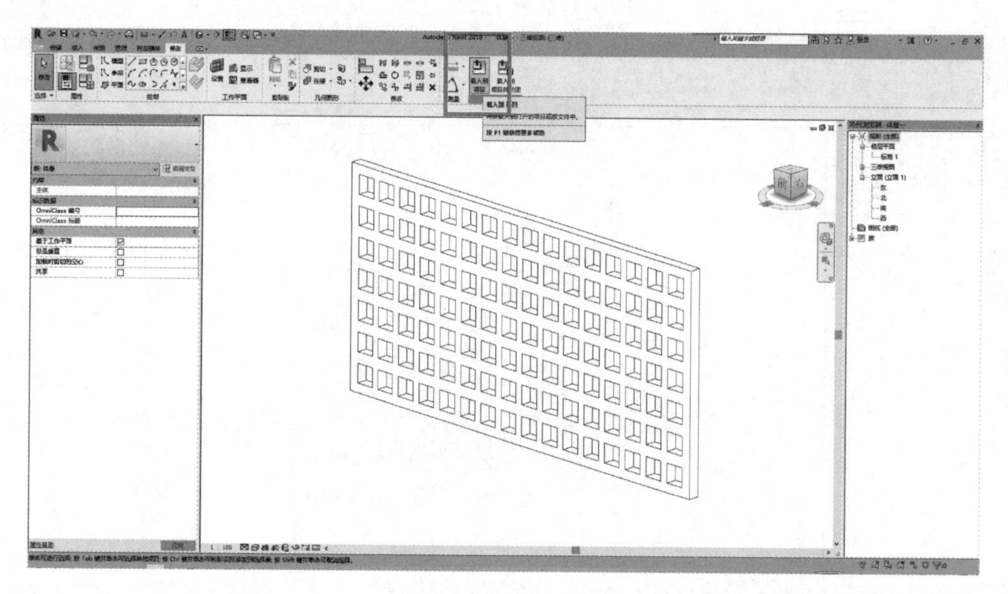

图 2.7-20

图 2.7-21

载入项目中若无模型，可点击工具栏【建筑】中【构件】下拉菜单中的【放置构件】（图 2.7-22），完成后如图 2.7-23 所示。

鼠标左键点击【体量一】，再点击【建筑】>【墙】>【面墙】，如图 2.7-24 所示。点击后如图 2.7-25 所示。

鼠标左键点击【体量一】面墙生成墙体，如图 2.7-26 所示。将墙体根据平立剖尺寸移动到对应的位置，如图 2.7-27 所示。

6. 新建轮廓

族是涵盖图形表达和其参数化信息集的图元组，是组成项目的主要构件，也是非常重要的组成要素。新建【族】然后载入到项目中。

点击【文件】>【新建】>【族】，如图 2.7-28 所示。

弹出如图 2.7-29 所示对话框，选择【公制轮廓】，点击【打开】。

7. 选择工具

按图 2.7-30 步骤，点击【线】，弹出【修改 | 放置　线】界面，如图 2.7-31 所示。

在【工具栏】中选择【线】（图 2.7-31），根据图 2.7-32 中提供的详图尺寸，绘制轮廓（图 2.7-33），另存为【屋顶檐槽】。绘制完后，点击【载入到项目】，如图 2.7-34 所示。

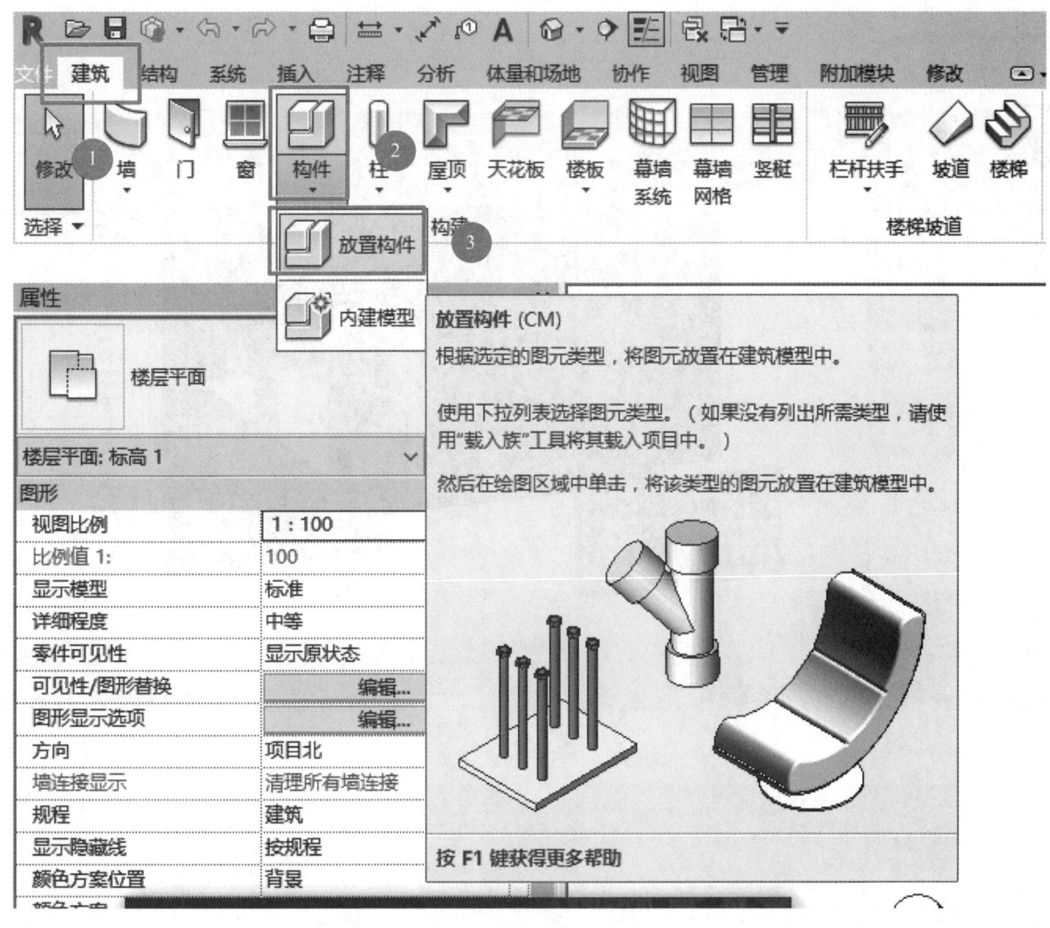
文件
建筑
结构
系统
插入
注释
分析
体量和场地
协作
视图
管理
附加模块
修改
修改
墙
门
窗
构件
柱
屋顶
天花板
楼板
幕墙系统
幕墙网格
竖梃
栏杆扶手
坡道
楼梯
选择
构建
楼梯坡道
放置构件
内建模型
1
2
3
属性
楼层平面
楼层平面: 标高 1
图形
视图比例
1 : 100
比例值 1:
100
显示模型
标准
详细程度
中等
零件可见性
显示原状态
可见性/图形替换
编辑...
图形显示选项
编辑...
方向
项目北
墙连接显示
清理所有墙连接
规程
建筑
显示隐藏线
按规程
颜色方案位置
背景
放置构件 (CM)
根据选定的图元类型，将图元放置在建筑模型中。
使用下拉列表选择图元类型。（如果没有列出所需类型，请使用"载入族"工具将其载入项目中。）
然后在绘图区域中单击，将该类型的图元放置在建筑模型中。
按 F1 键获得更多帮助

图 2.7-22

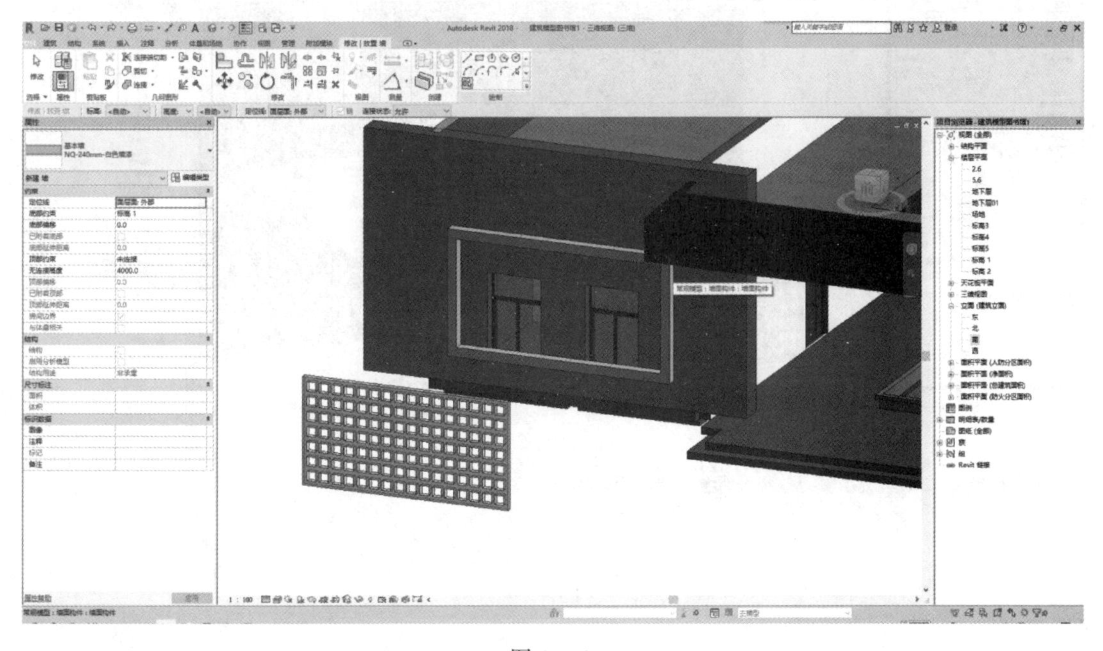

图 2.7-23

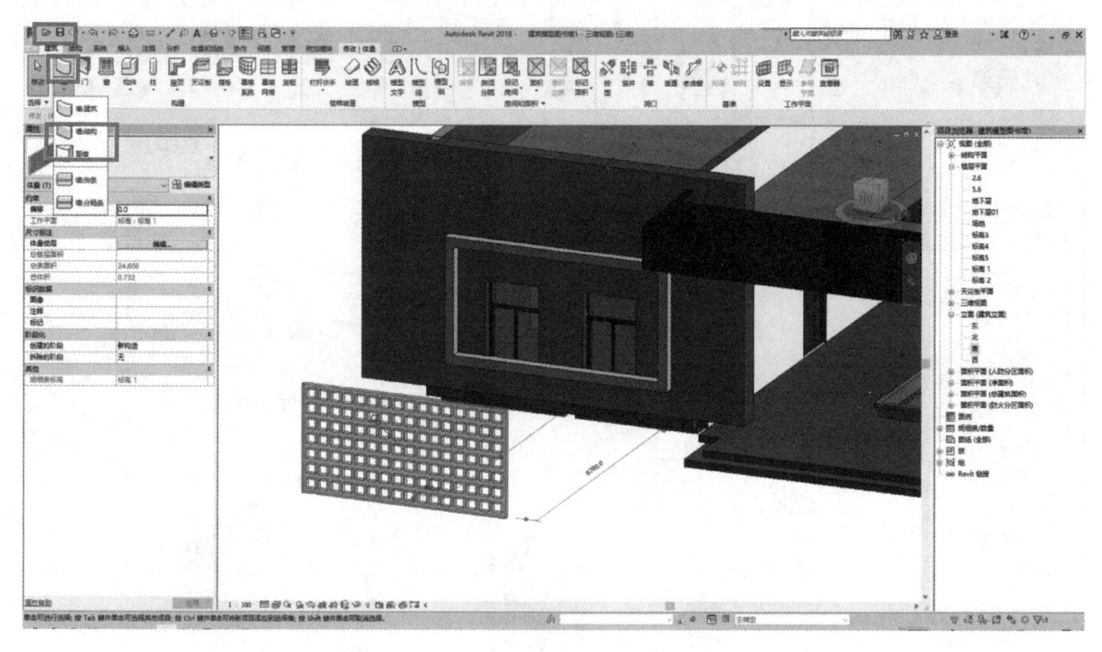

图 2.7-24

图 2.7-25

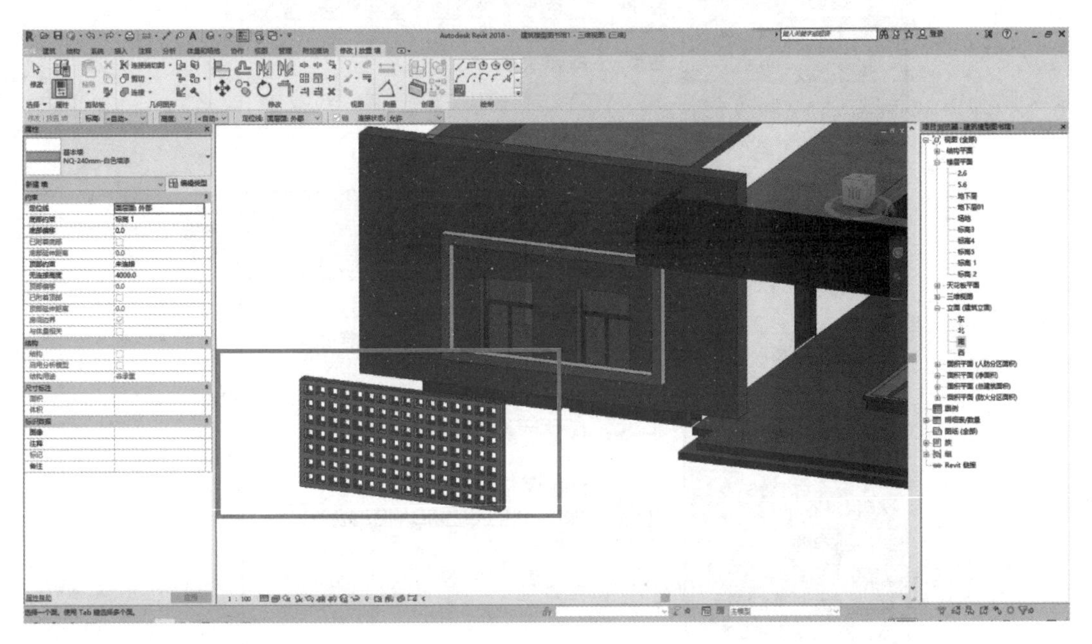

图 2.7-26

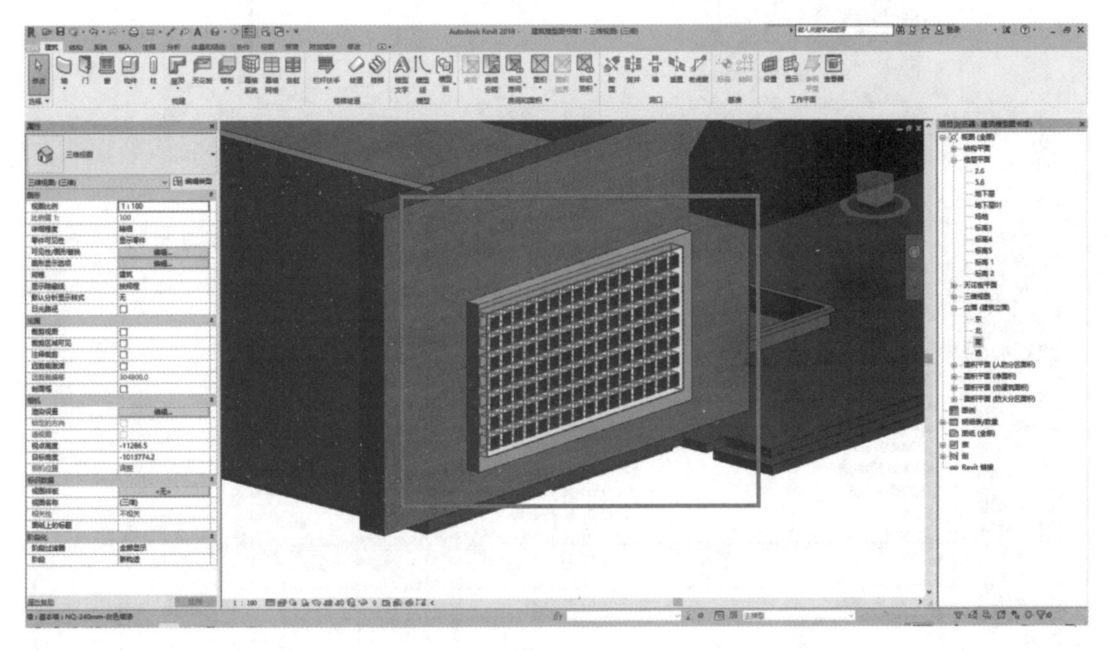

图 2.7-27

文件
建筑
结构
插入
注释
分析
体量和场地
协作
1
创建一个 Revit 文件。
新建
项目
创建一个 Revit 项目文件。
2
族
创建一组在项目中使用的自定义构件。
3
保存
概念体量
打开用于创建概念体量模型的样板。
另存为
标题栏
打开用于创建标题栏族的样板。
导出
注释符号
创建一个用于识别项目中图元的标记或符号。
Suite 工作流
发布

图 2.7-28

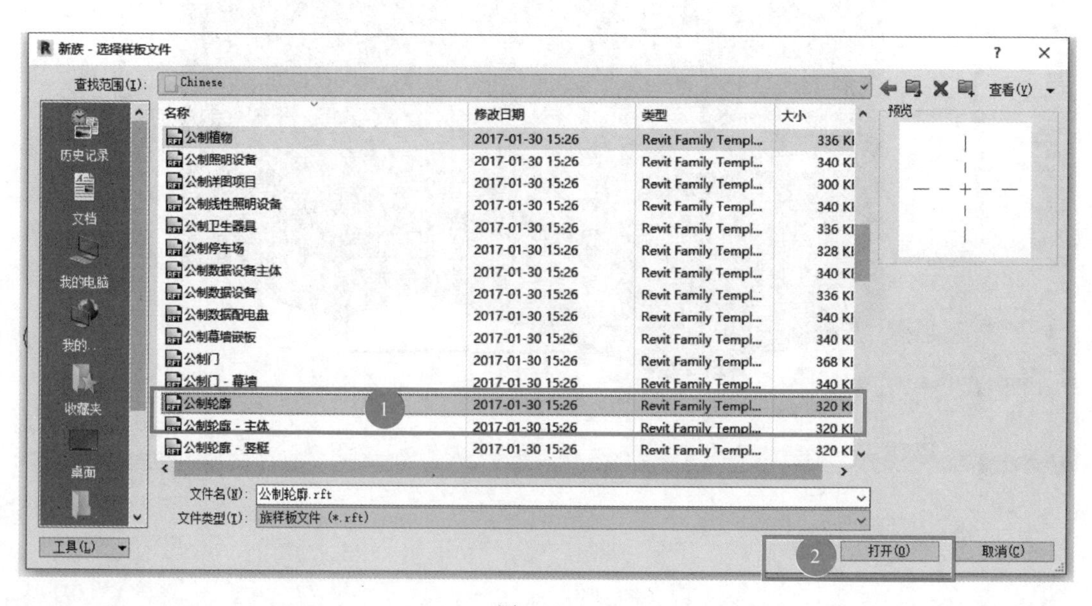

新族 - 选择样板文件
查找范围(I): Chinese
查看(V)
预览
名称
修改日期
类型
大小
历史记录
文档
我的电脑
收藏夹
桌面
公制植物 2017-01-30 15:26 Revit Family Templ... 336 KI
公制照明设备 2017-01-30 15:26 Revit Family Templ... 340 KI
公制详图项目 2017-01-30 15:26 Revit Family Templ... 300 KI
公制线性照明设备 2017-01-30 15:26 Revit Family Templ... 340 KI
公制卫生器具 2017-01-30 15:26 Revit Family Templ... 336 KI
公制停车场 2017-01-30 15:26 Revit Family Templ... 328 KI
公制数据设备主体 2017-01-30 15:26 Revit Family Templ... 340 KI
公制数据设备 2017-01-30 15:26 Revit Family Templ... 336 KI
公制数据配电盘 2017-01-30 15:26 Revit Family Templ... 340 KI
公制幕墙嵌板 2017-01-30 15:26 Revit Family Templ... 340 KI
公制门 2017-01-30 15:26 Revit Family Templ... 368 KI
公制门 - 幕墙 2017-01-30 15:26 Revit Family Templ... 340 KI
公制轮廓 2017-01-30 15:26 Revit Family Templ... 320 KI
1
公制轮廓 - 主体 2017-01-30 15:26 Revit Family Templ... 320 KI
公制轮廓 - 竖梃 2017-01-30 15:26 Revit Family Templ... 320 KI
文件名(N): 公制轮廓.rft
文件类型(T): 族样板文件 (*.rft)
工具(L)
2
打开(O)
取消(C)

图 2.7-29

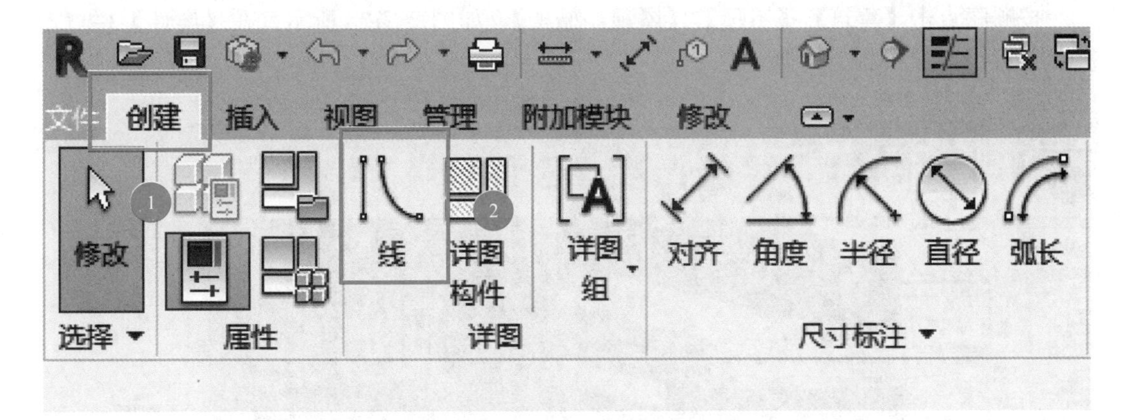

图 2.7-30

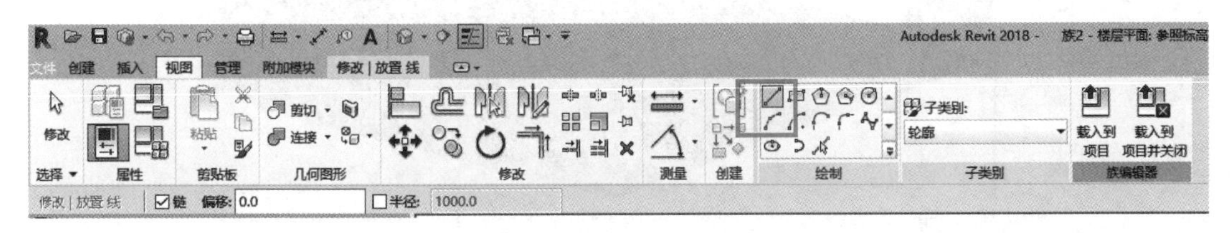

图 2.7-31

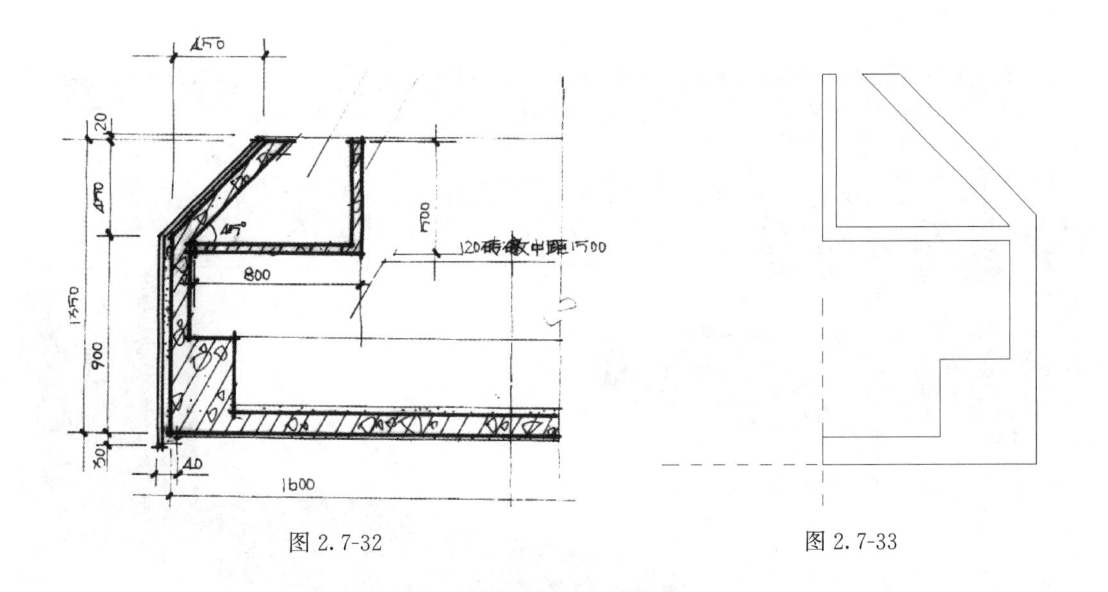

图 2.7-32　　　　图 2.7-33

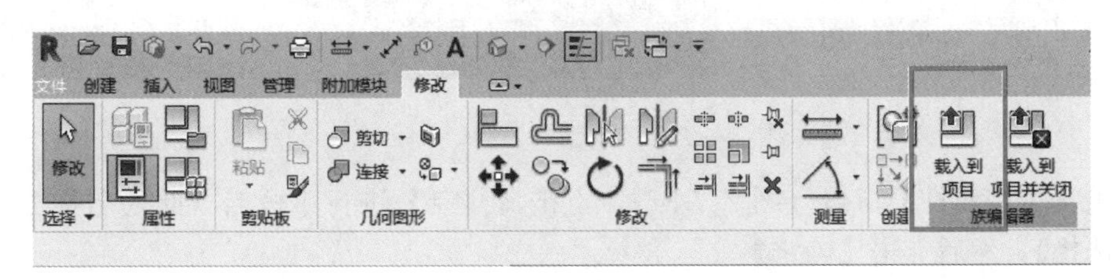

图 2.7-34

按顺序点击【建筑】>【屋顶】>【屋顶：檐槽】，如图 2.7-35 所示。在【属性】栏点击【编辑类型】，如图 2.7-36 所示。

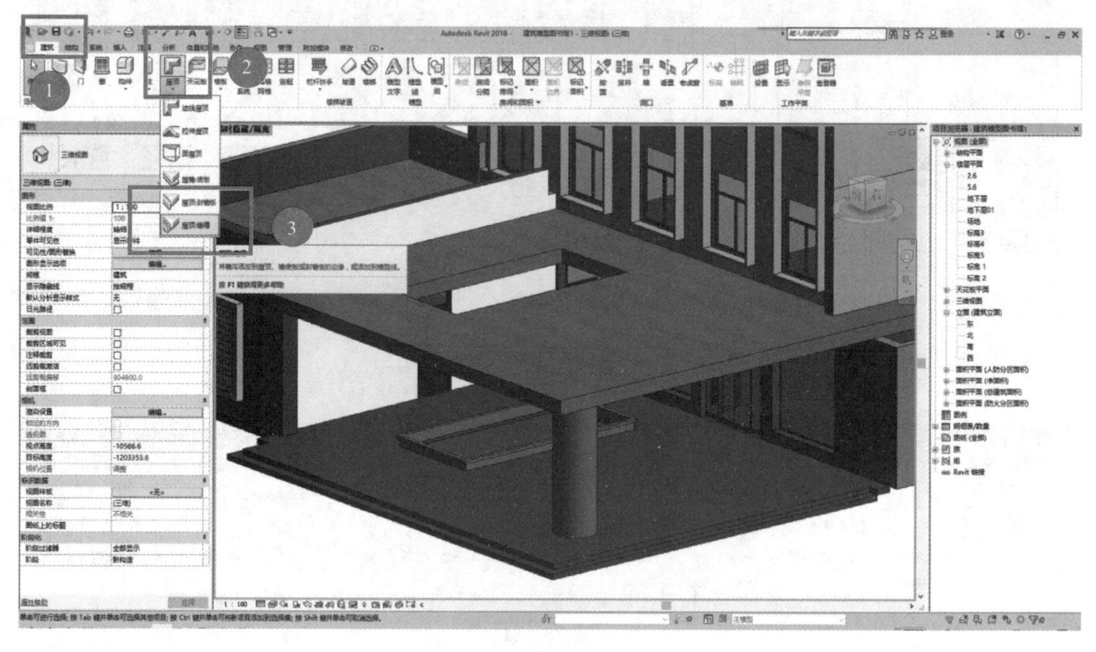

图 2.7-35

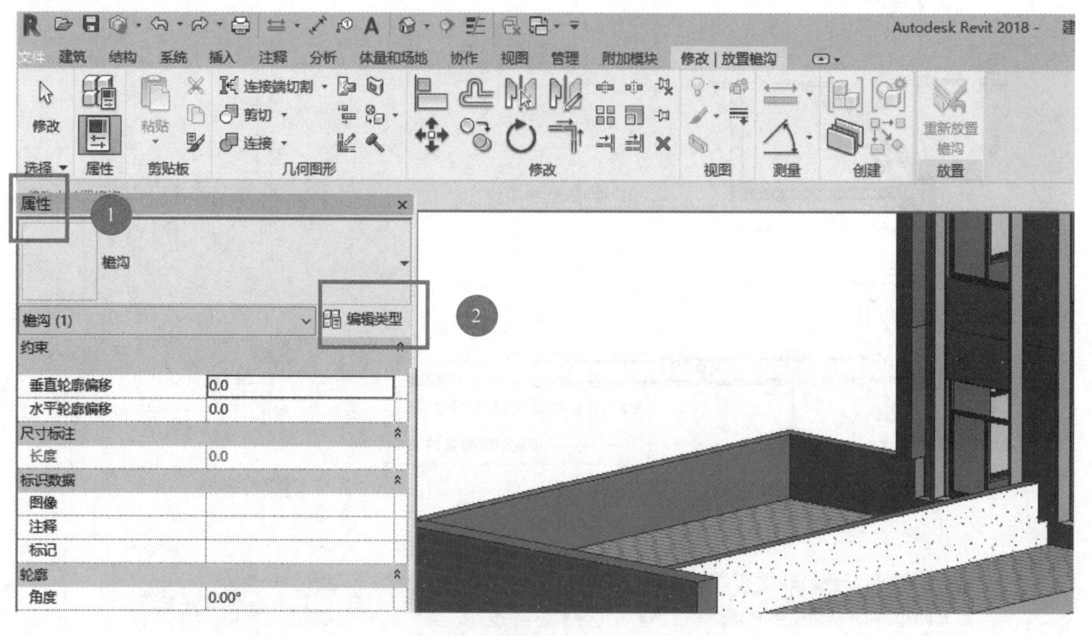

图 2.7-36

弹出【类型属性】窗口（图 2.7-37），点击【复制】进行重命名（此处名称方便自己绘制时选择），然后点击【确定】。

点击【轮廓】右边的下拉菜单（图 2.7-38），选择创建好的轮廓，点击【确定】。

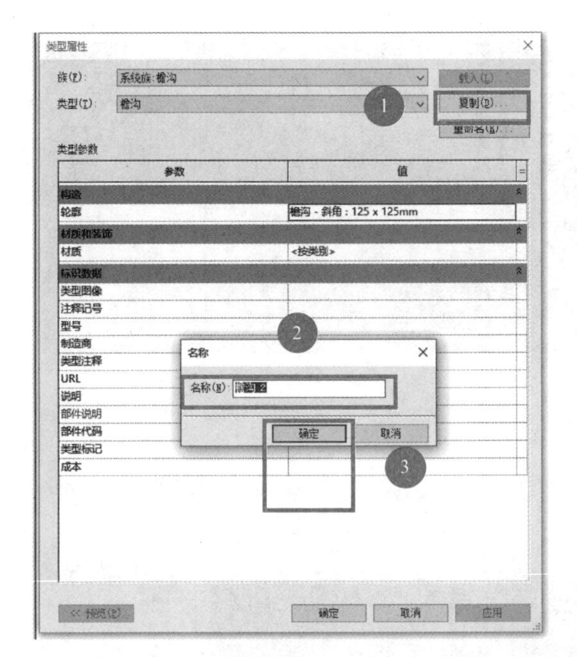

图 2.7-37

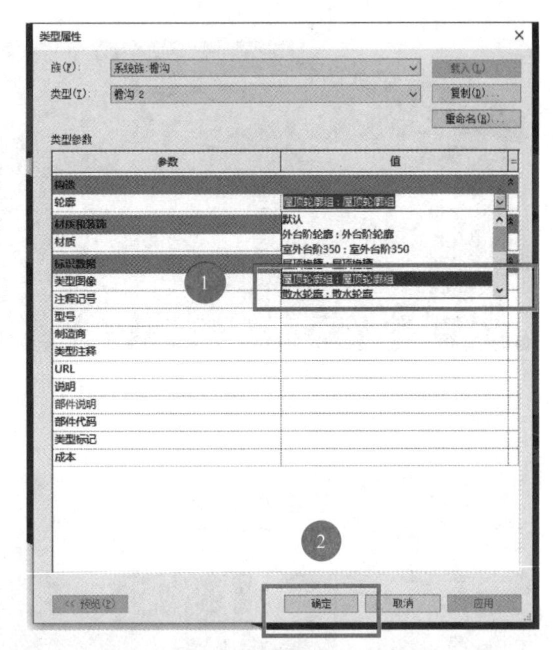

图 2.7-38

用鼠标点击图 2.7-39 中蓝线位置，再点击图 2.7-40 中蓝色框中的双向箭头翻转，如图 2.7-41 所示。

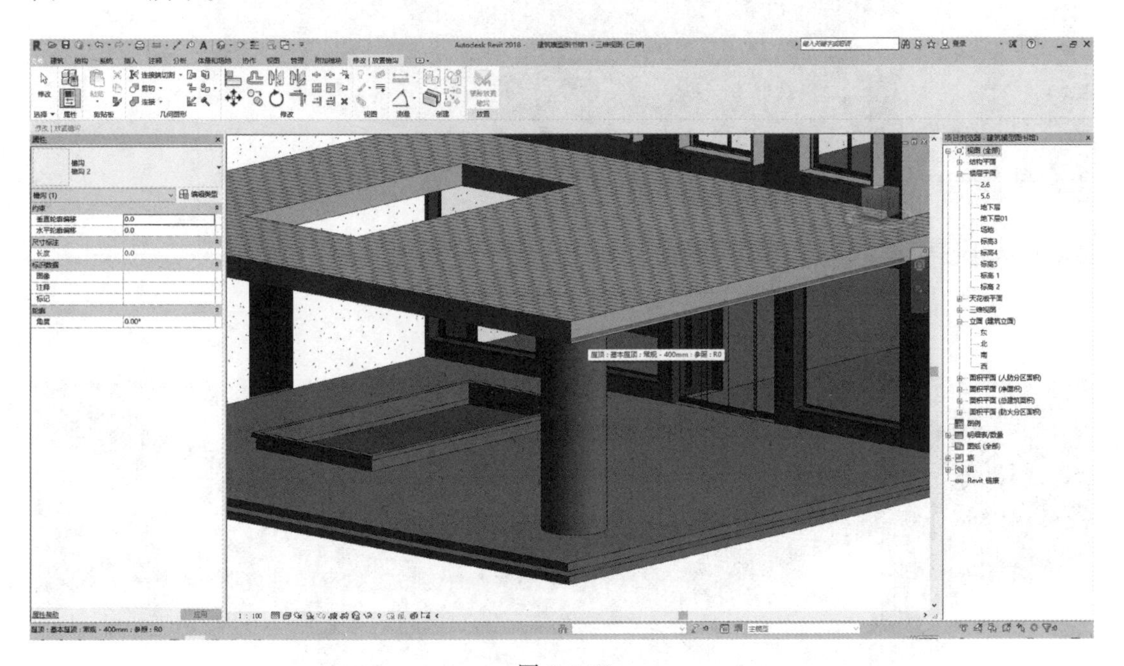

图 2.7-39

依次创建完成，并添加材质（图 2.7-42）。

图 2.7-40

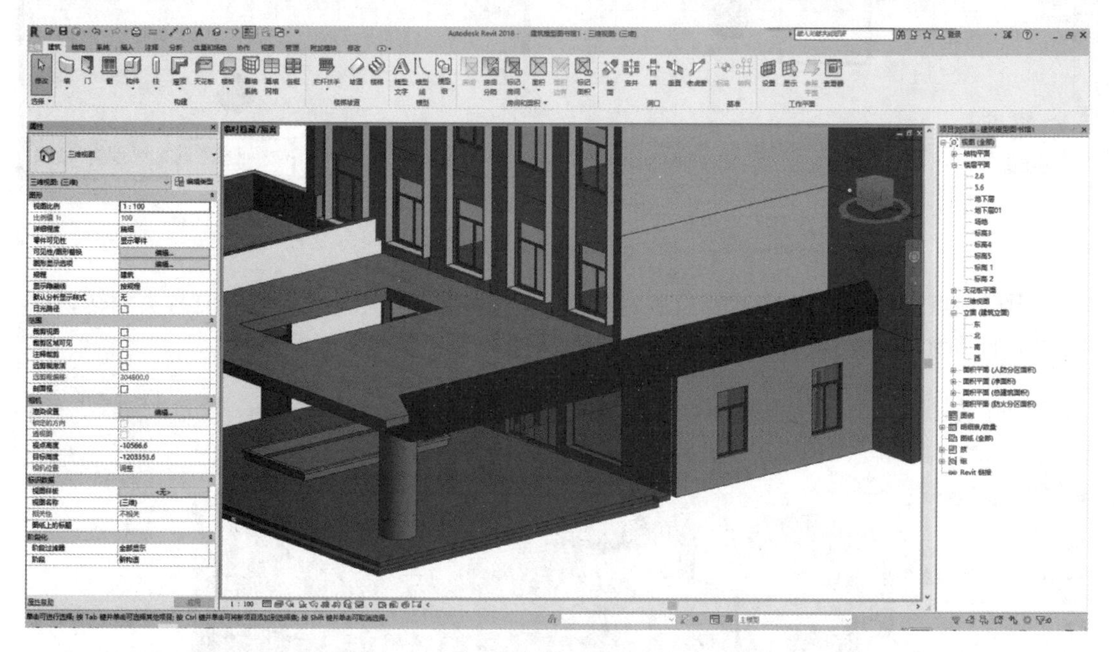

图 2.7-41

图 2.7-42

2.7.3 任务评价

序号	评价内容	评分标准	扣分标准	标准分	得分
1	体量样式	与施工图一致	每错一处扣3分,直至扣完	20	
2	族样式	与施工图一致	每错一处扣3分,直至扣完	20	
3	体量尺寸	与施工图一致	每错一处扣3分,直至扣完	10	
4	族尺寸	与施工图一致	每错一处扣3分,直至扣完	10	
5	体量位置	相对于轴线的偏移位置准确,顶部和底部的标高准确	偏移位置每错一处扣2分,顶部或底部的标高每错一处扣2分,直至扣完	15	
6	族位置	相对于轴线的偏移位置准确,顶部和底部的标高准确	偏移位置每错一处扣2分,顶部或底部的标高每错一处扣2分,直至扣完	15	
7	完成度	无缺漏或重复布置	每缺漏一处扣5分,每重复一处扣5分,直至扣完	10	
总分				100	

2.7.4 拓展实训

本任务的拓展实训是以3000～5000m^2 的多层建筑为例，选取的案例为某学院食堂，使用Revit 2018软件掌握概念体量和族的创建。拓展实训任务清单如下：

序号	项目	内容	
1	实训概况	(1)总体概述:族是涵盖图形表达和其参数化信息集的图元组,是组成项目的主要构件,也是非常重要的组成要素。概念体量是一种比较特殊的族类型。通过本次任务的学习,希望学生能够理解体量和族的概念和特点,掌握体量和族的使用和创建方法。根据建筑图纸,在建模中创建需要的体量和族。 (2)实训组织:课后独立完成拓展实训。 (3)实训准备:①已学习概念体量和族的创建、编辑和修改;②某学院食堂建筑图纸,已完成的某学院食堂模型文件。 (4)实训学时:课后4学时	微课讲解
2	实训目标	掌握概念体量、轮廓族的创建、编辑和修改	

续表

序号	项目	内容
3	成果要求	(1)创建概念体量
		(2)绘制模型
		(3)载入模型
		(4)创建轮廓
		(5)绘制轮廓
		(6)载入项目
4	成果范例	

2.8 任务7 标注、注释的创建

2.8.1 任务描述

本任务是 BIM 建模-建筑模块的第七个任务，以某学院行政办公楼为案例，使用 Revit 2018 软件学习和掌握标注、注释的创建。任务清单如下：

序号	项目	内容
1	任务概况	(1)总体概述:标注、注释符号是应用于族的标记或符号,可在项目中唯一识别该族。标注、注释也可以包含出现在明细表中的属性。通过选择要与标注、注释相关联的族类别,然后绘制标注、注释并将值应用于其属性,可创建标注、注释符号。一些标注、注释族可以起标记作用。其他则是用于不同用途的常规注释。根据建筑图纸,在已经完成的模型中按照要求创建标注、注释。 (2)任务组织:课前预习标注、注释基本操作视频;课中讲解重点及易错点,完成项目标注、注释;课后发放拓展实训习题。 (3)准备工作:①已掌握标注、注释的创建、编辑和修改;②某学院行政办公楼建筑图纸,已完成的某学院行政办公楼模型文件。 (4)参考学时:2 学时
2	任务目标	本任务主要掌握标注、注释的创建、编辑和修改

续表

序号	项目	内容
3	成果要求	(1)创建标注正确
		(2)创建注释正确
		(3)标注内容正确
		(4)注释内容正确
		(5)标注、注释位置正确
		(6)标注、注释无缺漏或重复布置现象
4	成果范例	

2.8.2 任务实操

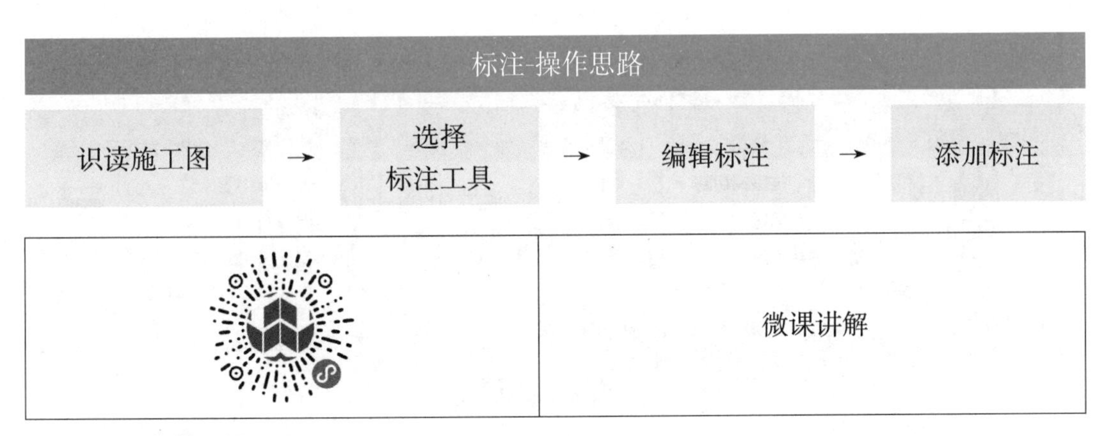

1. 识读施工图

识读项目图纸，了解项目所包含的标注、注释种类，熟悉平面布置图。

2. 选择标注工具

依次点击【注释】>【对齐】，如图2.8-1所示。在默认状态下，鼠标左键点击①轴再点击②轴进行标注（实操练习），如图2.8-2所示。

点击【拾取】旁边下拉菜单中的【整个墙】（图2.8-3），点击【选项】，弹出【自动尺寸标注选项】窗口，在【相交轴网】前打上“√”，点击【确定】（图2.8-4）。

将鼠标放置在墙体上（图2.8-5），蓝显后点击左键，往上移动标注。完成标注（实操

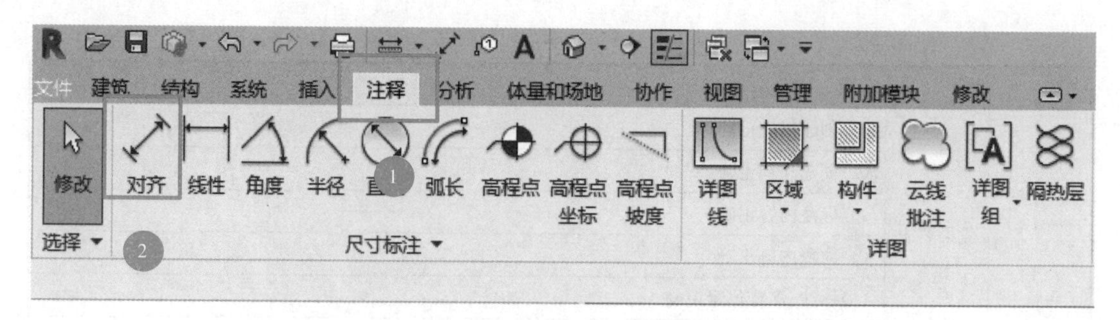

图 2.8-1

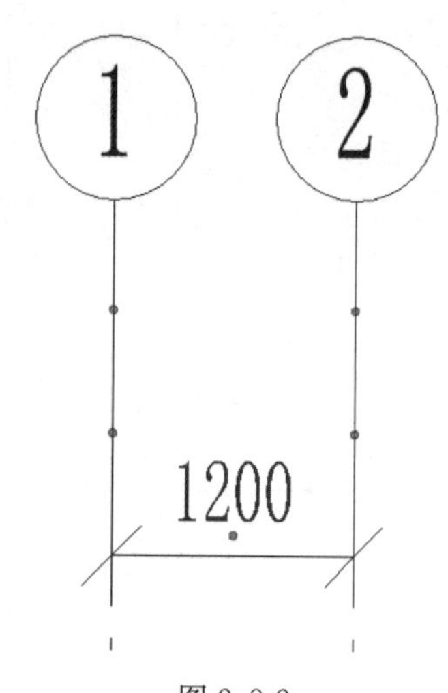

图 2.8-2

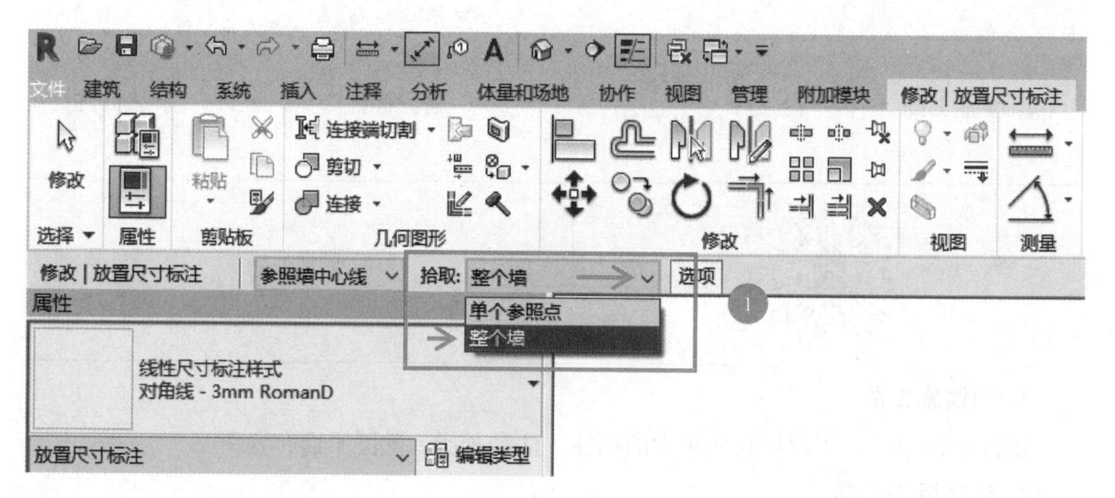

图 2.8-3

练习），如图 2.8-6 所示。

再次点击【选项】，按图 2.8-7 所示打上“√”。

将鼠标放置在墙体上，蓝显后点击左键，往上移动标注，用左键点击空白处，完成标注（图 2.8-8）。

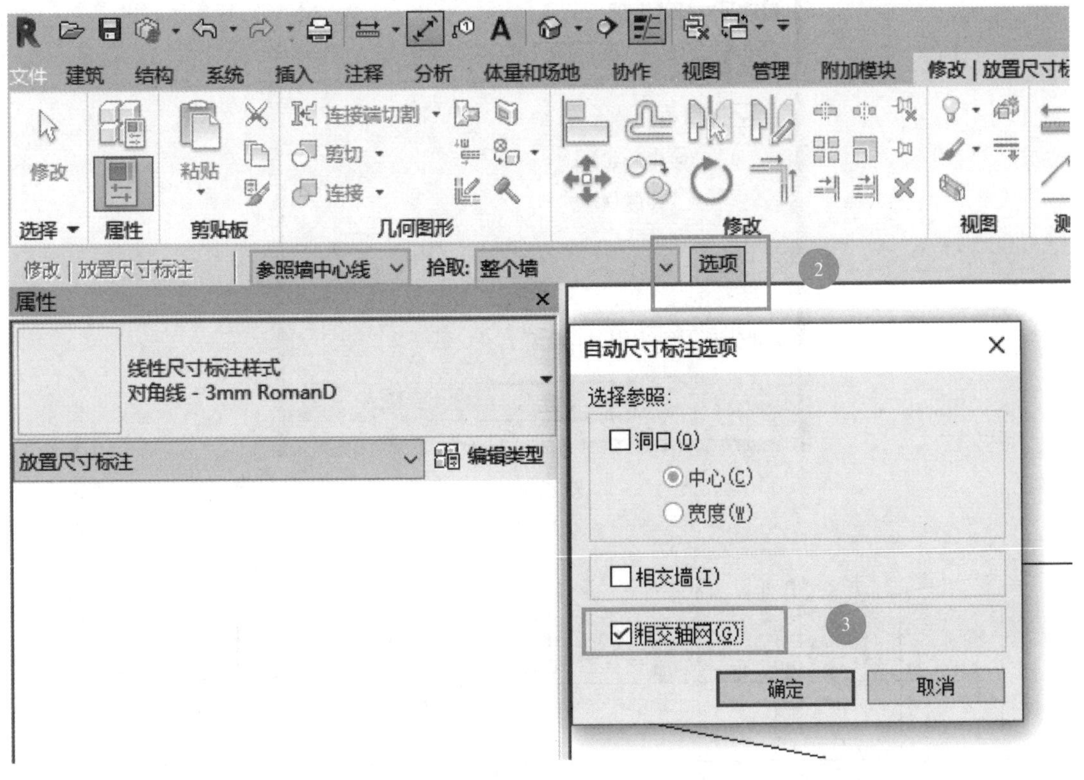

图 2.8-4

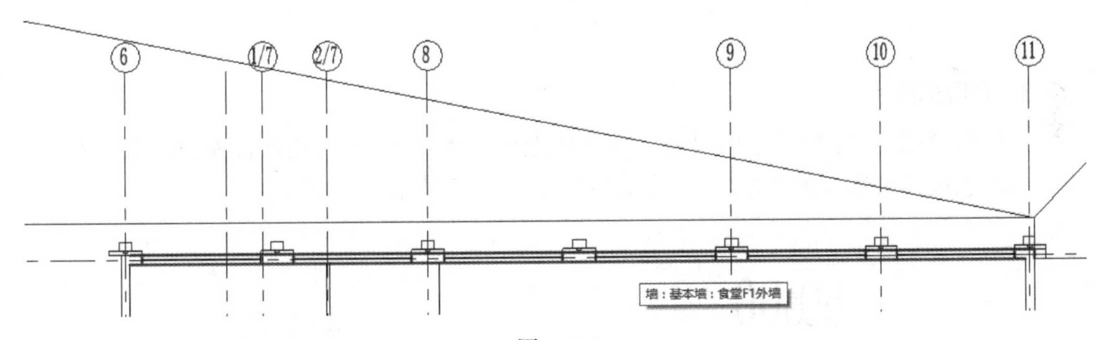

图 2.8-5

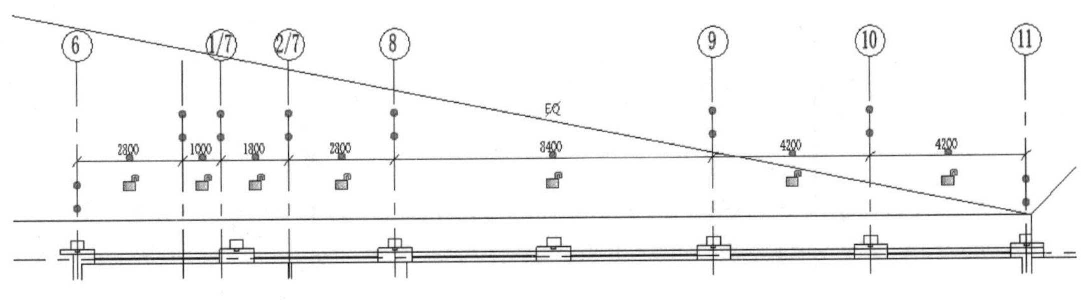

图 2.8-6

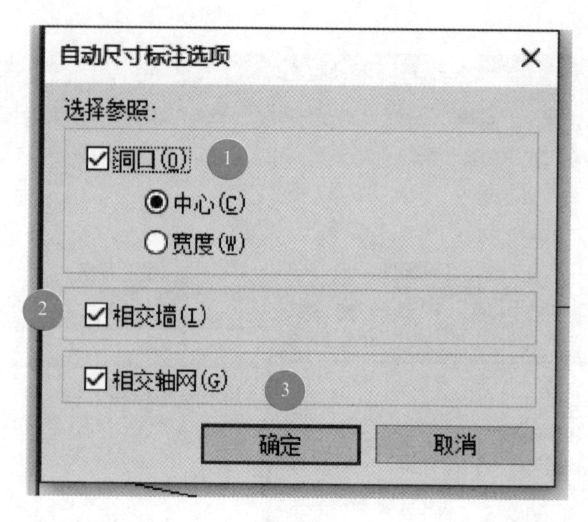

图 2.8-7

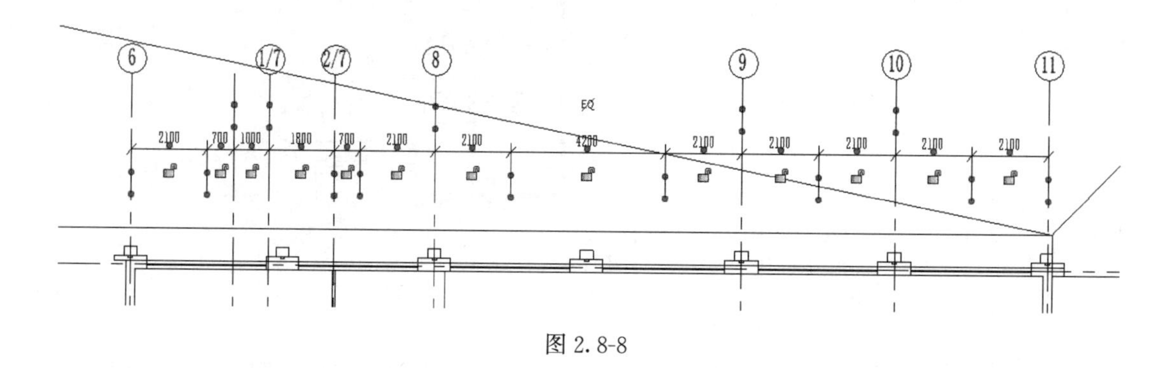

图 2.8-8

3. 编辑标注

如何调整图 2.8-9 中多余的尺寸？将标注选中（图 2.8-10），用鼠标左键按住□不放，移动到蓝色虚线位置（图 2.8-11）。完成后如图 2.8-12 所示。

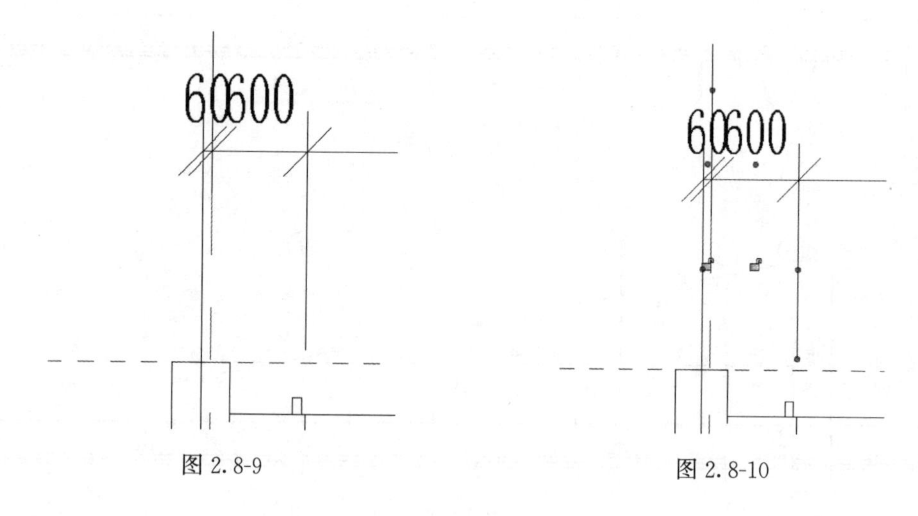

图 2.8-9

图 2.8-10

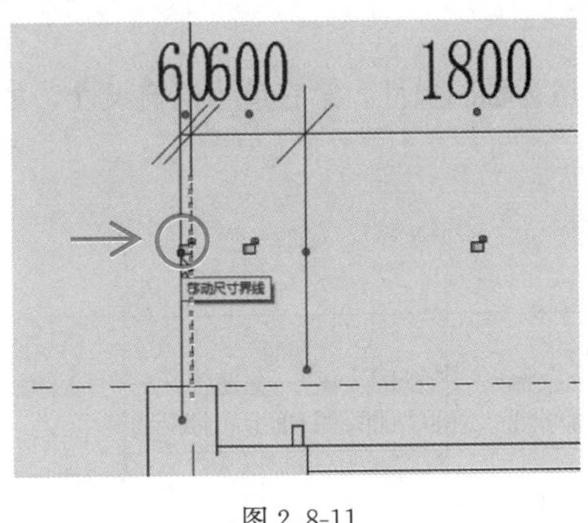

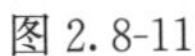

图 2.8-11

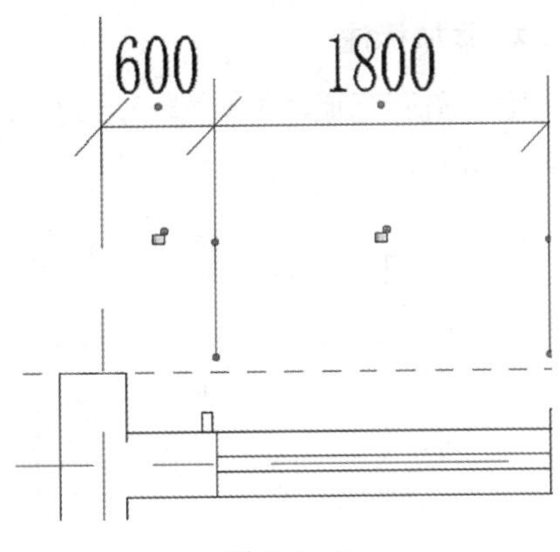

图 2.8-12

如何在图 2.8-13 中添加标注？选择【标注】，点击【编辑尺寸界线】（图 2.8-14），移动鼠标，移动到需要标注的位置，标注的位置会蓝选（见图 2.8-15 中蓝圈），确定位置后，用鼠标左键双击两次确定（实操练习）。

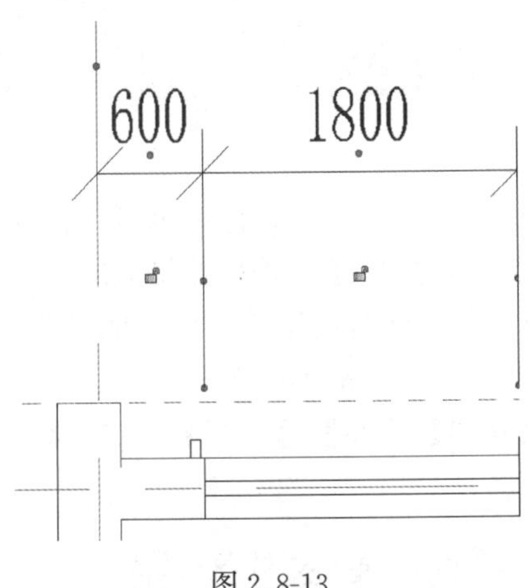

图 2.8-13

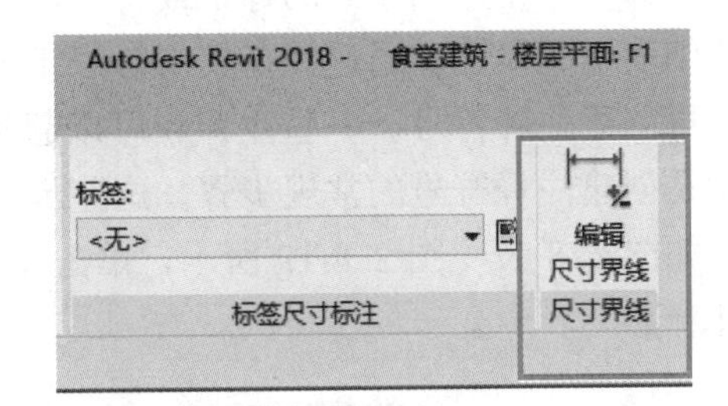

图 2.8-14

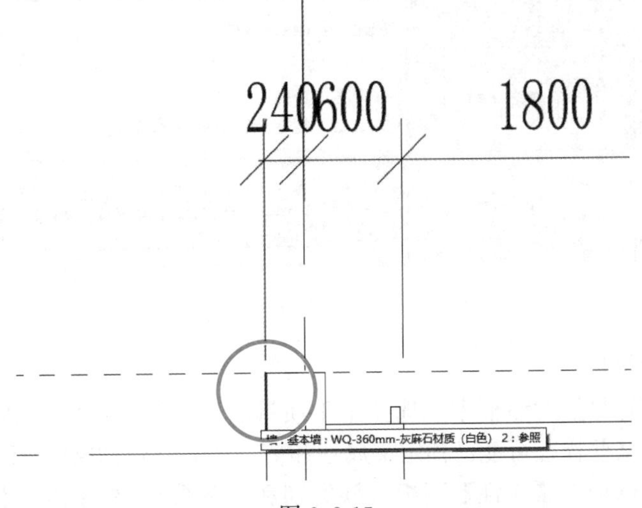

图 2.8-15

4. 添加标注

施工图有三道尺寸，第一道为总尺寸，第二道为轴网尺寸，第三道为门窗尺寸，如图 2.8-16 所示。

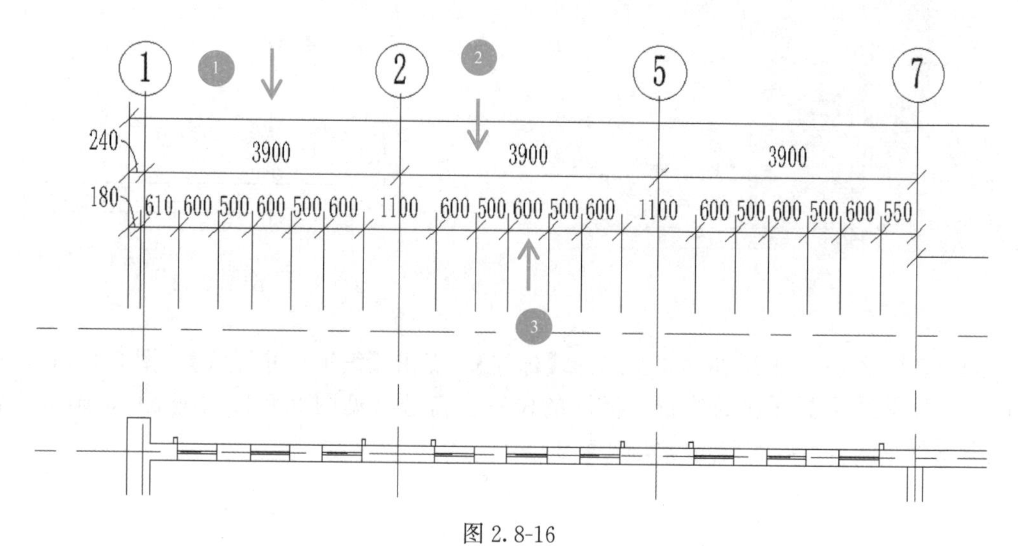

图 2.8-16

（1）新建常规注释

注释符号是应用于族的标记或符号，可在项目中唯一识别该族。标记也可以包含出现在明细表中的属性。通过选择要与符号相关联的族类别，然后绘制符号并将值应用于其属性，可创建注释符号。一些注释族可以起标记作用。其他则是用于不同用途的常规注释。下面是创建注释符号的常规步骤。这些步骤可能会因设计意图的不同而不同。

如图 2.8-17～图 2.8-19 所示，单击【文件】>【新建】>【族】>【注释】，双击【公制常规注释】。

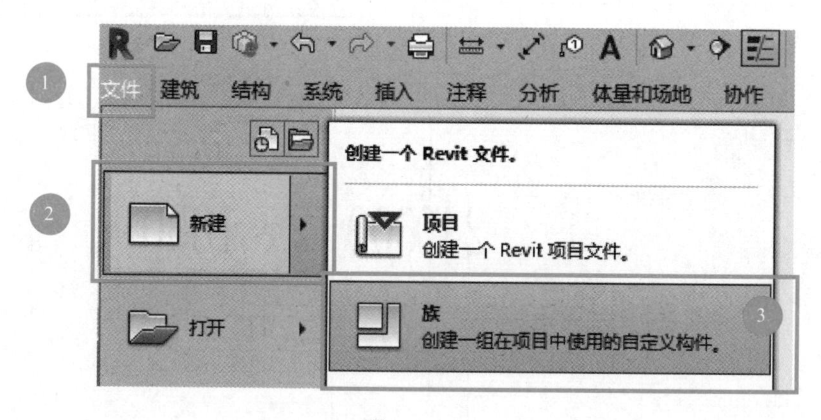

图 2.8-17

（2）新建注释符号

在【新建注释符号】对话框中，选择用于项目的注释符号样板并单击【打开】。样板都是非常类似的。某些样板可能已预定义属性和值。Revit 将打开族编辑器。

单击【创建】选项卡【属性】面板（族类别和族参数）。在【族类别和族参数】对话

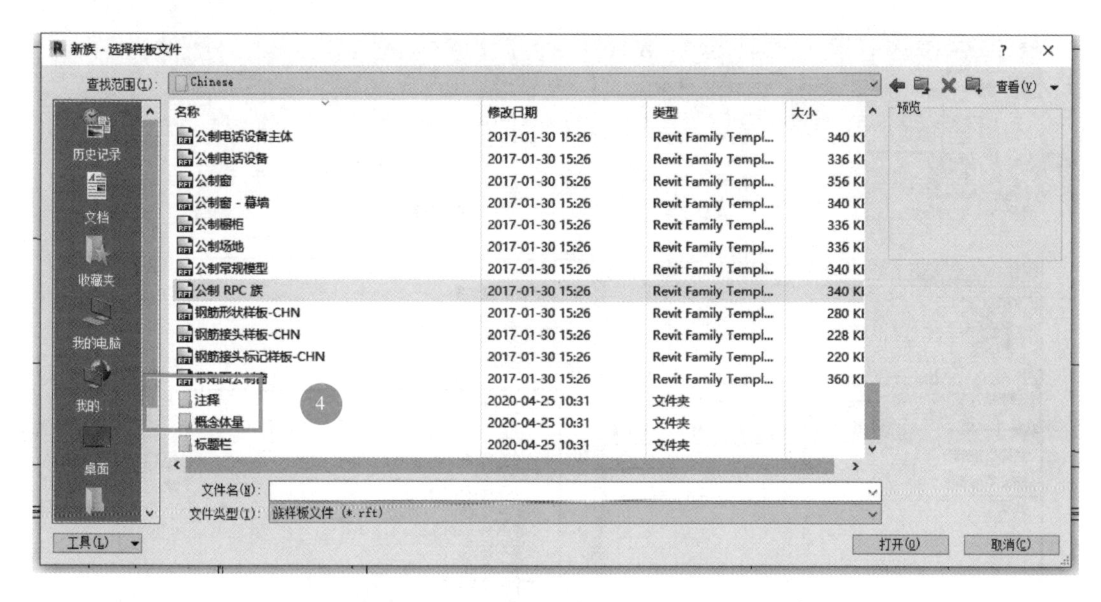

图 2.8-18

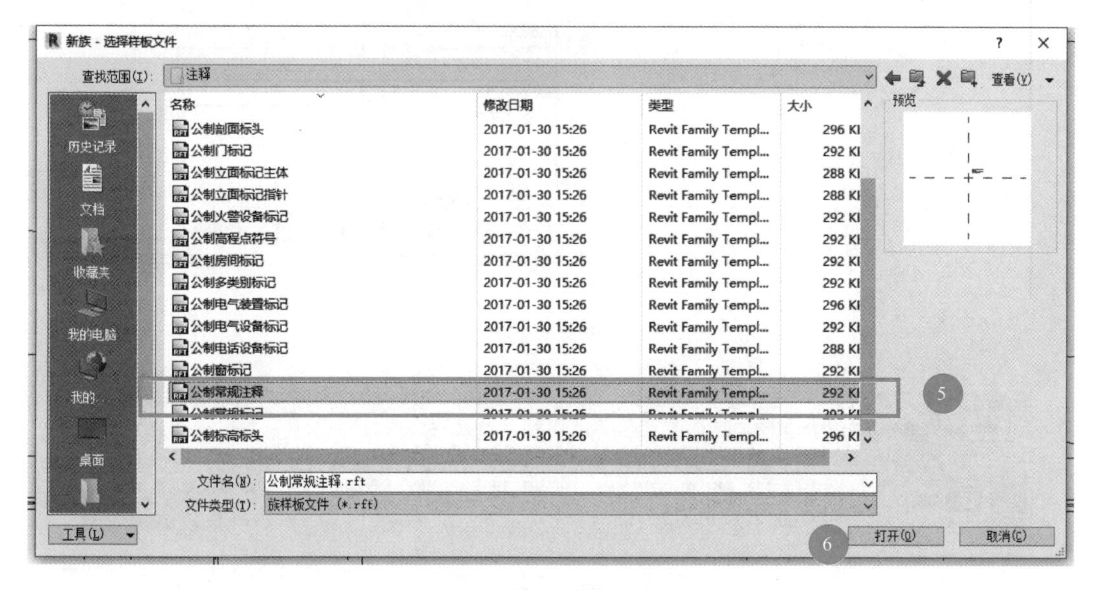

图 2.8-19

框中，选择一个类别，例如【常规注释】。指定【族参数】并单击【确定】(图 2.8-20)。

注：参数选项根据族类别而有所不同。

单击【创建】选项卡【文字】面板（标记），如图 2.8-21 所示。在类型选择器中选择标签类型。在【格式】面板上选择垂直和水平对正（图 2.8-22）。在绘图区域中单击以定位标签。例如，在常规模型标记样板中，将光标放置在两个参照平面相交处。

在【编辑标签】对话框的【类别参数】下，选择要在标签中使用的参数，然后单击【将参数添加到标签】。如有必要，可以添加新的参数。如果选择数字值或尺寸标注值，可以指定值的格式。单击【确定】（图 2.8-23）。要修改标签的位置，请单击【修改】，选择标签，然后将其拖拽到新的位置（图 2.8-24～图 2.8-26）。

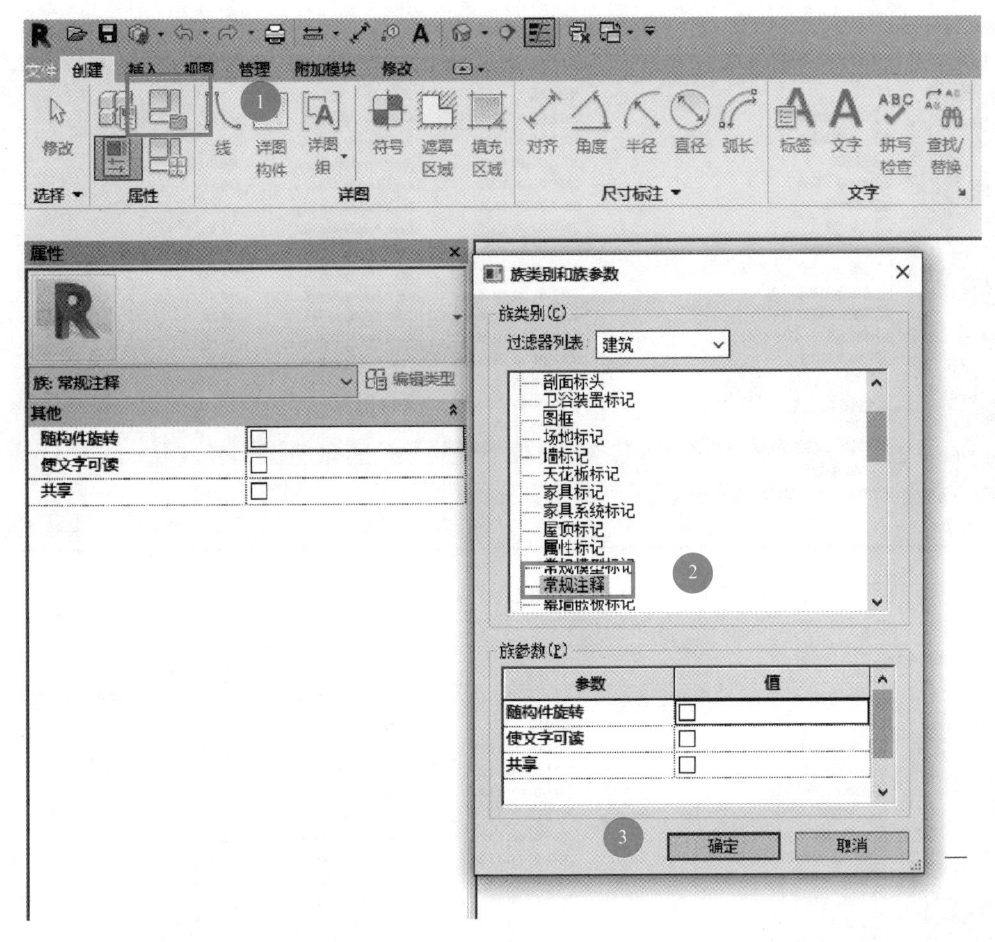

图 2.8-20

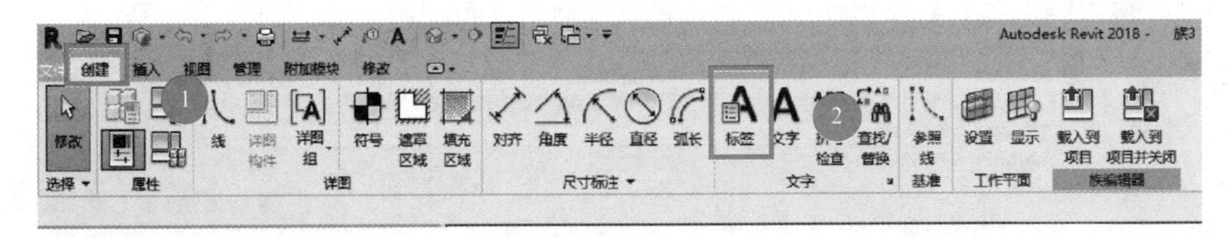

图 2.8-21

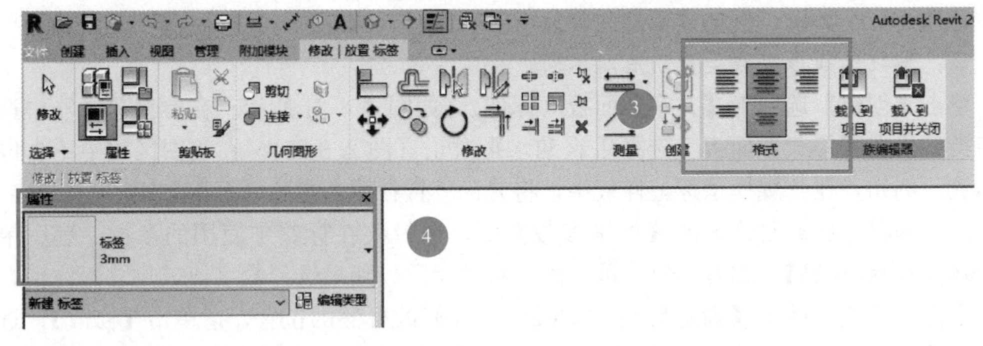

图 2.8-22

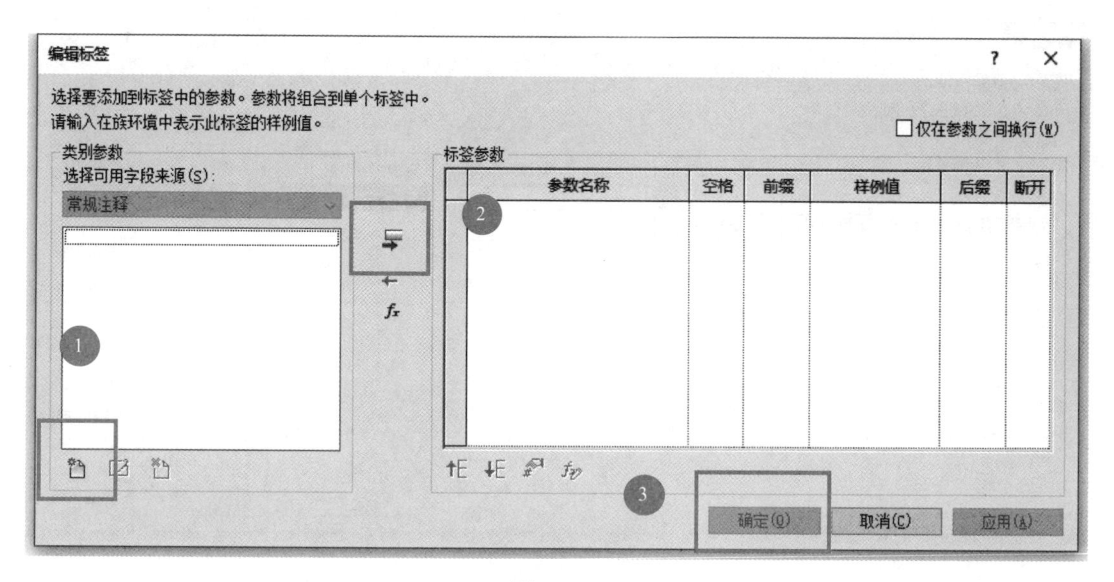

图 2.8-23

参数属性
参数类型
族参数(F)
(不能出现在明细表或标记中)
共享参数(S)
(可以由多个项目和族共享，可以导出到 ODBC，并且可以出现在明细表和标记中)
选择(L)...
导出(E)...
参数数据
名称(N):
1
类型(Y)
规程(D):
公共
实例(I)
参数类型(T):
长度
报告参数(R)
(可用于从几何图形条件中提取值，然后在公式中报告此值或用作明细表参数)
参数分组方式(G):
尺寸标注
工具提示说明:
<无工具提示说明。编辑此参数以编写自定义工具提示。自定义工具提...
编辑工具提示(O)...
如何创建族参数?
确定
取消

图 2.8-24

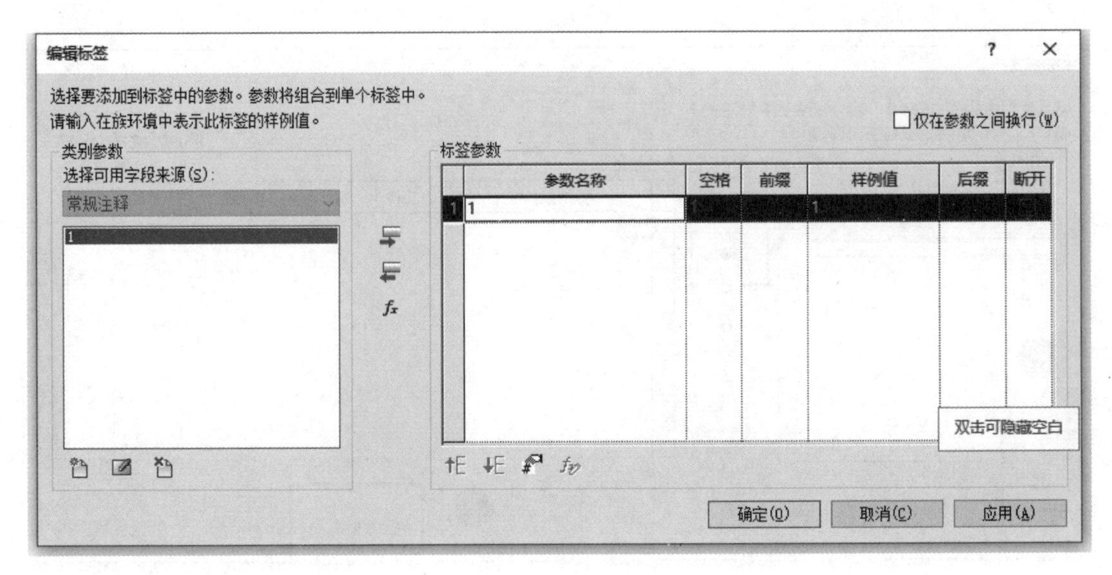

图 2.8-25

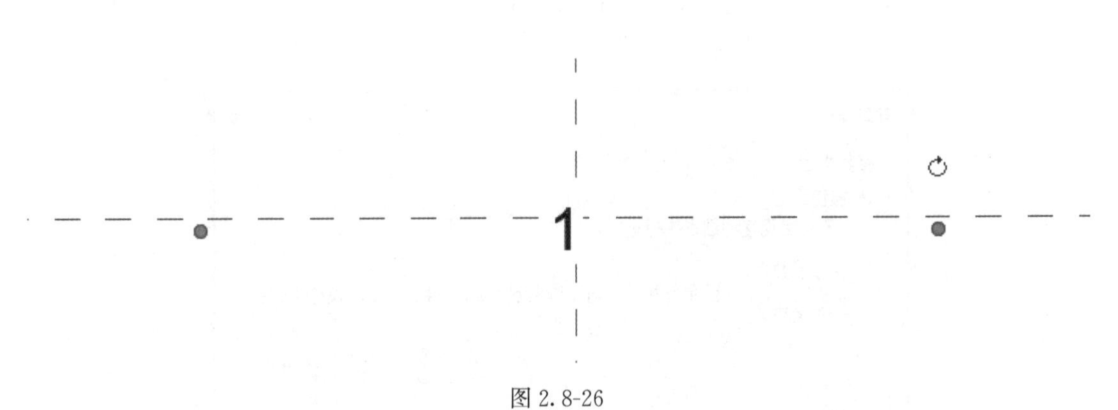

图 2.8-26

选择标签，然后单击【修改 | 标签】选项卡【标签】面板（编辑标签）（图 2.8-27）。在【编辑标签】对话框中，编辑【说明】参数对应的【样例值】，然后单击【确定】。绘制标记符号的形状，如圆形。单击【创建】选项卡【详图】面板（线），然后选择一种【绘制】工具。保存注释。

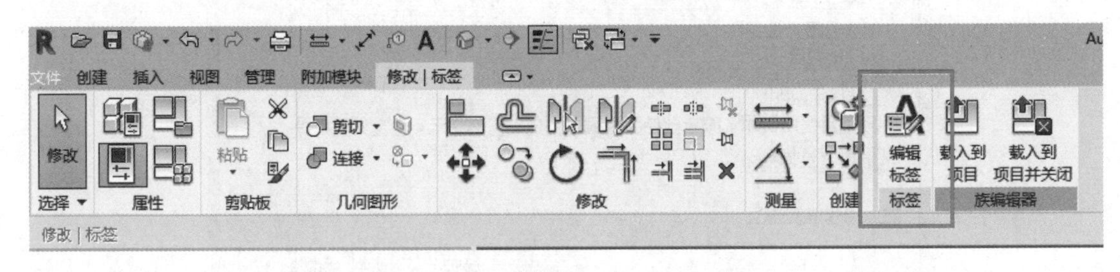

图 2.8-27

注意：当将注释载入项目中时，常规注释具有多重引线选项。

2.8.3　任务评价

序号	评价内容	评分标准	扣分标准	标准分	得分
1	正确添加标注	与建筑施工图一致	每错一处扣 3 分，直至扣完	15	
2	正确添加注释	与建筑施工图一致	每错一处扣 3 分，直至扣完	15	
3	正确修改标注	与建筑施工图一致	每错一处扣 3 分，直至扣完	15	
4	正确修改注释	与建筑施工图一致	每错一处扣 3 分，直至扣完	15	
5	正确标注 标注/注释位置	相对于轴线的偏移位置准确	偏移位置每错一处扣 2 分，顶部或底部的标高每错一处扣 2 分，直至扣完	20	
6	完成度	无缺漏或重复布置	每缺漏一处扣 5 分，每重复一处扣 5 分，直至扣完	20	
总分				100	

2.8.4　拓展实训

本任务的拓展实训是以 3000～5000m^2 的多层框架结构建筑为例，选取的案例为某学院食堂，使用 Revit 2018 软件掌握标注、注释的创建。拓展实训任务清单如下：

序号	项目	内容	
1	实训概况	(1)总体概述：标注、注释符号是应用于族的标记或符号，可在项目中唯一识别该族。标注、注释也可以包含出现在明细表中的属性。通过选择要与标注、注释相关联的族类别，然后绘制标注、注释并将值应用于其属性，可创建标注、注释符号。一些标注、注释族可以起标记作用。其他则是用于不同用途的常规注释。根据建筑图纸，在已经完成的模型中按照要求创建标注、注释。 (2)实训组织：课后独立完成拓展实训。 (3)实训准备：①已学习标注、注释的创建、编辑和修改；②某学院食堂建筑图纸，已完成的某学院食堂模型文件。 (4)实训学时：课后 4 学时	微课讲解
2	实训目标	掌握标注、注释的创建、编辑和修改	
3	成果要求	(1)创建标注正确	
		(2)创建注释正确	
		(3)标注形状正确	
		(4)注释形状正确	
		(5)标注、注释位置正确	
		(6)标注、注释无缺漏或重复布置现象	

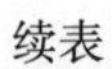
续表

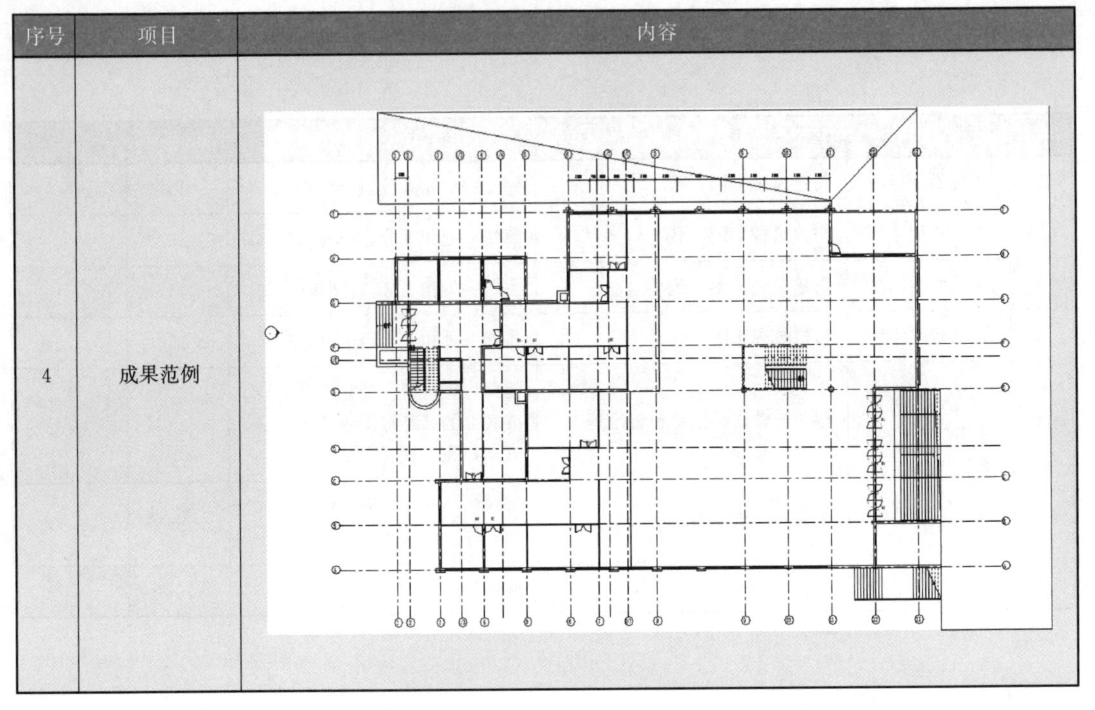

序号	项目	内容
4	成果范例	

模块 3

BIM 建模-结构

3.1 学习项目介绍

3.1.1 项目概述

本项目为结构模型的创建。基本的建筑结构构件包括基础、结构柱、梁、板、楼梯，在剪力墙结构或框架剪力墙结构中也会包含结构墙体。结构作为建筑物的“骨架”而存在。在结构建模过程中，准确识读结构专业图纸是基本要求。除此以外，还要了解各结构构件之间的传力途径、构件之间的连接关系以及基本的结构构造要求等。

在本模块中，我们将学习到基本结构构件的建模方法。通过结构建模，也将使我们对于建筑物的结构体系有更深入的了解。

3.1.2 项目要求

序号	项目内容	要求
1	识读图纸	(1)熟悉结构专业图纸，分析重难点。 (2)掌握构件信息，确定构件的类型、形状、位置、尺寸、材质等信息
2	创建结构基础	(1)识读结构基础图纸，了解基础的类型、形状、位置、尺寸、标高、材质等信息。 (2)编辑基础的截面尺寸、底部标高、基础名称，布置结构基础，完成结构基础的创建和编辑，掌握结构基础的修改技巧
3	创建结构柱	(1)识读柱结构平面布置图，了解结构柱的形状、位置、尺寸、标高、材质等信息。 (2)编辑结构柱的类型、截面尺寸、顶部标高、底部标高、柱名称等，完成结构柱的绘制和编辑，掌握结构柱的修改技巧

续表

序号	项目内容	要求
4	创建结构梁	(1)识读梁结构平面布置图,了解结构梁的形状、位置、尺寸、标高、材质等信息。 (2)编辑结构梁的类型、截面尺寸、顶部标高、编号等,完成结构梁的绘制和编辑,掌握结构梁的修改技巧
5	创建结构板	(1)识读板结构平面布置图,了解结构板的形状、位置、厚度、标高、材质等信息。 (2)编辑结构板的厚度、材料、标高等,核对板的平面形状、位置,完成结构板的创建,掌握结构板的修改技巧

3.2 任务1 结构基础

3.2.1 任务描述

本任务是BIM建模-结构模块的第一个任务，以某学院行政办公楼为案例，使用Revit 2018软件学习和掌握结构基础的创建。任务清单如下：

序号	项目	内容
1	任务概况	(1)总体概述:基础是建筑物最下部的承重构件,承担着建筑的全部荷载,并要把这些荷载有效地传给地基。根据结构图纸,在新建的结构模型中按照要求创建结构基础。 (2)任务组织:课前预习结构基础基本操作视频;课中讲解重点及易错点,完成项目结构基础创建;课后发放拓展实训习题。 (3)准备工作:①已掌握Revit建筑建模基本操作;②某学院行政办公楼结构图纸,新建的结构模型文件。 (4)参考学时:4学时
2	任务目标	本任务主要掌握结构基础的绘制、编辑和修改
3	成果要求	(1)结构基础命名规范
		(2)结构基础形状正确
		(3)结构基础尺寸正确
		(4)结构基础材质正确
		(5)结构基础位置正确
		(6)结构基础无缺漏或重复布置现象
4	成果范例	

3.2.2　任务实操

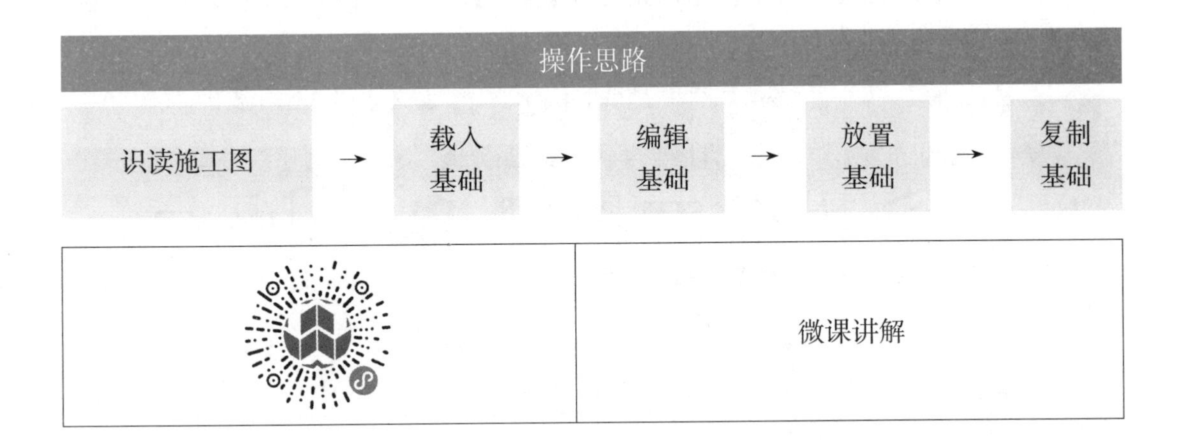

1. 识读施工图

识读项目结构图纸，了解项目所包含的结构基础种类，熟悉基础平面布置图和基础大样图。

本项目中的结构基础有 J1～J5，都为阶形独立基础。

2. 载入结构基础族

由于 Revit 没有自带的二阶独立基础族，需要载入本书数字资源中的【独立基础-二阶】族，推荐将该族放入结构基础文件夹中，默认路径为“C：\ ProgramData \ Autodesk \ RVT 2018 \ Libraries \ Generic \ China \ 结构 \ 基础”（图 3.2-1）。也可以从其他路径载入该族。

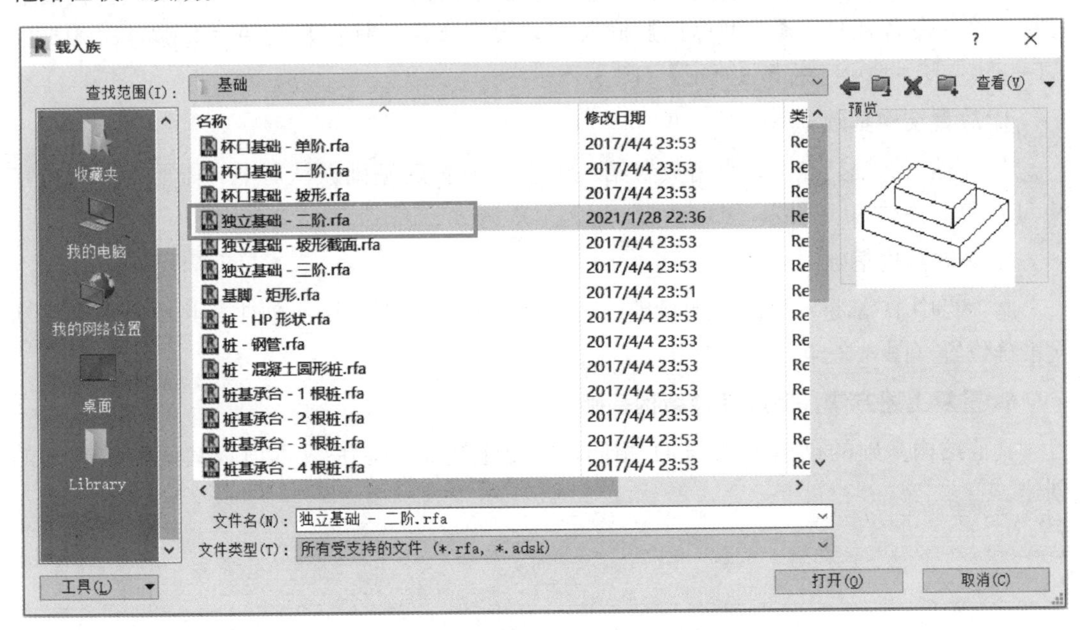

图 3.2-1

3. 编辑结构基础

（1）双击打开【项目浏览器】结构平面中的【基础（-1.450）】视图。

（2）点开【结构】选项卡，点击功能区的【独立】，在【属性】的下拉列表选择【独立基础-二阶】（图 3.2-2）。

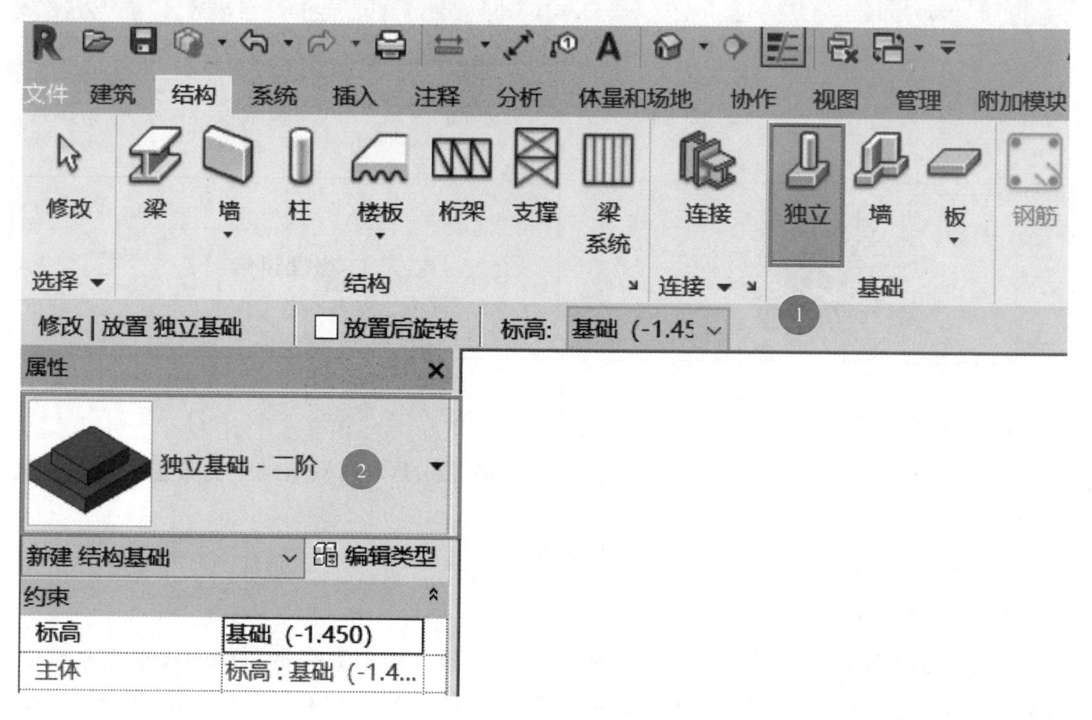

图 3.2-2

（3）点击【编辑类型】按钮，在弹出的【类型属性】对话框中，点击【类型】的复制按钮，将其命名为 J1，【类型标记】输入 J1，设定【尺寸标注】为 A=1400，B=1600，A1=250，B1=300，点击【确定】（图 3.2-3）。

4. 放置结构基础

在 A 轴与 2 轴交点上，点击放置第一个 J1。放置的基础默认居中，需要将其向右移动 55，向上移动 80（图 3.2-4）。

5. 复制结构基础

本项目中 J1 都是一样的实例参数，可以通过复制的方式快速创建，并按照图纸移动至准确位置（图 3.2-5）。

6. 重复上述方法，完成其他结构基础

其他结构基础的创建方法与 J1 相同，重复上述方法，完成本项目其他结构基础的创建。

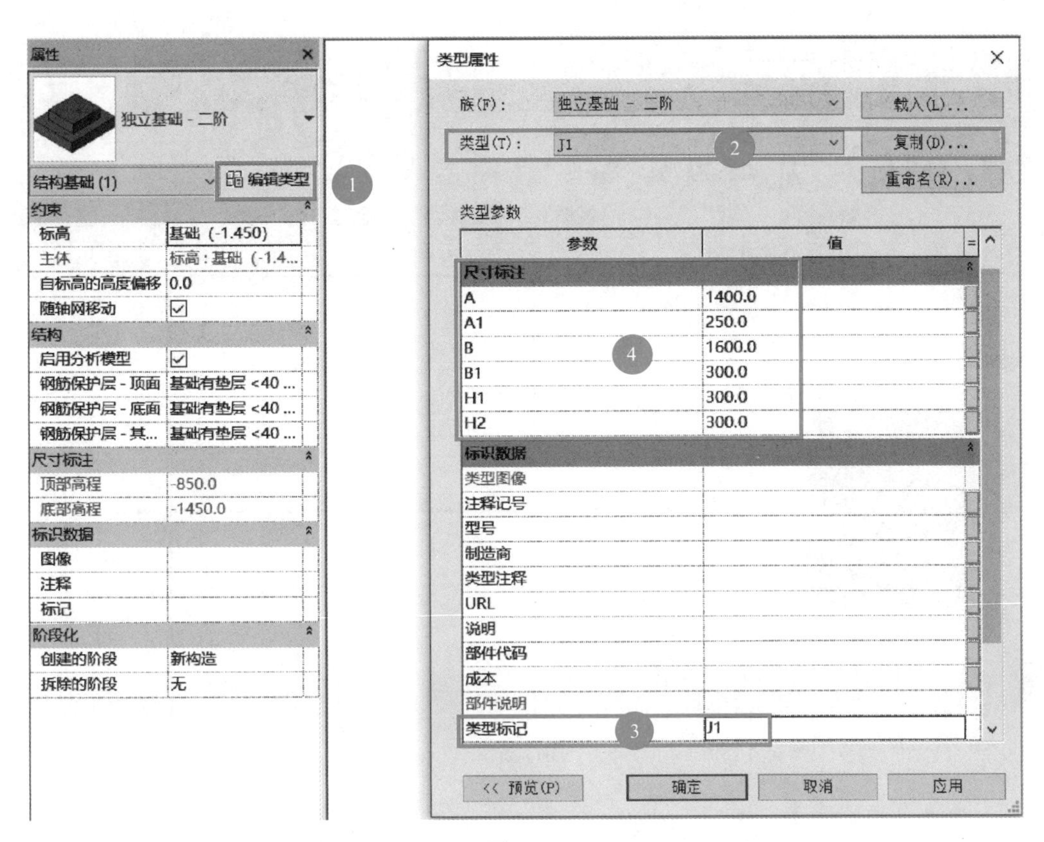
属性
独立基础 - 二阶
结构基础 (1)
编辑类型
约束
标高
基础 (-1.450)
主体
标高 : 基础 (-1.4...
自标高的高度偏移
0.0
随轴网移动
结构
启用分析模型
钢筋保护层 - 顶面
基础有垫层 <40 ...
钢筋保护层 - 底面
基础有垫层 <40 ...
钢筋保护层 - 其...
基础有垫层 <40 ...
尺寸标注
顶部高程
-850.0
底部高程
-1450.0
标识数据
图像
注释
标记
阶段化
创建的阶段
新构造
拆除的阶段
无
1
类型属性
族(F)：
独立基础 - 二阶
载入(L)...
类型(T)：
J1
2
复制(D)...
重命名(R)...
类型参数
参数
值
尺寸标注
A
1400.0
A1
250.0
B
1600.0
B1
300.0
H1
300.0
H2
300.0
4
标识数据
类型图像
注释记号
型号
制造商
类型注释
URL
说明
部件代码
成本
部件说明
类型标记
J1
3
<< 预览(P)
确定
取消
应用

图 3.2-3

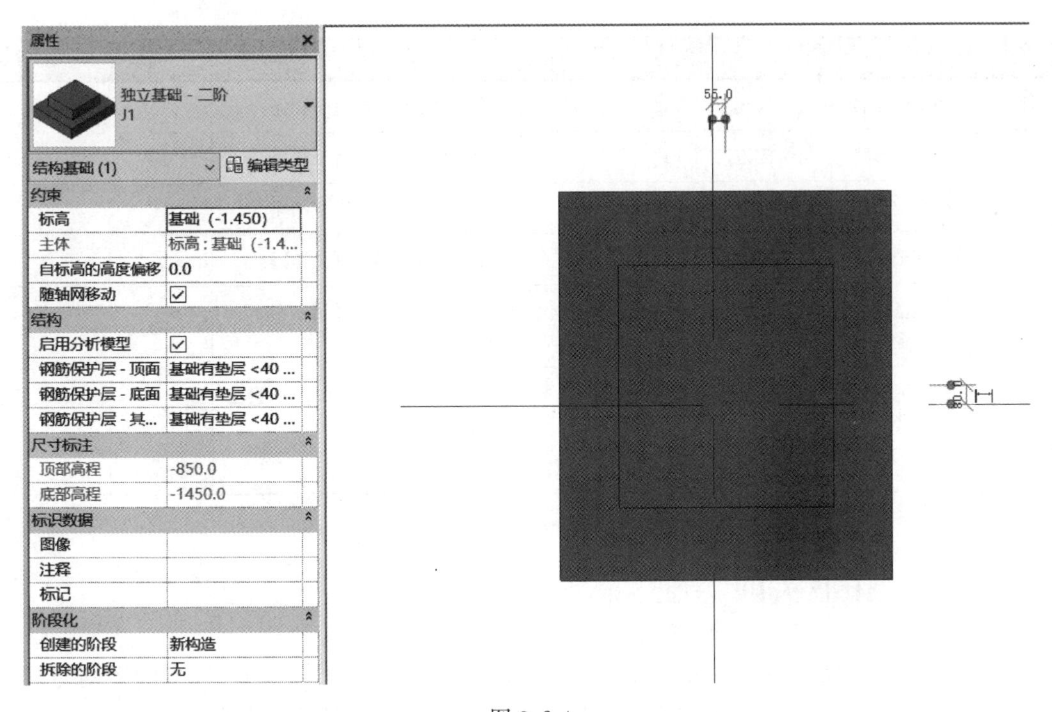
属性
独立基础 - 二阶
J1
结构基础 (1)
编辑类型
约束
标高
基础 (-1.450)
主体
标高 : 基础 (-1.4...
自标高的高度偏移
0.0
随轴网移动
结构
启用分析模型
钢筋保护层 - 顶面
基础有垫层 <40 ...
钢筋保护层 - 底面
基础有垫层 <40 ...
钢筋保护层 - 其...
基础有垫层 <40 ...
尺寸标注
顶部高程
-850.0
底部高程
-1450.0
标识数据
图像
注释
标记
阶段化
创建的阶段
新构造
拆除的阶段
无
55.0

图 3.2-4

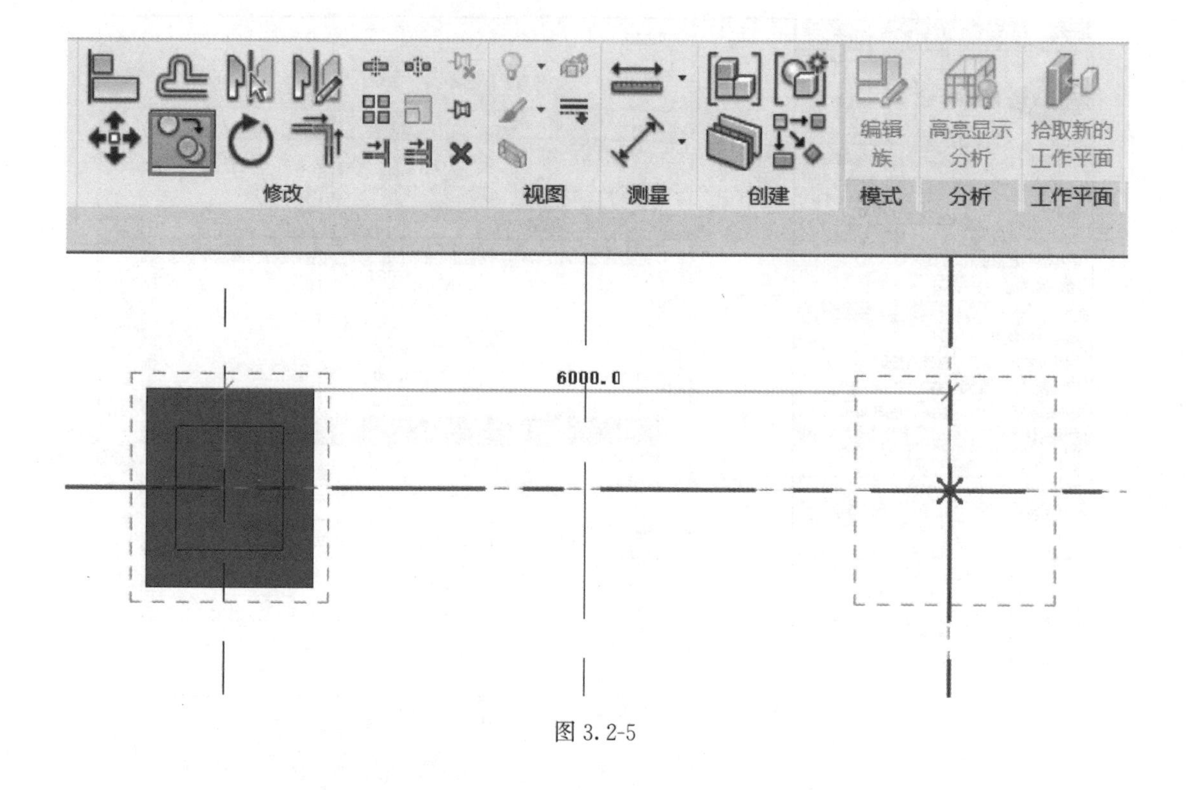

图 3.2-5

3.2.3 任务评价

序号	评价内容	评分标准	扣分标准	标准分	得分
1	结构基础命名	与结构施工图一致	每错一处扣 3 分，直至扣完	15	
2	结构基础形状	与结构施工图一致	每错一处扣 3 分，直至扣完	15	
3	结构基础尺寸	与结构施工图一致	每错一处扣 3 分，直至扣完	15	
4	结构基础材质	与结构施工图一致	每错一处扣 3 分，直至扣完	15	
5	结构基础位置	结构基础相对于轴线的偏移位置准确	偏移位置不准确每错一处扣 2 分，直至扣完	20	
6	完成度	无缺漏或重复布置	每缺漏或重复一处扣 5 分，直至扣完	20	
总分				100	

3.2.4 拓展实训

本任务的拓展实训是以 3000～5000m^2 的多层框架结构建筑为例，选取的案例为某学院食堂，使用 Revit 2018 软件掌握结构基础的创建。拓展实训任务清单如下：

序号	项目	内容	
1	实训概况	(1)总体概述：某学院食堂为钢筋混凝土框架结构，基础都为阶形独立基础。根据结构图纸，在新建的结构模型中按照要求创建结构基础。 (2)实训组织：课后独立完成拓展实训。 (3)实训准备：①已学习结构基础的绘制、编辑和修改；②某学院食堂结构图纸，新建的结构模型文件。 (4)实训学时：课后4学时	微课讲解
2	实训目标	掌握结构基础的绘制、编辑和修改	
3	成果要求	(1)结构基础命名规范 (2)结构基础形状正确 (3)结构基础尺寸正确 (4)结构基础材质正确 (5)结构基础位置正确 (6)结构基础无缺漏或重复布置现象	
4	成果范例		

3.3 任务2 结构柱

3.3.1 任务描述

本任务是BIM建模-结构模块的第二个任务，以某学院行政办公楼为案例，使用Revit 2018软件学习和掌握结构柱的创建。任务清单如下：

<table>
<tr><th>序号</th><th>项目</th><th>内容</th></tr>
<tr><td>1</td><td>任务概况</td><td>(1)总体概述:结构柱是建筑物中作为结构构件的柱子,是建筑的主要竖向受力构件。在框架结构以及框架剪力墙结构体系中最为常见,称为框架柱(KZ)。根据结构图纸,在已经完成结构基础的模型中按照要求创建结构柱。
(2)任务组织:课前预习结构柱基本操作视频;课中讲解重点及易错点,完成项目结构柱搭建;课后发放拓展实训习题。
(3)准备工作:①已掌握结构基础的绘制、编辑和修改;②某学院行政办公楼结构图纸,已完成结构基础的某学院行政办公楼模型文件。
(4)参考学时:4 学时</td></tr>
<tr><td>2</td><td>任务目标</td><td>本任务主要掌握结构柱的绘制、编辑和修改</td></tr>
<tr><td rowspan="6">3</td><td rowspan="6">成果要求</td><td>(1)结构柱命名规范</td></tr>
<tr><td>(2)结构柱形状正确</td></tr>
<tr><td>(3)结构柱尺寸正确</td></tr>
<tr><td>(4)结构柱材质正确</td></tr>
<tr><td>(5)结构柱位置正确</td></tr>
<tr><td>(6)结构柱无缺漏或重复布置现象</td></tr>
<tr><td>4</td><td>成果范例</td><td> 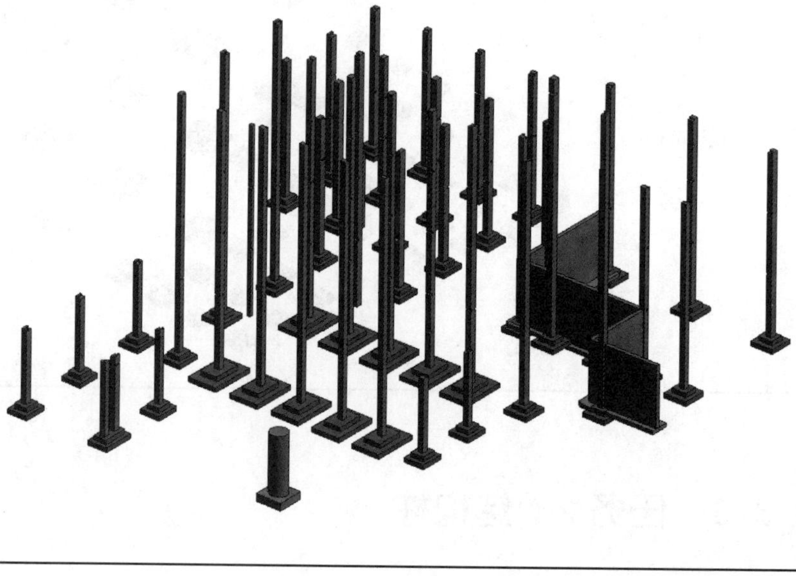</td></tr>
</table>

3.3.2　任务实操

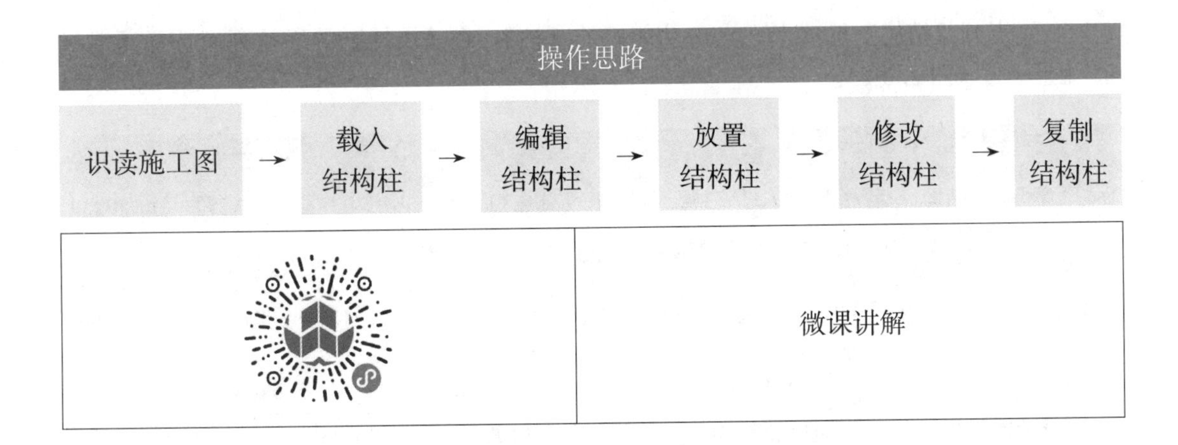

1. 识读施工图

识读项目结构图纸，了解项目所包含的结构柱种类，熟悉各层结构平面图和柱大样图。

本项目中的结构柱有矩形柱 KZ1 和圆形柱 KZ2。

2. 载入结构柱族

结构柱是建模中常用的结构构件，在 Revit 平台中属于族构件，在项目中放置此类构件，需要先将所用到的柱的族载入项目中。

打开结构模型文件，载入矩形和圆形两种混凝土柱，文件路径为：【结构】>【柱】>【混凝土柱】>【混凝土-矩形-柱】和【混凝土-圆形-柱】（图 3.3-1）。

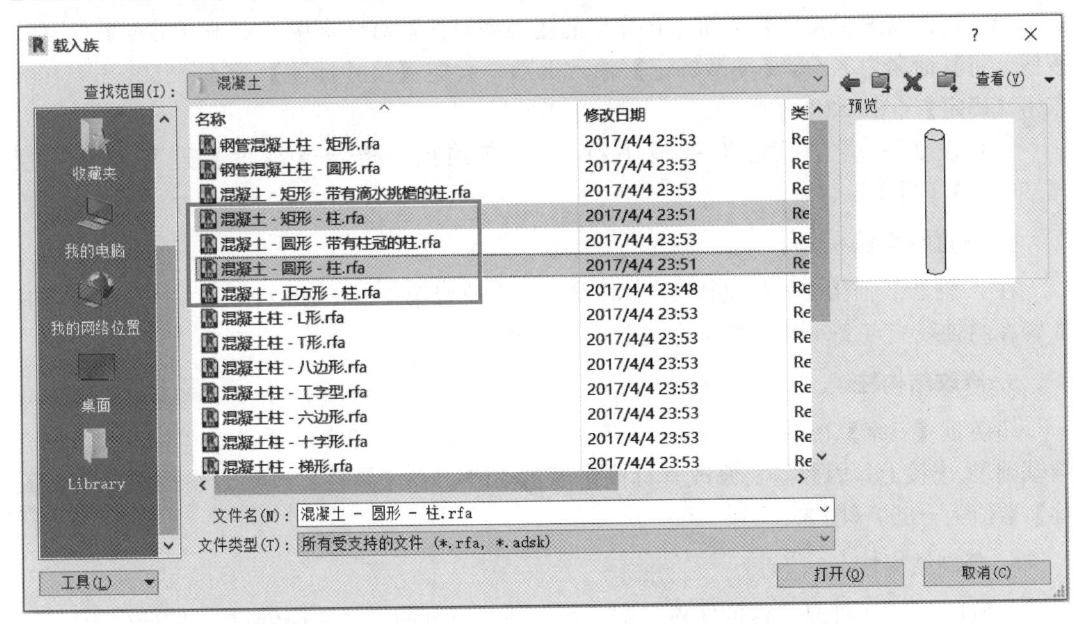

图 3.3-1

3. 编辑结构柱

（1）首先从一层开始创建结构柱 KZ1。双击打开【项目浏览器】结构平面中的【一层（±0.000）】视图。

（2）点开【结构】选项卡，点击功能区的【柱】，在【属性】的下拉列表选择【混凝土-矩形-柱】（图 3.3-2）。

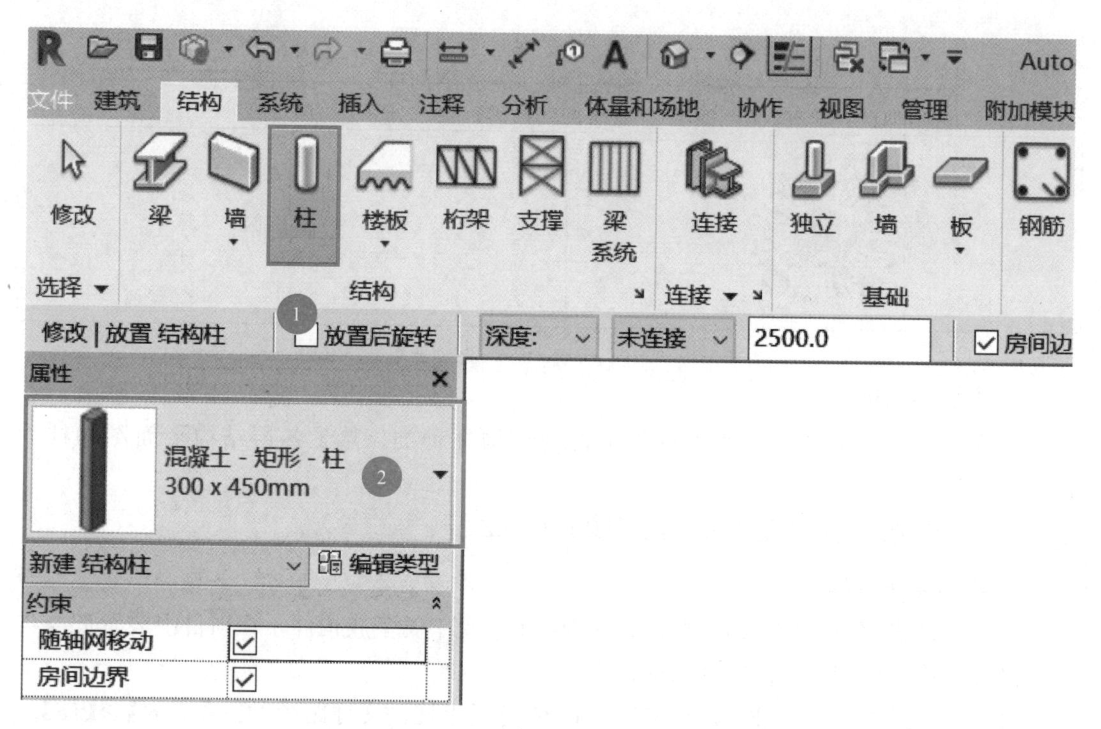

图 3.3-2

（3）点击【编辑类型】按钮，在弹出的【类型属性】对话框中，点击【类型】的复制按钮，将其命名为 KZ1，【类型标记】输入 KZ1，设定【尺寸标注】为 b=350，h=400，点击【确定】（图 3.3-3）。

（4）设置一层左下角第一根 KZ1 的标高约束，指定【高度】连接至【二层（3.900）】（图 3.3-4）。

4. 放置结构柱

在 A 轴与 2 轴相交处的基础 J1 中心点，点击放置第一个 KZ1（图 3.3-5）。或者将其放置在两轴线交点上，再向右移动 55，向上移动 80。

5. 修改结构柱

切换至【三维】视图可以看出，KZ1 标高为一层（±0.000）至二层（3.900），没有与基础 J1 连接上，因此需要修改其标高。点击 KZ1，在【属性】选项板中调整【底部偏移】数值为−850（图 3.3-6）。

6. 复制结构柱

本项目中 KZ1 都是一样的实例参数，可以通过复制的方式快速创建（图 3.3-7）。

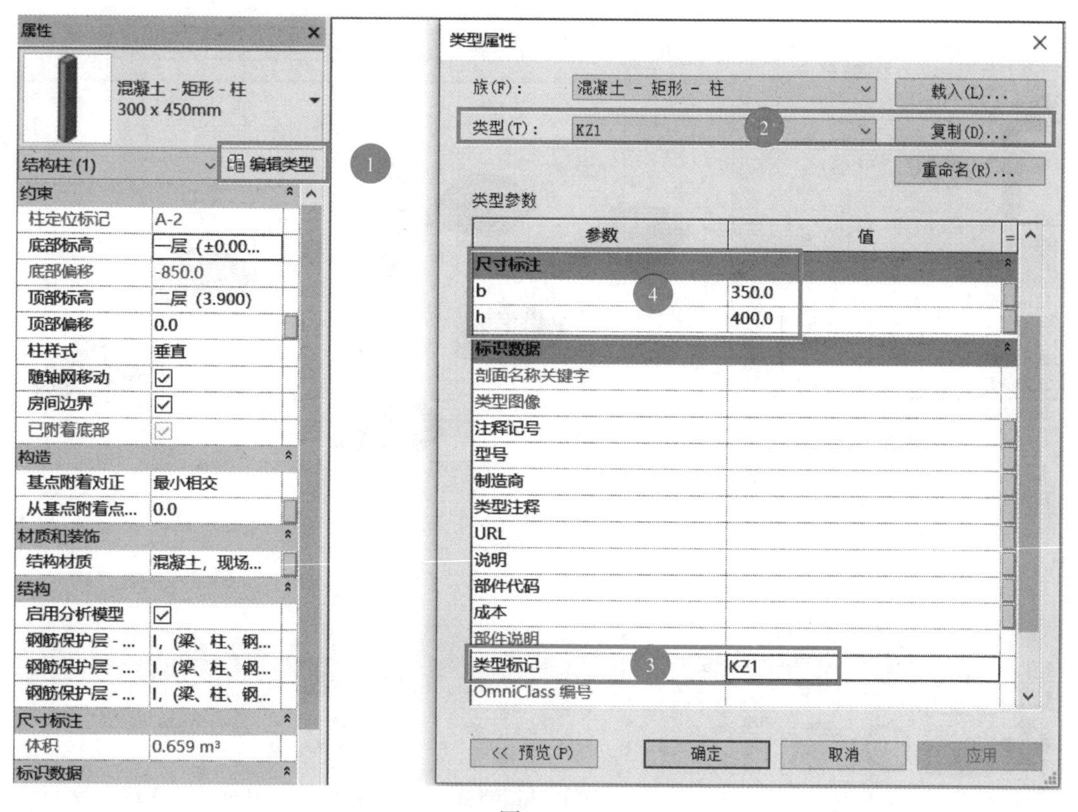

图 3.3-3

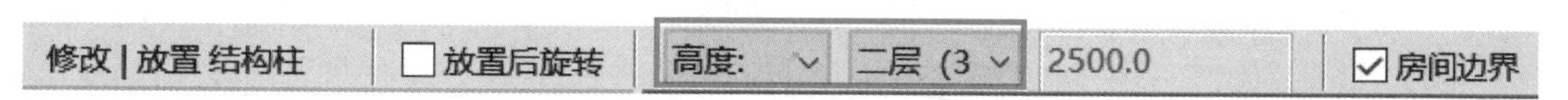

图 3.3-4

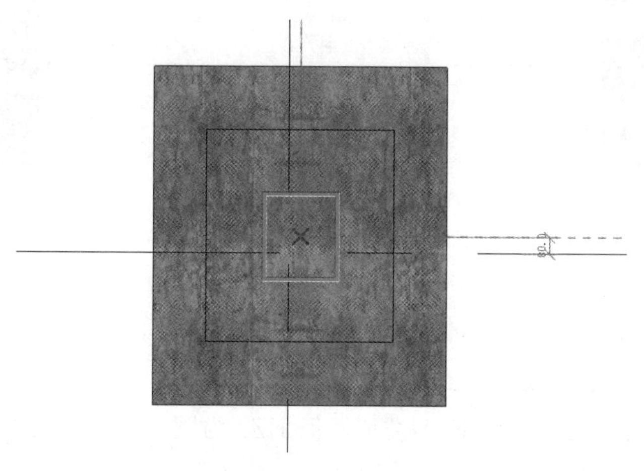

图 3.3-5

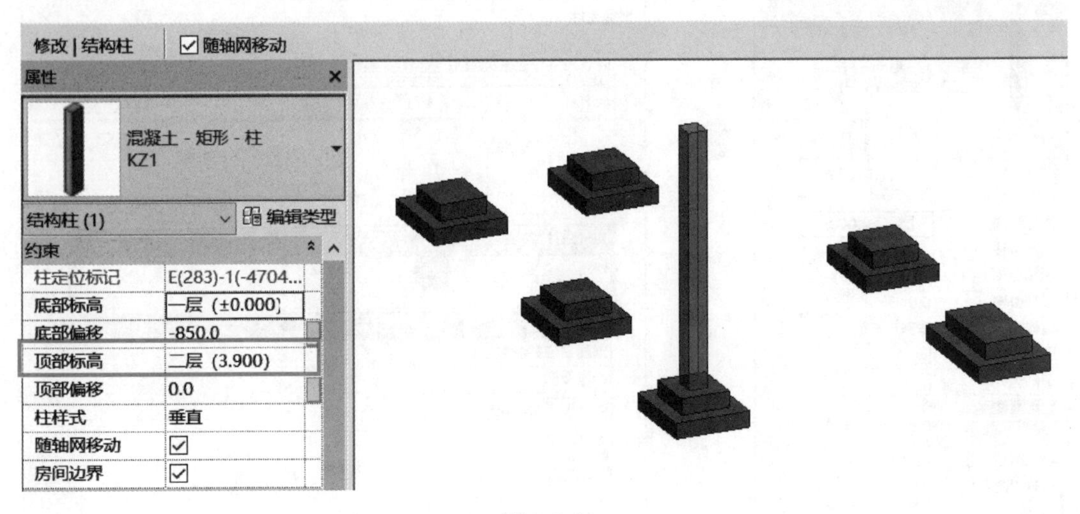

图 3.3-6

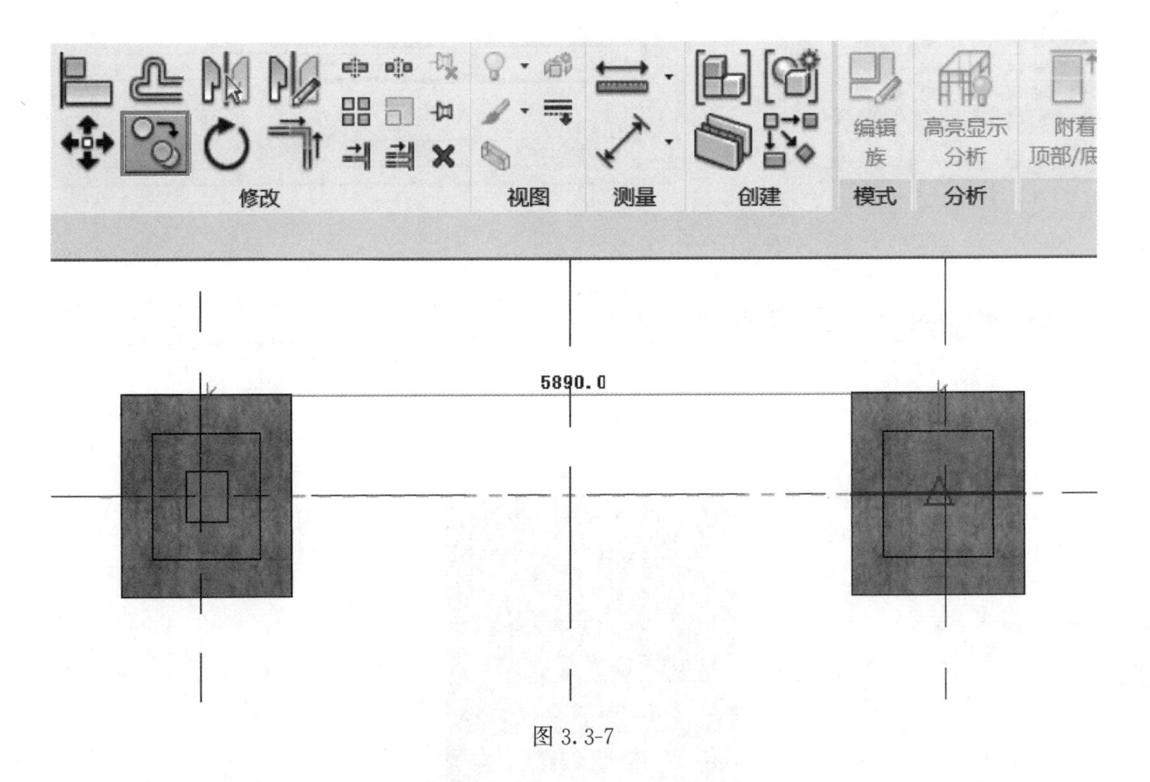

图 3.3-7

7. 重复上述方法，完成其他结构柱

结构柱 KZ2 的创建方法与 KZ1 类似，但 KZ2 为圆形截面，需选择【混凝土-圆形-柱】，设定其【类型属性】中的尺寸标注为 b=1200（图 3.3-8）。

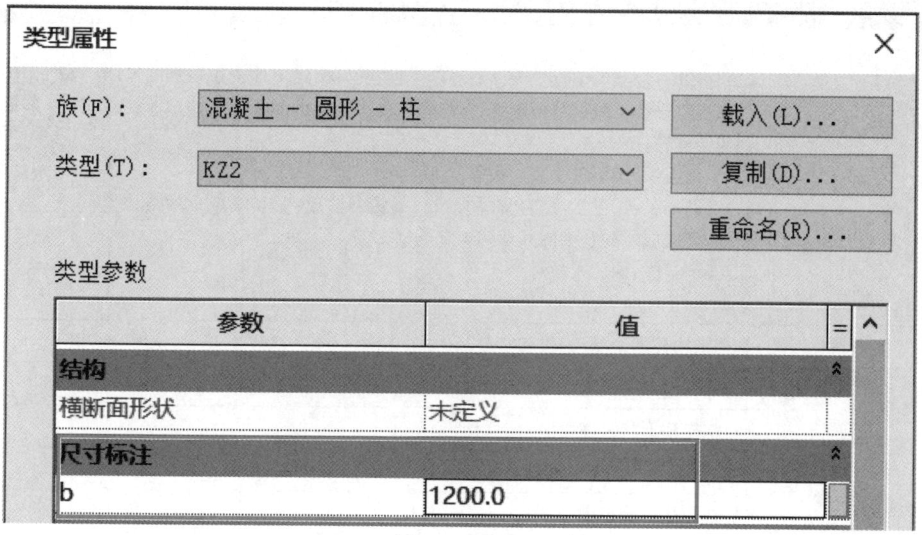

类型属性

族(F)：混凝土 - 圆形 - 柱　　载入(L)...

类型(T)：KZ2　　复制(D)...

重命名(R)...

类型参数

参数	值
结构	
横断面形状	未定义
尺寸标注	
b	1200.0

图 3.3-8

3.3.3　任务评价

序号	评价内容	评分标准	扣分标准	标准分	得分
1	结构柱命名	与结构施工图一致	每错一处扣 3 分，直至扣完	15	
2	结构柱形状	与结构施工图一致	每错一处扣 3 分，直至扣完	15	
3	结构柱尺寸	与结构施工图一致	每错一处扣 3 分，直至扣完	15	
4	结构柱材质	与结构施工图一致	每错一处扣 3 分，直至扣完	15	
5	结构柱位置	结构柱相对于轴线的偏移位置准确，顶部和底部的标高准确	偏移位置不准确每错一处扣 2 分，顶部或底部的标高一处不准确每错一处扣 2 分，直至扣完	20	
6	完成度	无缺漏或重复布置	每缺漏或重复一处扣 5 分，直至扣完	20	
总分				100	

3.3.4　拓展实训

本任务的拓展实训是以 3000～5000m² 的多层框架结构建筑为例，选取的案例为某学院食堂，使用 Revit 2018 软件掌握结构柱的创建。拓展实训任务清单如下：

<table>
<tr><th>序号</th><th>项目</th><th colspan="2">内容</th></tr>
<tr><td rowspan="2">1</td><td rowspan="2">实训概况</td><td rowspan="2">(1)总体概述:某学院食堂为钢筋混凝土框架结构,结构柱为矩形和圆形钢筋混凝土柱。根据结构图纸,在已经完成结构基础的模型中按照要求创建结构柱。
(2)实训组织:课后独立完成拓展实训。
(3)实训准备:①已学习结构柱的绘制、编辑和修改;②某学院食堂结构图纸,已完成结构基础的某学院食堂模型文件。
(4)实训学时:课后 4 学时</td><td></td></tr>
<tr><td>微课讲解</td></tr>
<tr><td>2</td><td>实训目标</td><td colspan="2">掌握结构柱的绘制、编辑和修改</td></tr>
<tr><td rowspan="6">3</td><td rowspan="6">成果要求</td><td colspan="2">(1)结构柱命名规范</td></tr>
<tr><td colspan="2">(2)结构柱形状正确</td></tr>
<tr><td colspan="2">(3)结构柱尺寸正确</td></tr>
<tr><td colspan="2">(4)结构柱材质正确</td></tr>
<tr><td colspan="2">(5)结构柱位置正确</td></tr>
<tr><td colspan="2">(6)结构柱无缺漏或重复布置现象</td></tr>
<tr><td>4</td><td>成果范例</td><td colspan="2"></td></tr>
</table>

3.4 任务 3 结构梁

3.4.1 任务描述

本任务是 BIM 建模-结构模块的第三个任务，以某学院行政办公楼为案例，使用 Revit 2018 软件学习和掌握结构梁的创建。任务清单如下：

序号	项目	内容
1	任务概况	(1)总体概述：梁是承受竖向荷载，以受弯为主的构件，一般水平放置。根据结构图纸，在已经完成结构基础和柱的模型中按照要求创建结构梁。 (2)任务组织：课前预习结构梁基本操作视频；课中讲解重点及易错点，完成项目结构梁搭建；课后发放拓展实训习题。 (3)准备工作：①已掌握结构柱的绘制、编辑和修改；②某学院行政办公楼结构图纸，已完成结构基础和结构柱的某学院行政办公楼模型文件。 (4)参考学时：4学时
2	任务目标	本任务主要掌握结构梁的绘制、编辑和修改
3	成果要求	(1)结构梁命名规范
		(2)结构梁形状正确
		(3)结构梁尺寸正确
		(4)结构梁材质正确
		(5)结构梁位置正确
		(6)结构梁无缺漏或重复布置现象
4	成果范例	

3.4.2　任务实操

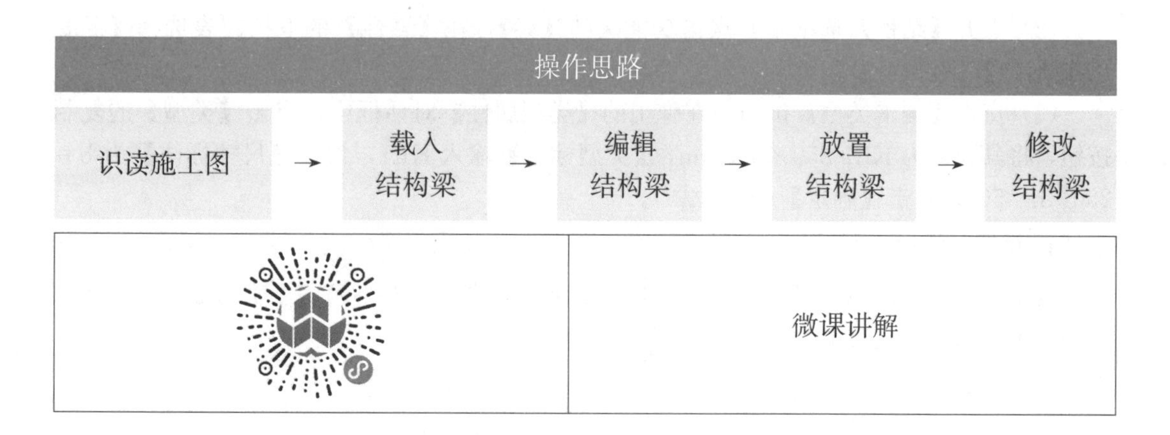

1. 识读施工图

识读项目结构图纸，了解项目所包含的结构梁种类，熟悉各层结构平面图。本项目中的结构梁代号繁多，都为矩形截面的钢筋混凝土梁。

2. 载入结构梁族

结构梁是建模中常用的结构构件，在 Revit 平台中属于族构件，在项目中放置此类构件，需要先将所用到的梁的族载入到项目中。

打开结构模型文件，载入矩形混凝土梁，文件路径为：【结构】＞【框架】＞【混凝土】＞【混凝土-矩形梁】(图 3.4-1)。

图 3.4-1

3. 编辑结构梁

(1) 首先从二层开始创建结构梁 KL1，双击打开【项目浏览器】结构平面中的【二层 (3.900)】视图。

(2) 点开【结构】选项卡，点击功能区的【梁】，在【属性】的下拉列表选择【混凝土-矩形梁】(图 3.4-2)。

(3) 点击【编辑类型】按钮，在弹出的【类型属性】对话框中，点击【类型】的复制按钮，将其命名为 KL1 250×500mm，【类型标记】输入 KL1，设定【尺寸标注】为 b=250，h=500，点击【确定】(图 3.4-3)。

4. 放置结构梁

设定结构梁 KL1【参照标高】为二层 (3.900)，在二层左下角，A 轴与 2 轴交点和 A 轴与 6 轴交点之间放置第一根 KL1 (图 3.4-4)。

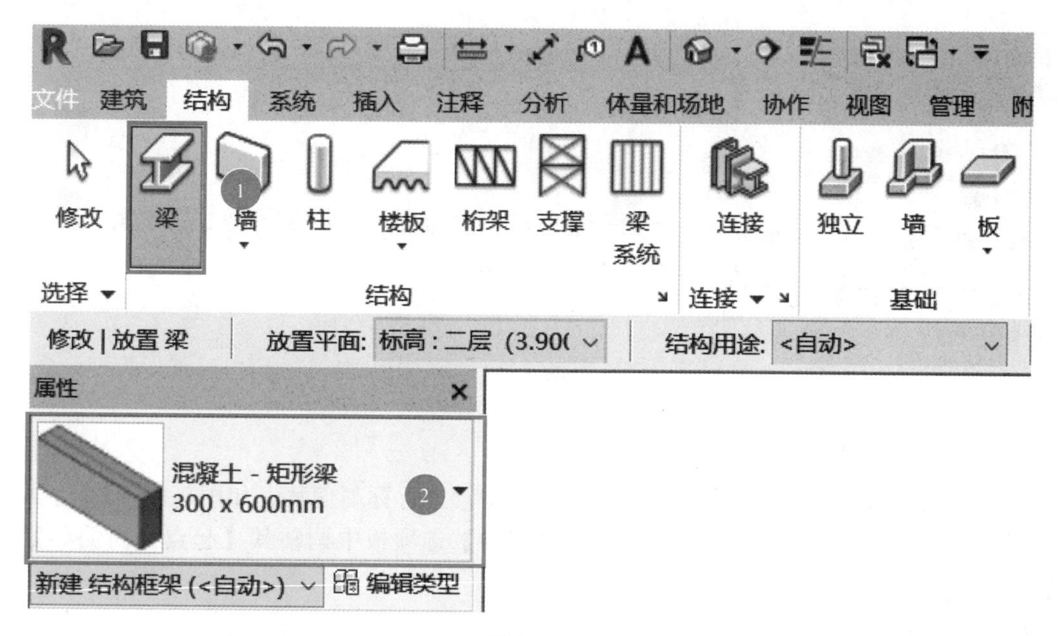

文件 建筑 结构 系统 插入 注释 分析 体量和场地 协作 视图 管理 附
修改
梁
墙
柱
楼板
桁架
支撑
梁系统
连接
独立
墙
板
选择
结构
连接
基础
修改 | 放置 梁
放置平面: 标高 : 二层 (3.90(
结构用途: <自动>
属性
混凝土 - 矩形梁
300 x 600mm
新建 结构框架 (<自动>)
编辑类型

图 3.4-2

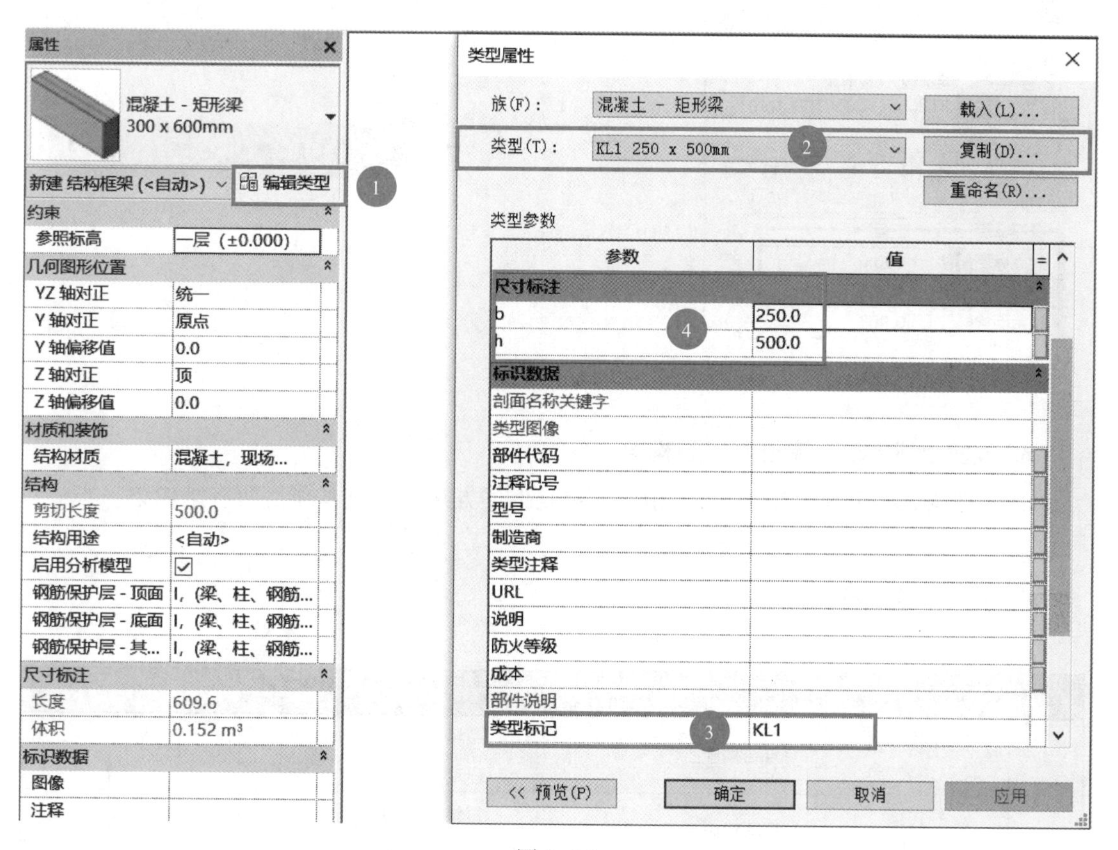

属性
混凝土 - 矩形梁
300 x 600mm
新建 结构框架 (<自动>)
编辑类型
约束
参照标高
一层 (±0.000)
几何图形位置
YZ 轴对正
统一
Y 轴对正
原点
Y 轴偏移值
0.0
Z 轴对正
顶
Z 轴偏移值
0.0
材质和装饰
结构材质
混凝土，现场...
结构
剪切长度
500.0
结构用途
<自动>
启用分析模型
钢筋保护层 - 顶面
钢筋保护层 - 底面
钢筋保护层 - 其...
I, (梁、柱、钢筋...
尺寸标注
长度
609.6
体积
0.152 m³
标识数据
图像
注释
类型属性
族(F):
混凝土 - 矩形梁
载入(L)...
类型(T):
KL1 250 x 500mm
复制(D)...
重命名(R)...
类型参数
参数
值
尺寸标注
b
250.0
h
500.0
标识数据
剖面名称关键字
类型图像
部件代码
注释记号
型号
制造商
类型注释
URL
说明
防火等级
成本
部件说明
类型标记
KL1
<< 预览(P)
确定
取消
应用

图 3.4-3

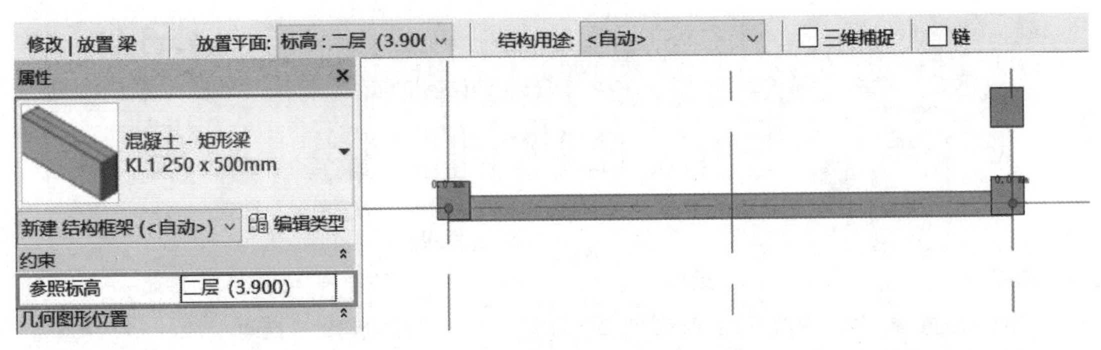

图 3.4-4

5. 修改结构梁

如果梁的标高与本层标高不同，需要根据位置进行标高偏移。如雨篷的 KL2（1A），梁顶面标高比二层楼面标高高 0.4m，在【属性】选项板中调整其【起点标高偏移】和【终点标高偏移】数值为 400（图 3.4-5）。

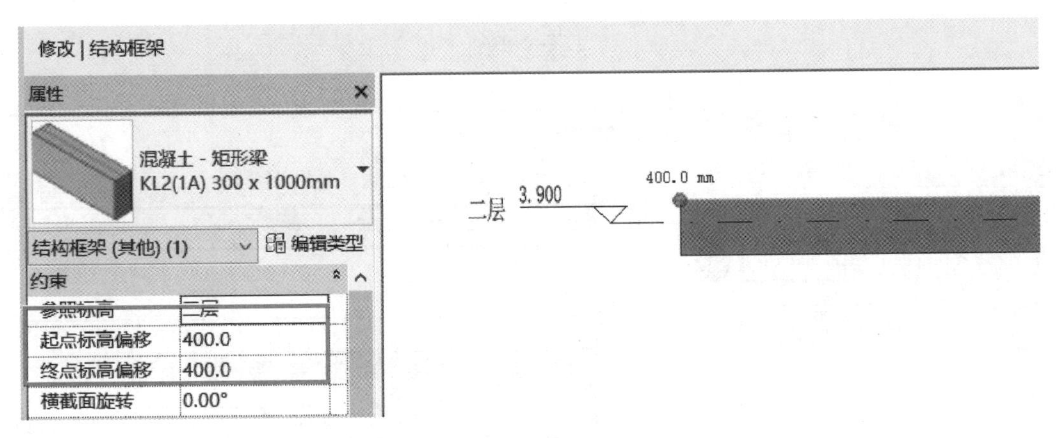

图 3.4-5

6. 重复上述方法，完成其他结构梁

其他结构梁的创建方法与 KL1 相同，重复上述方法，完成本项目所有结构梁。

3.4.3 任务评价

序号	评价内容	评分标准	扣分标准	标准分	得分
1	结构梁命名	与结构施工图一致	每错一处扣 3 分，直至扣完	15	
2	结构梁形状	与结构施工图一致	每错一处扣 3 分，直至扣完	15	
3	结构梁尺寸	与结构施工图一致	每错一处扣 3 分，直至扣完	15	

续表

序号	评价内容	评分标准	扣分标准	标准分	得分
4	结构梁材质	与结构施工图一致	每错一处扣3分，直至扣完	15	
5	结构梁位置	结构梁相对于轴线的偏移位置准确，起点和终点的标高准确	偏移位置不准确每错一处扣2分，起点和终点的标高一处不准确每错一处扣2分，直至扣完	20	
6	完成度	无缺漏或重复布置	每缺漏或重复一处扣5分，直至扣完	20	
总分				100	

3.4.4 拓展实训

本任务的拓展实训是以3000～5000m^{2}的多层框架结构建筑为例，选取的案例为某学院食堂，使用Revit 2018软件掌握结构梁的创建。拓展实训任务清单如下：

序号	项目	内容	
1	实训概况	(1)总体概述：某学院食堂为钢筋混凝土框架结构，结构梁都为矩形梁。根据结构图纸，在已经完成结构基础和结构柱的模型中按照要求创建结构梁。 (2)实训组织：课后独立完成拓展实训。 (3)实训准备：①已学习结构柱的绘制、编辑和修改；②某学院食堂结构图纸，已完成结构基础的某学院食堂模型文件。 (4)实训学时：课后4学时	微课讲解
2	实训目标	掌握结构梁的绘制、编辑和修改	
3	成果要求	(1)结构梁命名规范	
		(2)结构梁形状正确	
		(3)结构梁尺寸正确	
		(4)结构梁材质正确	
		(5)结构梁位置正确	
		(6)结构梁无缺漏或重复布置现象	
4	成果范例		

3.5 任务4 结构板

3.5.1 任务描述

本任务是BIM建模-结构模块的第四个任务，以某学院行政办公楼为案例，使用Revit 2018软件学习和掌握结构板的创建。任务清单如下：

序号	项目	内容
1	任务概况	(1)总体概述：结构板是水平承重构件，承担建筑的楼面荷载，同时对墙体起到水平支撑的作用。根据结构图纸，在已经完成结构基础、柱、梁的模型中按照要求创建结构板。 (2)任务组织：课前预习结构板基本操作视频；课中讲解重点及易错点，完成项目结构板搭建；课后发放拓展实训习题。 (3)准备工作：①已掌握结构梁的绘制、编辑和修改；②某学院行政办公楼结构图纸，已完成结构基础、柱、梁的某学院行政办公楼模型文件。 (4)参考学时：4学时
2	任务目标	本任务主要掌握结构板的绘制、编辑和修改
3	成果要求	(1)结构板命名规范
		(2)结构板形状正确
		(3)结构板尺寸正确
		(4)结构板材质正确
		(5)结构板位置正确
		(6)结构板无缺漏或重复布置现象
4	成果范例	

3.5.2 任务实操

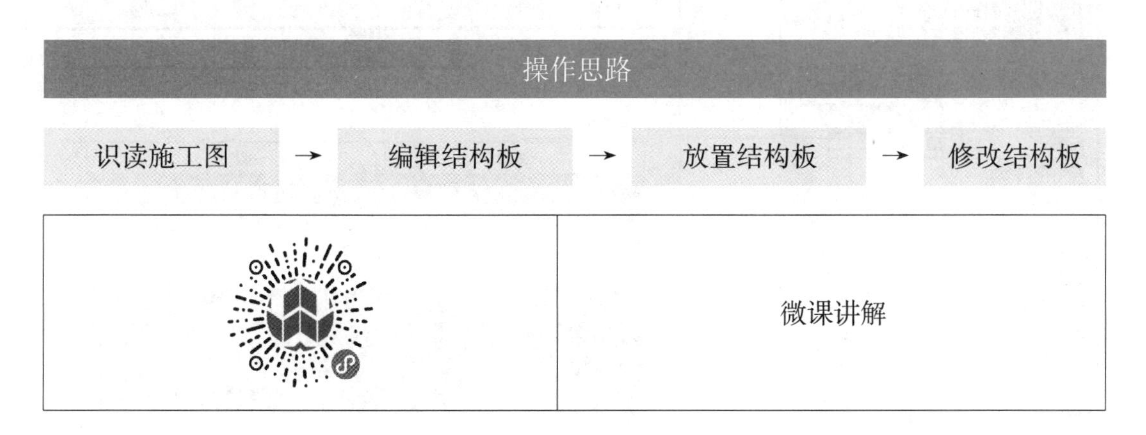

1. 识读施工图

识读项目结构图纸，了解结构板位置，熟悉各层结构平面图。

本项目中的结构板有楼板LB、屋面板WB、雨篷板YPB，都为钢筋混凝土现浇板，其厚度分别为楼板120mm、屋面板120mm、雨篷板100mm。

2. 编辑结构板

（1）首先从二层开始创建楼板LB，双击打开【项目浏览器】结构平面中的【二层（3.900）】视图。

（2）楼板属于Revit自带的系统族，无需载入。点开【结构】选项卡，点选功能区的【楼板】（图3.5-1）。

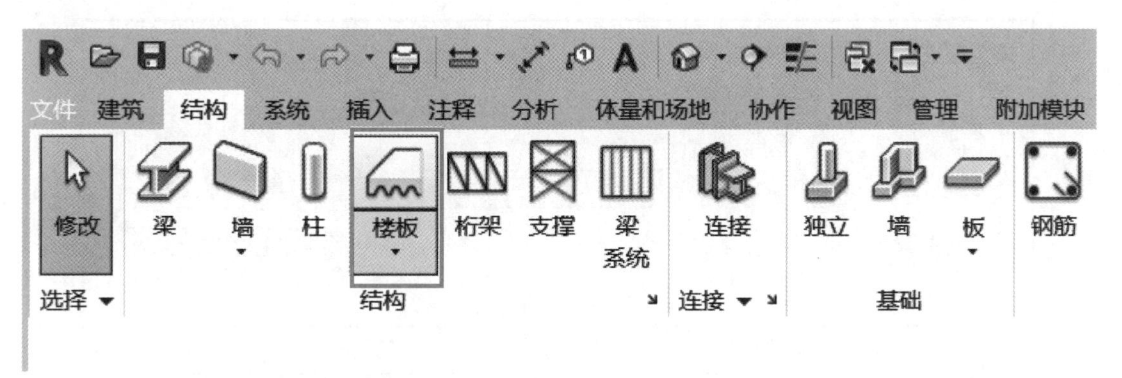

图3.5-1

（3）点击【编辑类型】按钮，在弹出的【类型属性】对话框中，点击【类型】的复制按钮，将其命名为LB-120mm，【类型标记】输入LB（图3.5-2）。

（4）点击类型参数中【结构】的编辑按钮，在弹出的【编辑部件】对话框中设定结构【厚度】为120，【材质】选择“混凝土，现场浇筑灰色”，点击【确定】（图3.5-3）。

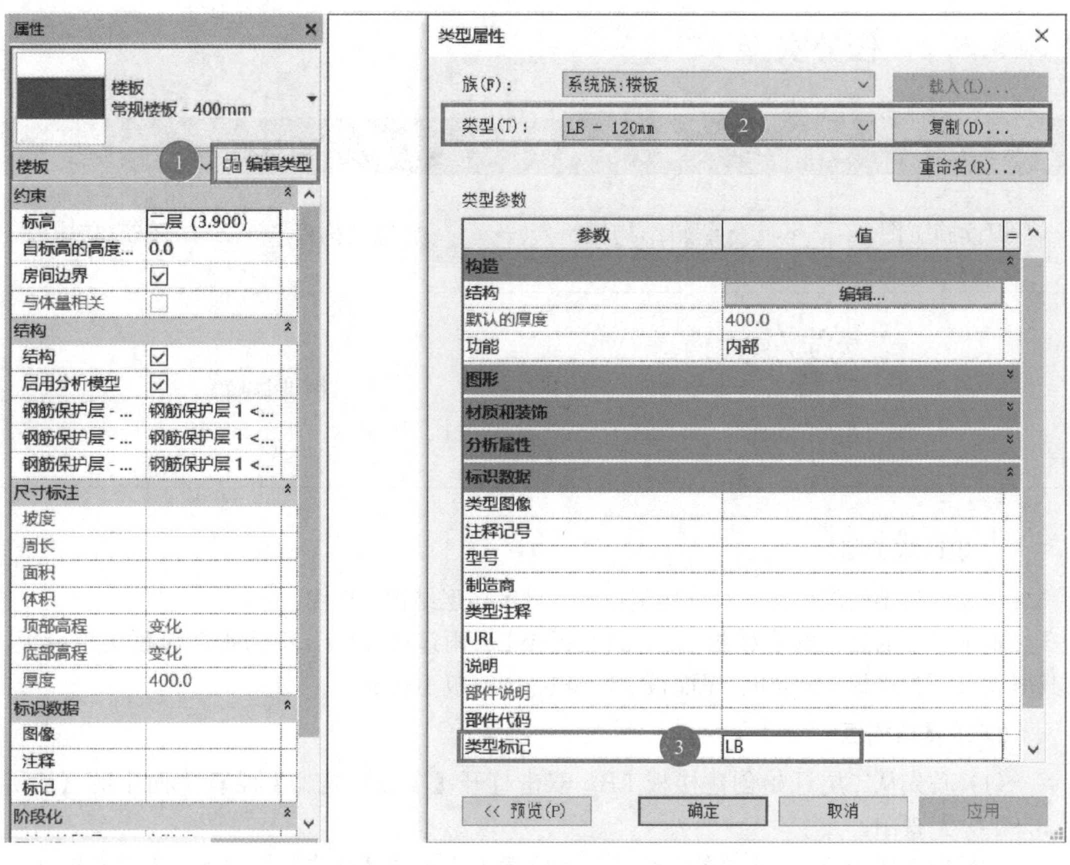
属性
楼板
常规楼板 - 400mm
楼板
编辑类型
约束
标高
二层 (3.900)
自标高的高度...
0.0
房间边界
与体量相关
结构
启用分析模型
钢筋保护层 - ...
钢筋保护层 1 <...
尺寸标注
坡度
周长
面积
体积
顶部高程
变化
底部高程
厚度
400.0
标识数据
图像
注释
标记
阶段化
类型属性
族(F)：
系统族:楼板
载入(L)...
类型(T)：
LB - 120mm
复制(D)...
重命名(R)...
类型参数
参数
值
构造
编辑...
默认的厚度
功能
内部
图形
材质和装饰
分析属性
类型图像
注释记号
型号
制造商
类型注释
URL
说明
部件说明
部件代码
类型标记
LB
<< 预览(P)
确定
取消
应用

图 3.5-2

类型属性
族(F)：
系统族:楼板
载入(L)...
类型(T)：
LB - 120mm
复制(D)...
重命名(R)...
类型参数
参数
值
构造
结构
编辑...
默认的厚度
400.0
功能
内部

图 3.5-3（一）

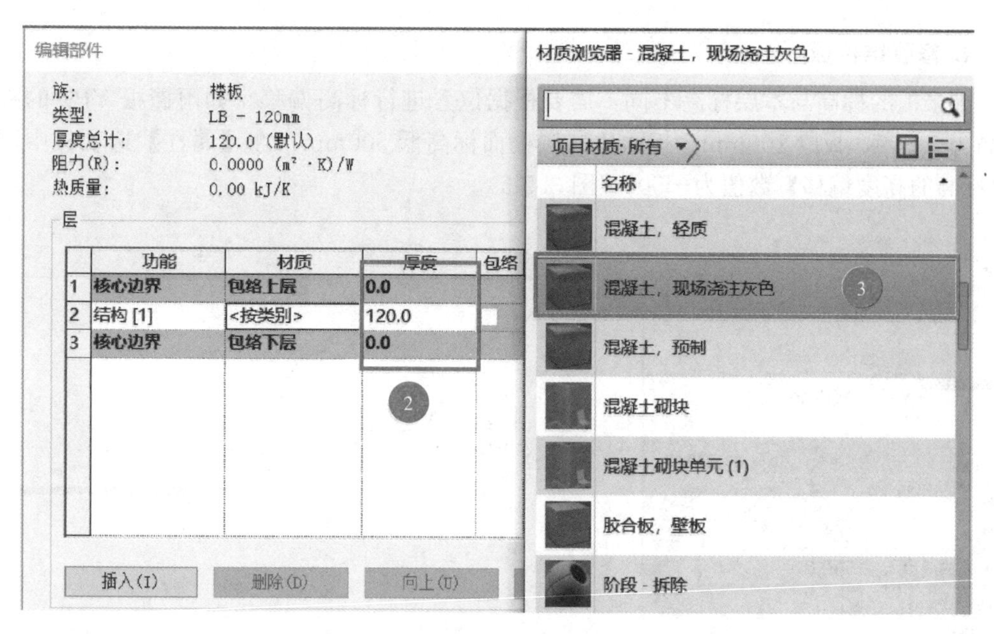

图 3.5-3（二）

3. 放置结构板

编辑好楼板后，在【修改｜创建楼层边界】选项卡，点击【边界线】，在绘图区域沿着轴线或梁绘制一个封闭的楼板边界（图 3.5-4）。最后，点击【√】完成结构板的放置。

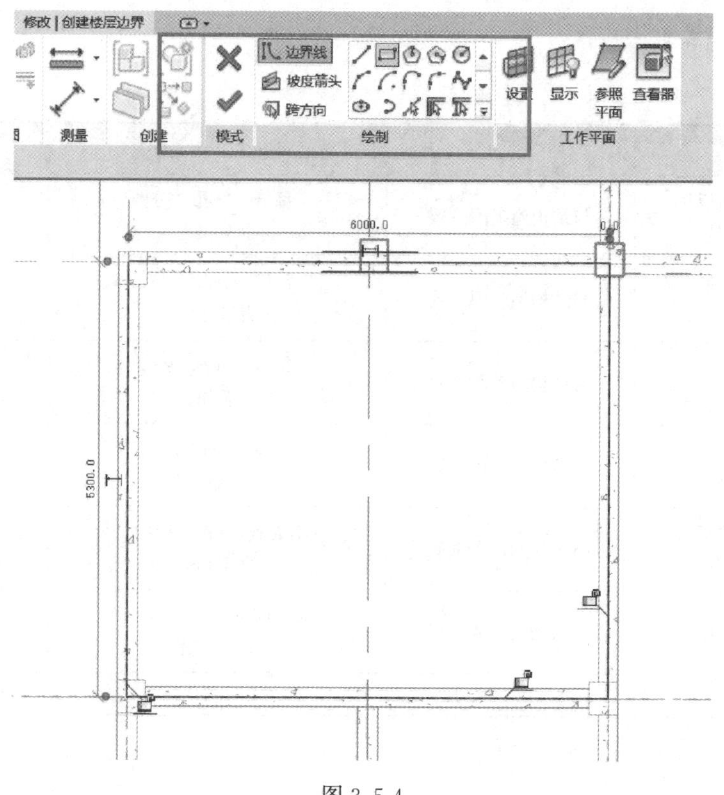

图 3.5-4

4. 修改结构板

如果板的标高与本层标高不同，需要根据位置进行标高偏移。如雨篷板 YPB 的板底标高为 3.300，板厚 100mm，板面比二层楼面标高低 500mm，在【属性】选项板中调整【自标高的高度偏移】数值为－500（图 3.5-5）。

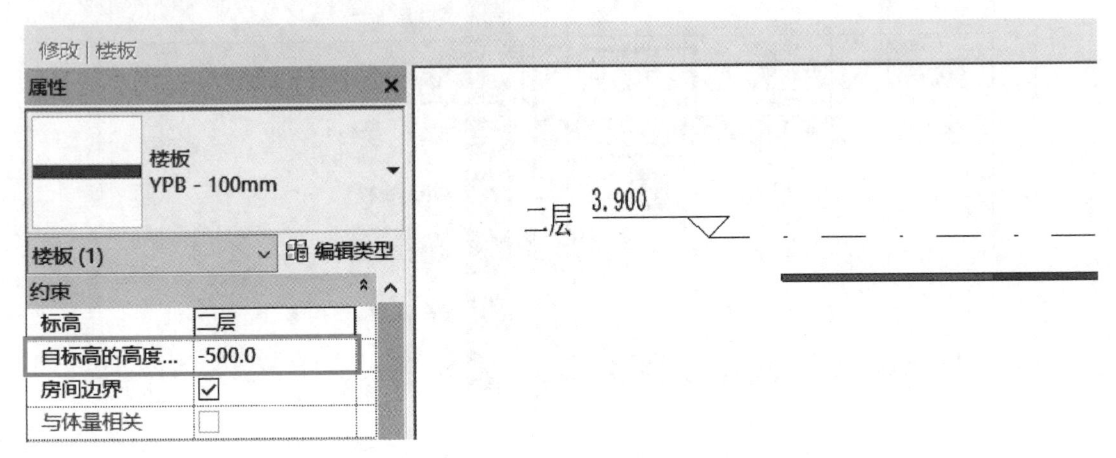

图 3.5-5

5. 重复上述方法，完成其他结构板

其他结构板的创建方法与 LB-120mm 相同，重复上述方法，完成本项目所有结构板。

3.5.3 任务评价

序号	评价内容	评分标准	扣分标准	标准分	得分
1	结构板命名	与结构施工图一致	每错一处扣 3 分，直至扣完	15	
2	结构板形状	与结构施工图一致	每错一处扣 3 分，直至扣完	15	
3	结构板尺寸	与结构施工图一致	每错一处扣 3 分，直至扣完	15	
4	结构板材质	与结构施工图一致	每错一处扣 3 分，直至扣完	15	
5	结构板位置	结构板的位置准确	位置不准确，每错一处扣 2 分，直至扣完	20	
6	完成度	无缺漏或重复布置	每缺漏或重复一处扣 5 分，直至扣完	20	
总分				100	

3.5.4 拓展实训

本任务的拓展实训是以3000～5000m^{2}的多层框架结构建筑为例，选取的案例为某学院食堂，使用Revit 2018软件掌握结构板的创建。拓展实训任务清单如下：

序号	项目	内容	
1	实训概况	(1)总体概述：某学院食堂为钢筋混凝土框架结构，结构板都为现浇钢筋混凝土楼板。根据结构图纸，在已经完成结构基础、柱、梁的模型中按照要求创建结构板。 (2)实训组织：课后独立完成拓展实训。 (3)实训准备：①已学习结构柱的绘制、编辑和修改；②某学院食堂结构图纸，已完成结构基础的某学院食堂模型文件。 (4)实训学时：课后4学时	微课讲解
2	实训目标	掌握结构板的绘制、编辑和修改	
3	成果要求	(1)结构板命名规范	
		(2)结构板形状正确	
		(3)结构板尺寸正确	
		(4)结构板材质正确	
		(5)结构板位置正确	
		(6)结构板无缺漏或重复布置现象	
4	成果范例		

模块 4

BIM 建模-设备

4.1 学习项目介绍

本项目以某学院行政办公楼机电项目这一实际工程项目为载体，引导大家全面学习BIM设备建模。

4.1.1 项目目标

（1）掌握给水排水 BIM 模型的创建。
（2）掌握暖通 BIM 模型的创建。
（3）掌握电气 BIM 模型的创建。

4.1.2 项目要求

序号	任务	要求
1	给水排水 BIM 模型的创建	(1)识读给水排水专业施工图纸。 (2)会设置给水排水系统。 (3)能绘制给水排水管道
2	暖通 BIM 模型的创建	(1)识读暖通专业施工图纸。 (2)会设置暖通系统。 (3)能绘制暖通管道
3	电气 BIM 模型的创建	(1)识读电气专业施工图纸。 (2)会设置电气系统。 (3)能绘制电缆桥架和线管

4.1.3 成果展示

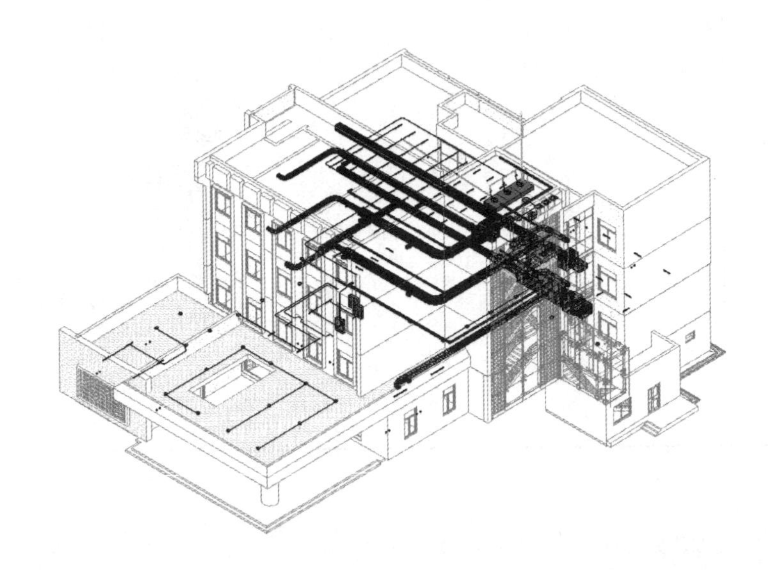

4.2 任务1 给水排水建模

4.2.1 任务描述

本任务是BIM建模-设备模块的第一个任务，以某学院行政办公楼为案例，使用Revit 2018软件学习和掌握给水排水模型的创建。任务清单如下：

序号	项目	内容
1	任务概况	(1)总体概述：建筑给水排水系统是满足人们生活、生产和消防用水以及排水设施的一个总称。根据给水排水施工图纸，按照要求创建给排水模型。 (2)任务组织：课前预习给水排水建模基本操作视频；课中讲解重点及易错点，完成项目给水排水模型搭建；课后发放拓展实训习题。 (3)准备工作：①已掌握给水排水施工图的识读；②某学院行政办公楼给排水施工图；③已完成的某学院行政办公楼建筑模型文件。 (4)参考学时：4学时
2	任务目标	本任务主要掌握给水排水模型的创建
3	成果要求	(1)给水排水系统命名正确
		(2)给水排水管道材质正确
		(3)给水排水管道连接设置正确
		(4)给水排水附件、洁具选择正确
		(5)给水排水系统位置正确
		(6)给水排水系统无缺漏或重复布置现象

续表

序号	项目	内容
4	成果范例	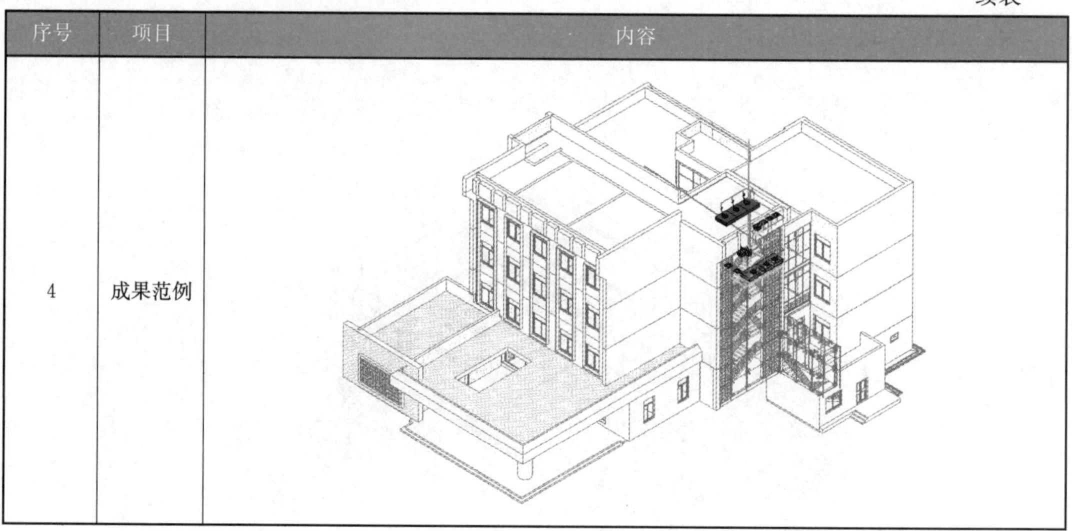

4.2.2 任务实操

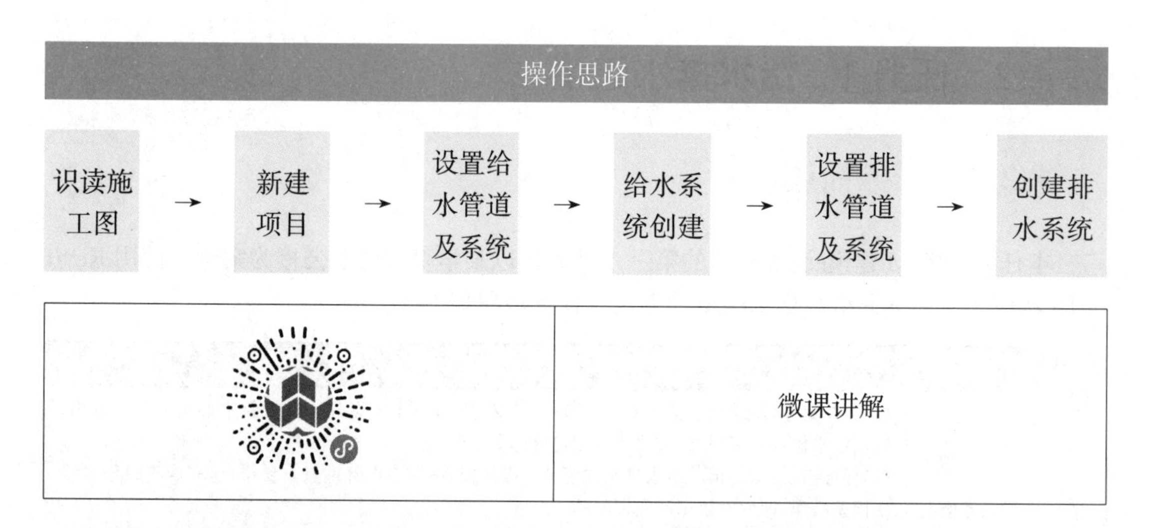

1. 识读施工图

识读项目给水排水施工图（图 4.2-1），熟悉给排水系统布置。

本项目给水排水施工图中，用绿色实线表示给水管道，黄色虚线表示排水管道。管道附件与卫生洁具用图例表示，表 4.2-1 中列出了给水排水施工图的常用图例。

给水排水施工图常用图例　　表 4.2-1

名称	图例	名称	图例
生活给水管	—— J ——	检查口	├
生活污水管	—— SW ——	清扫口	—◎（〒）

续表

名称	图例	名称	图例
通气管	—— T ——	地漏	—◎（Y）
雨水管	—— Y ——	浴盆	
水表		洗脸盆	
截止阀		蹲式大便器	
闸阀		坐式大便器	
止回阀		洗涤池	
蝶阀		立式小便器	
自闭冲洗阀		室外水表井	
雨水口		矩形化粪池	
存水弯		圆形化粪池	
消火栓		阀门井（检查井）	

注：表中括号内为系统图图例。

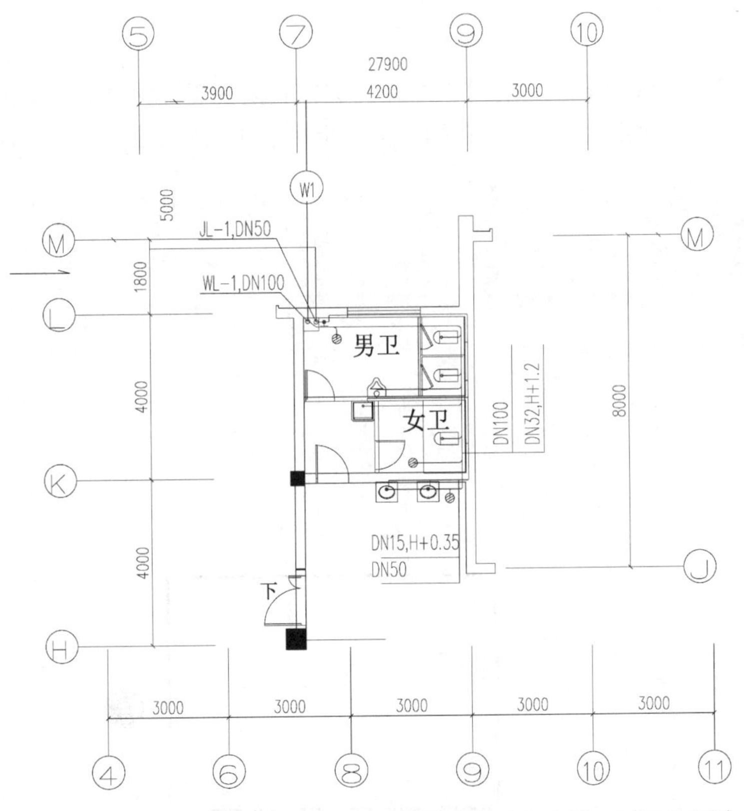

某学院行政办公楼一层卫生间给水排水平面图

图 4.2-1

2. 新建项目

(1) 创建项目文件

打开 Revit 软件，单击【新建项目】，选择【机械样板】，点击【确定】(图 4.2-2)。

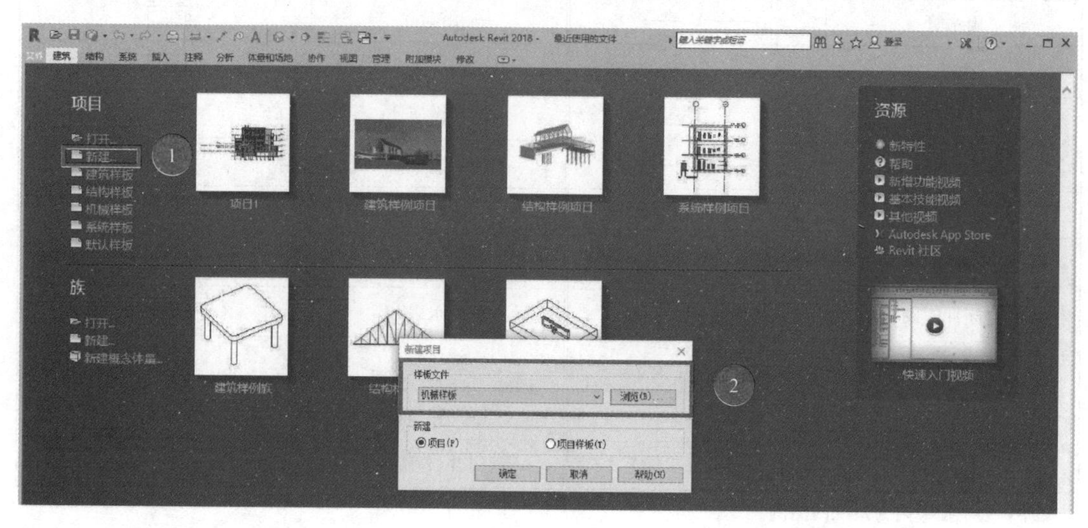

图 4.2-2

(2) 插入模型

展开【项目浏览器】中的视图，双击【南立面】进入立面视图，用鼠标框选标高 1 和标高 2，按键盘 “Delete” 键删除，在弹出的警告对话框中点击【确定】(图 4.2-3)。

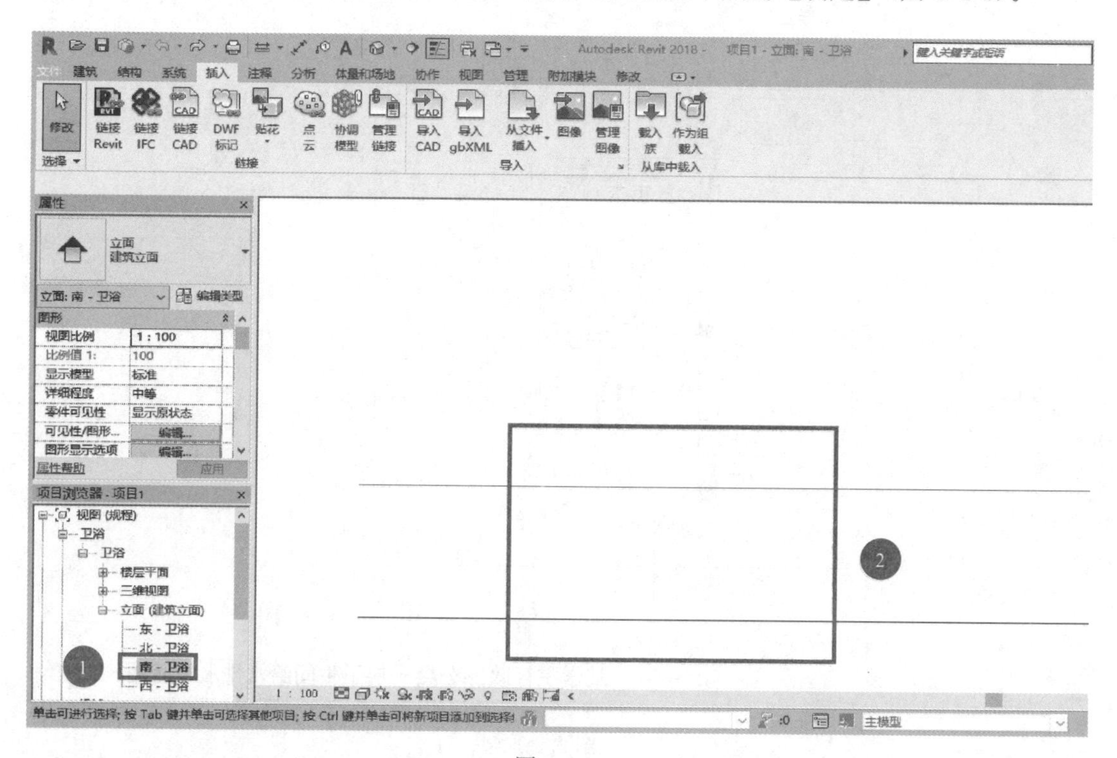

图 4.2-3

单击【插入】选项卡，单击【链接 Revit】（图 4.2-4）。在自动弹出的“导入/链接 RVT”对话框中找到“某学院行政办公楼-建筑”模型，【定位】选择“自动-原点到原点”，单击【打开】(图 4.2-5)。

图 4.2-4

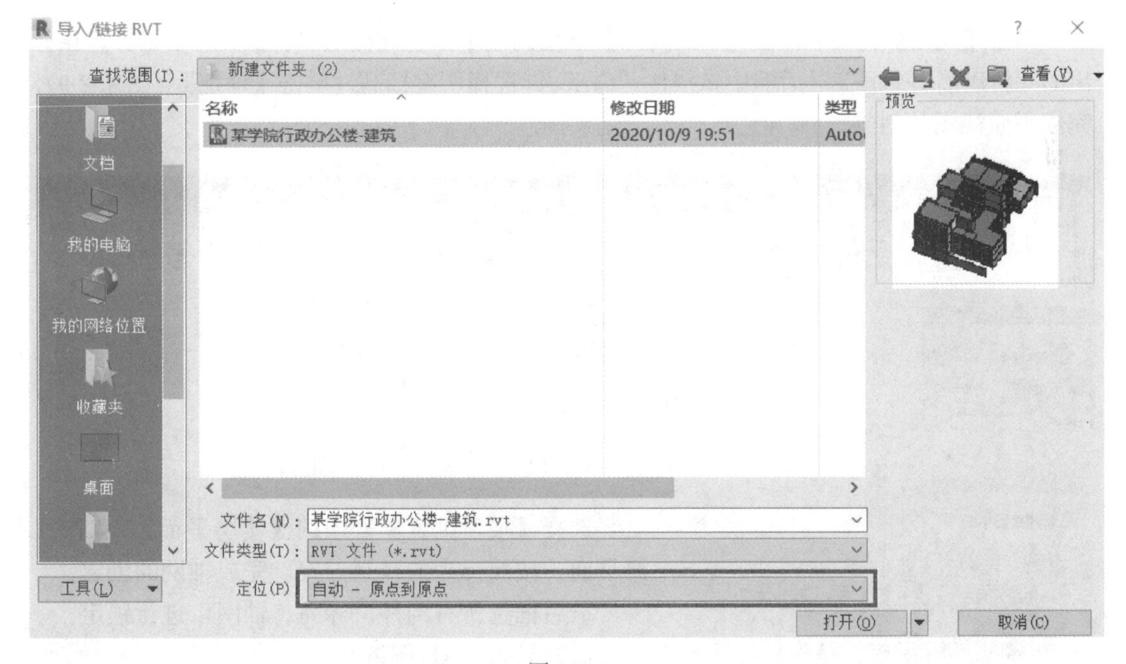

图 4.2-5

（3）复制标高、轴网

单击【协作】选项卡，在【复制/监视】下拉列表单击【选择链接】，单击选中刚才导入的链接文件（图 4.2-6）。

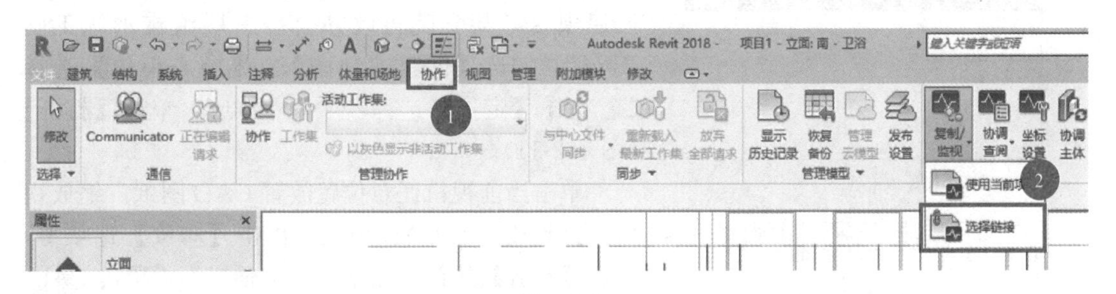

图 4.2-6

在【复制、监视】工具选项卡中，单击【复制】，勾选【多个】。在当前视口框选所有构件，单击【过滤器图标】，在弹出的过滤器选项卡中只勾选【标高】，点击【确定】。单击【多个】旁的【完成】按钮。再次单击【复制、监视】工具选项卡，点击【完成】，完成标高的复制（图 4.2-7）。

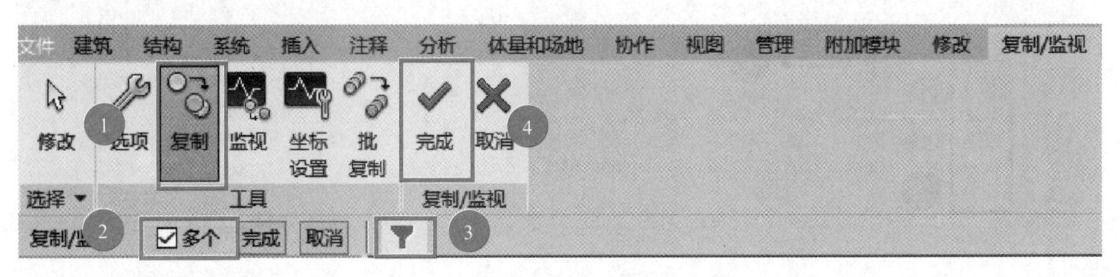

图 4.2-7

单击【视图】选项卡，在【平面视图】下拉列表中单击【楼层平面】（图 4.2-8），在弹出的“新建楼层平面”对话框中，按住“Ctrl”键选择所有标高，单击【确定】（图 4.2-9），完成平面视图的创建。

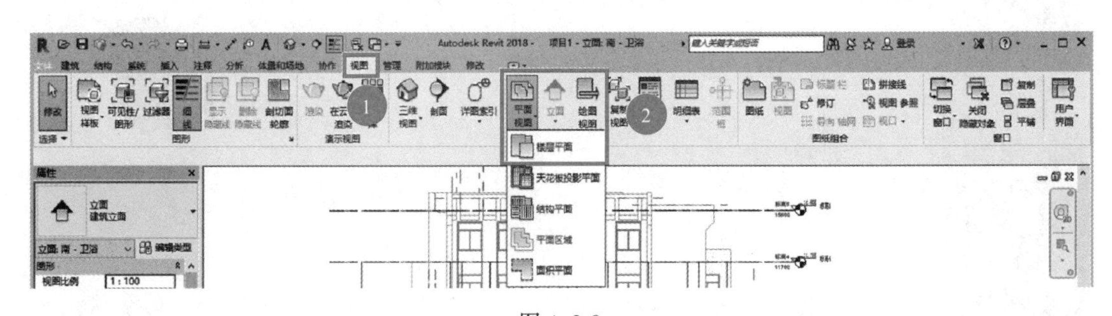

图 4.2-8

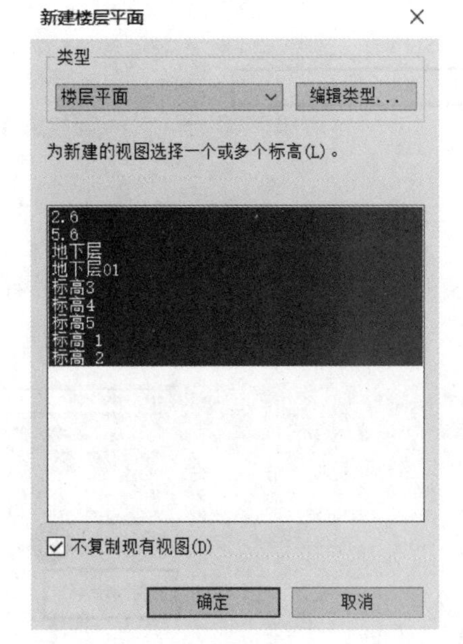

图 4.2-9

选择【项目浏览器】中的【楼层平面】，双击任意平面，按照标高的复制方式，完成轴网的创建。

最后框选所有构件、标高、轴网，进行锁定。

（4）导入 CAD 图纸

选择【项目浏览器】中的【楼层平面】，双击【标高 1】平面，单击【插入】选项卡，单击【链接 CAD】（图 4.2-10）。

在自动弹出的【链接 CAD 格式】对话框中找到已建项目“某学院行政办公楼一层给排水施工图.dwg”，勾选【仅当前视图】，【导入单位】选择“毫米”，【定位】选择“手动-原点”，单击【打开】（图 4.2-11）。

单击当前视口任意位置放置 CAD 图纸。缩放视口，找到放置的 CAD 图纸，单击【修改】选项卡，单击【对齐】按钮，先单击一个轴线，再单击 CAD

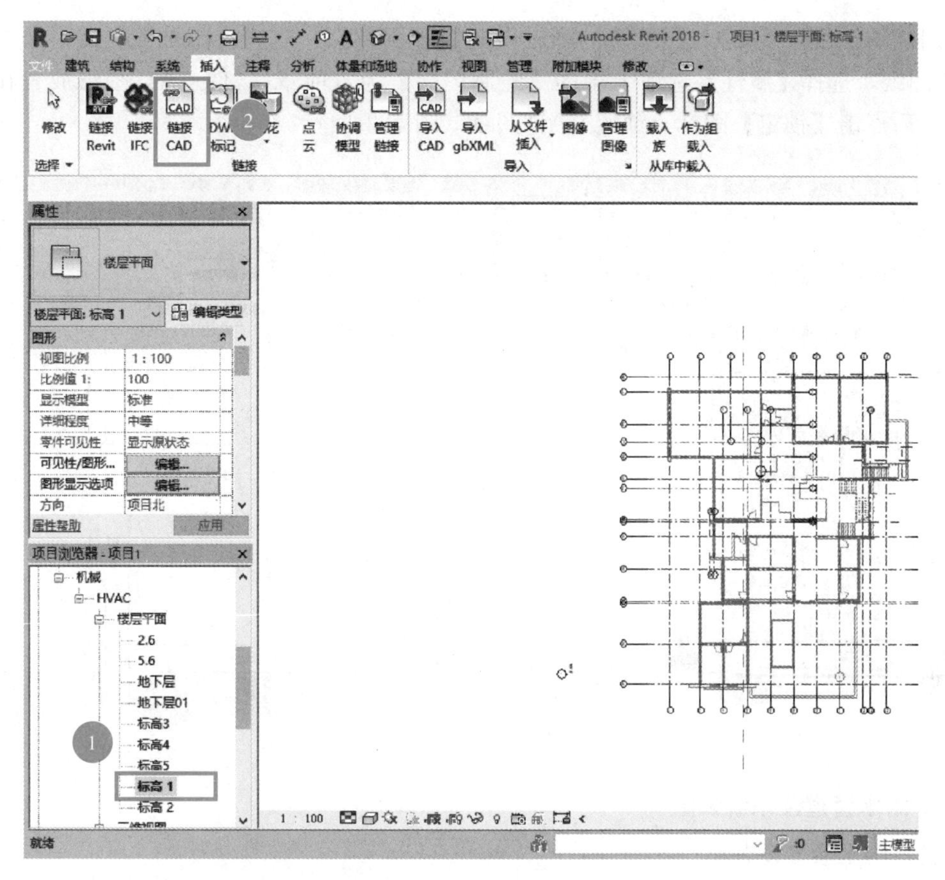
插入
链接 Revit
链接 IFC
链接 CAD
点云
协调模型
管理链接
导入 CAD
导入 gbXML
从文件插入
图像
管理图像
载入族
作为组载入
链接
导入
从库中载入
属性
楼层平面
楼层平面: 标高 1
编辑类型
视图比例
1 : 100
比例值 1:
100
显示模型
标准
详细程度
中等
零件可见性
显示原状态
可见性/图形...
图形显示选项
编辑...
方向
项目北
属性帮助
应用
项目浏览器 - 项目1
机械
HVAC
楼层平面
2.6
5.6
地下层
地下层01
标高3
标高4
标高5
标高 1
标高 2
就绪
1
2

图 4.2-10

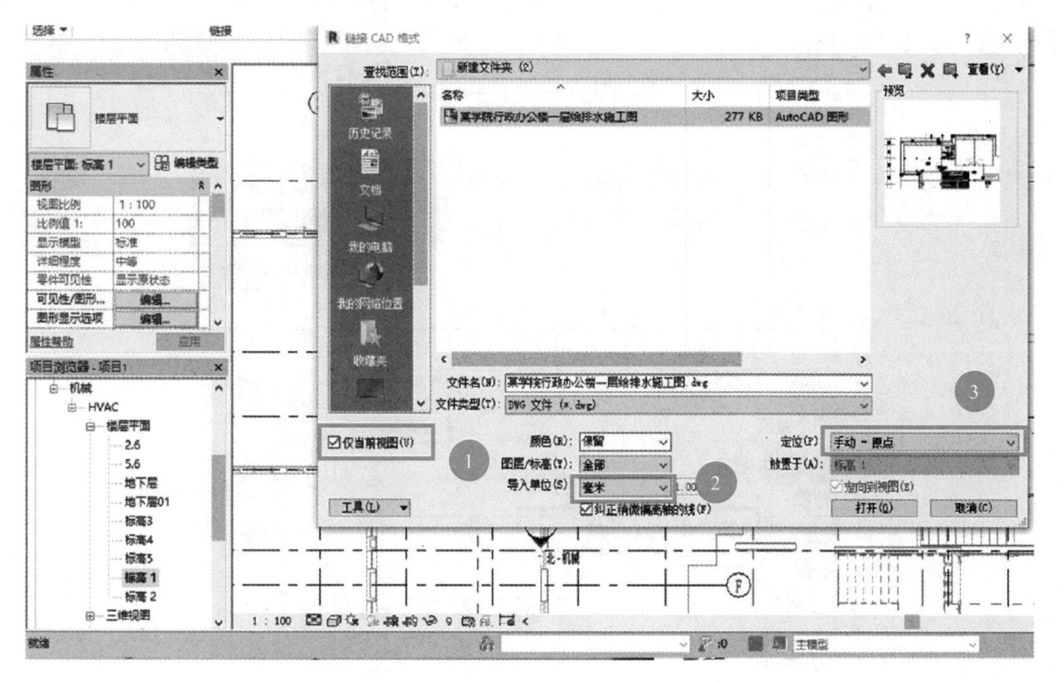
链接 CAD 格式
查找范围(I):
新建文件夹 (2)
名称
大小
项目类型
277 KB
AutoCAD 图形
历史记录
文档
我的电脑
我的网络位置
收藏夹
预览
文件名(N):
文件类型(T):
DWG 文件 (*.dwg)
仅当前视图(U)
颜色(R):
保留
图层/标高(Y):
全部
导入单位(S):
毫米
纠正稍微偏离轴的线(F)
定位(P):
手动 - 原点
放置于(A):
标高 1
打开(O)
取消(C)
工具(L)
1
2
3

图 4.2-11

图中对应的轴线，使 CAD 图纸中的横轴网与纵轴网都一一对齐视图轴网。然后单击选择 CAD 图纸，选择【属性】选项卡中的【绘制图层】为“前景”，使 CAD 图纸放置在最上层。最后点击【锁定】图标，锁定 CAD 图纸（图 4.2-12）。

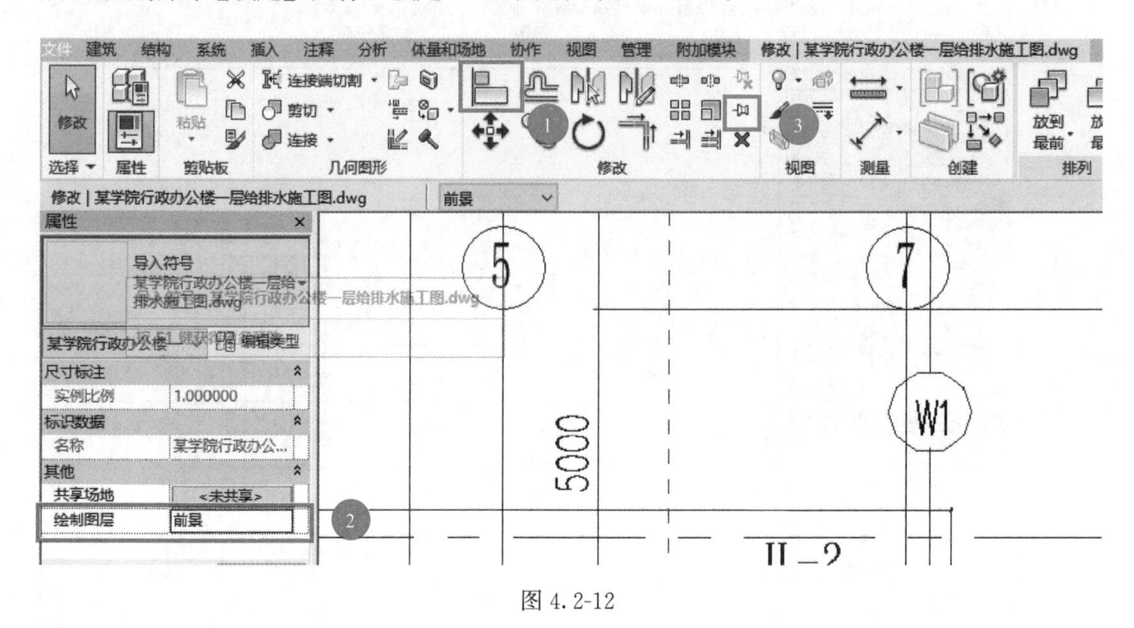

图 4.2-12

3. 给水管道及系统设置

（1）给水系统设置

展开【项目浏览器】，依次找到【族】>【管道系统】>【管道系统】。双击【家用冷水】，进入“类型属性”选项栏，点击【复制】并重命名系统类型为“给水系统”，点击【确定】（图 4.2-13）。

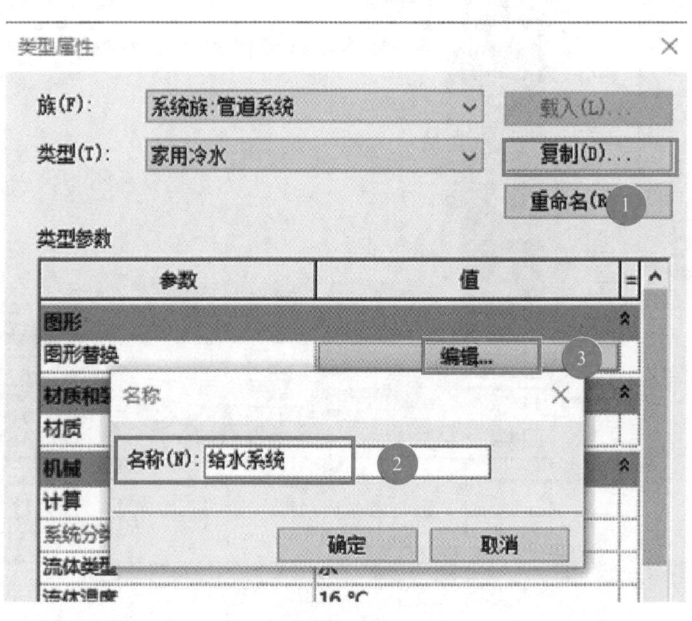

图 4.2-13

单击【图形替换】中【编辑】进入线图形选项栏，根据施工图的颜色设定，【颜色】选择“绿色”，【填充图案】选择“实线”，点击【确定】(图 4.2-14)。

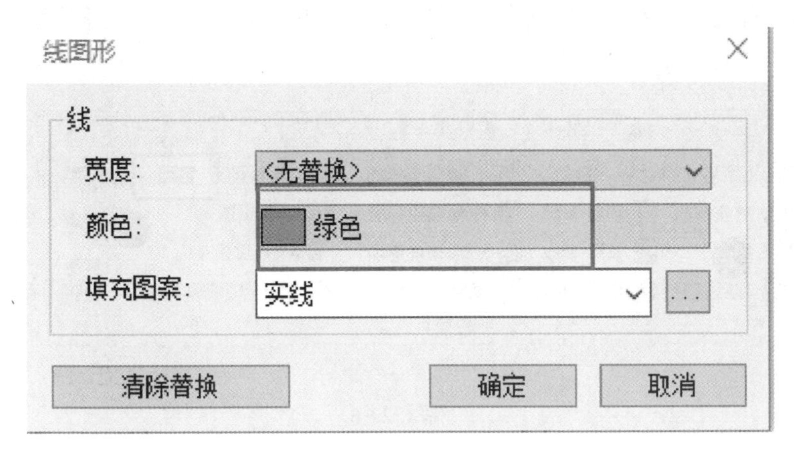

图 4.2-14

回到【类型属性】选项卡，单击【材质】中“按类别”右边的省略号，进入材料浏览器选项卡，新建材质，重命名为“给水系统颜色”，在【图形】中【着色】，把颜色改为与线图形一致的颜色，单击【确定】，完成系统材质颜色赋予（图 4.2-15)。回到【类型属性】选项卡，点击【确定】，完成给水系统的创建。

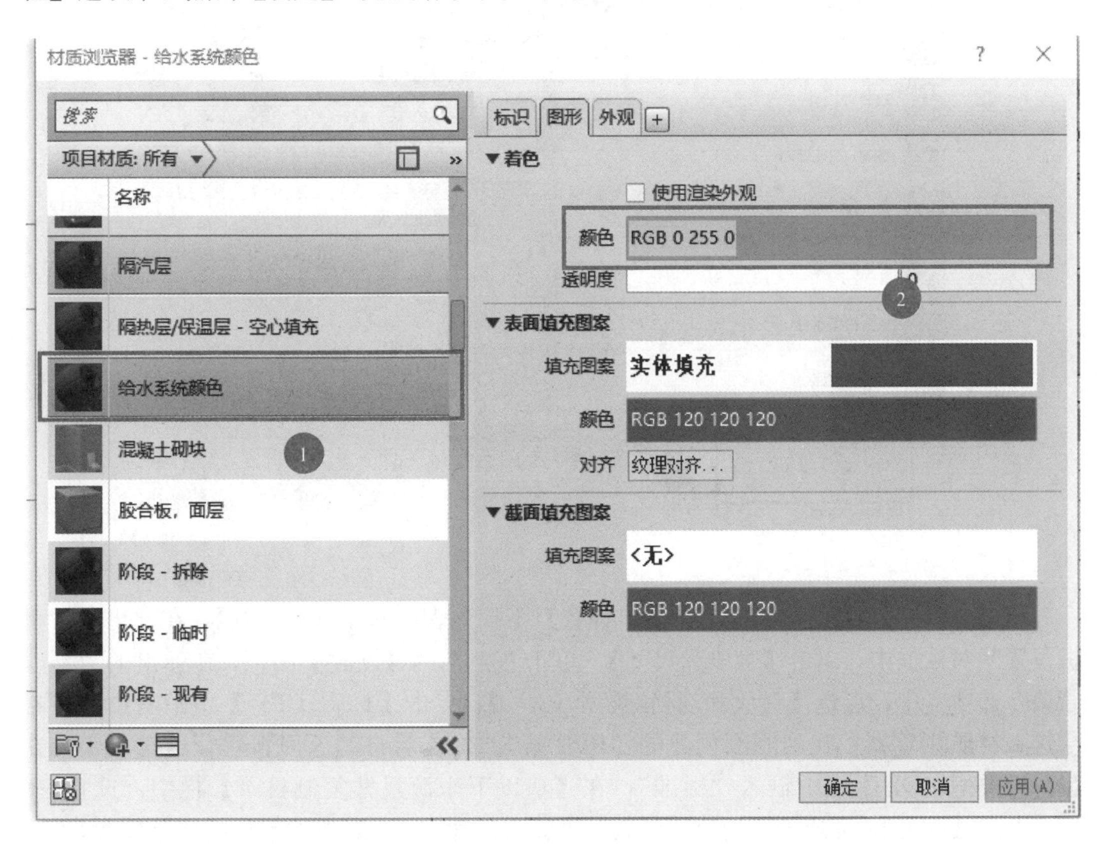

图 4.2-15

(2) 给水材质及管段设置

单击【管理】选项卡，单击【材质】，进入“材质浏览器”选项卡（图 4.2-16），点击【新建材质】，右键重命名为“PPR 管”，创建完成后单击右下角【确定】，完成管道材质的创建（图 4.2-17）。

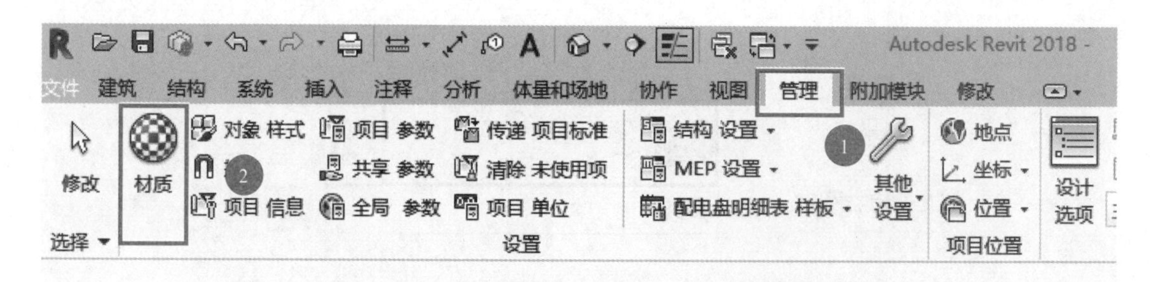

图 4.2-16

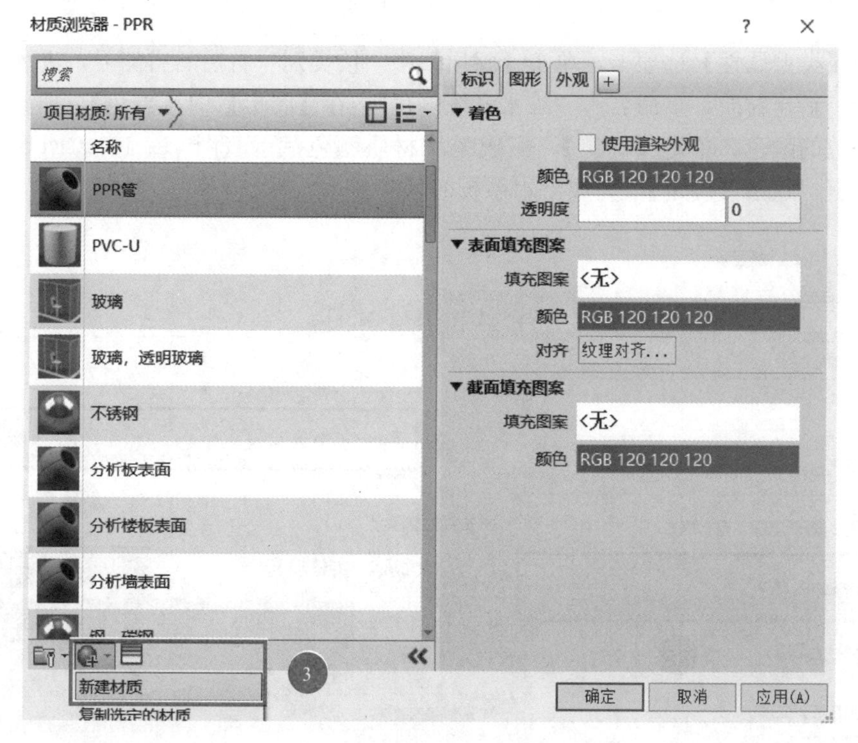

图 4.2-17

单击【管理】选项卡，单击【MEP 设置】下拉列表中的【机械设置】，在弹出的“机械设置”对话框中，单击【管段和尺寸】，单击右上角的【新建】图标，在弹出的“新建管道”选项卡中，点选【材质和规格/类型（A）】，点击【材质（T）】中最右边的省略号进入材质浏览器，找到刚刚创建的“PPR 管”，确定后自动返回新建管道选项卡，在【规格/类型（D）】栏中输入“标准”，在【从以下来源尺寸复制目录】栏中，选择 PE 管，点击【确定】，完成管段创建。可通过【管道尺寸（A）】下的新建或删除管段尺寸。

最后单击点击【确定】，完成管段尺寸的创建（图4.2-18）。

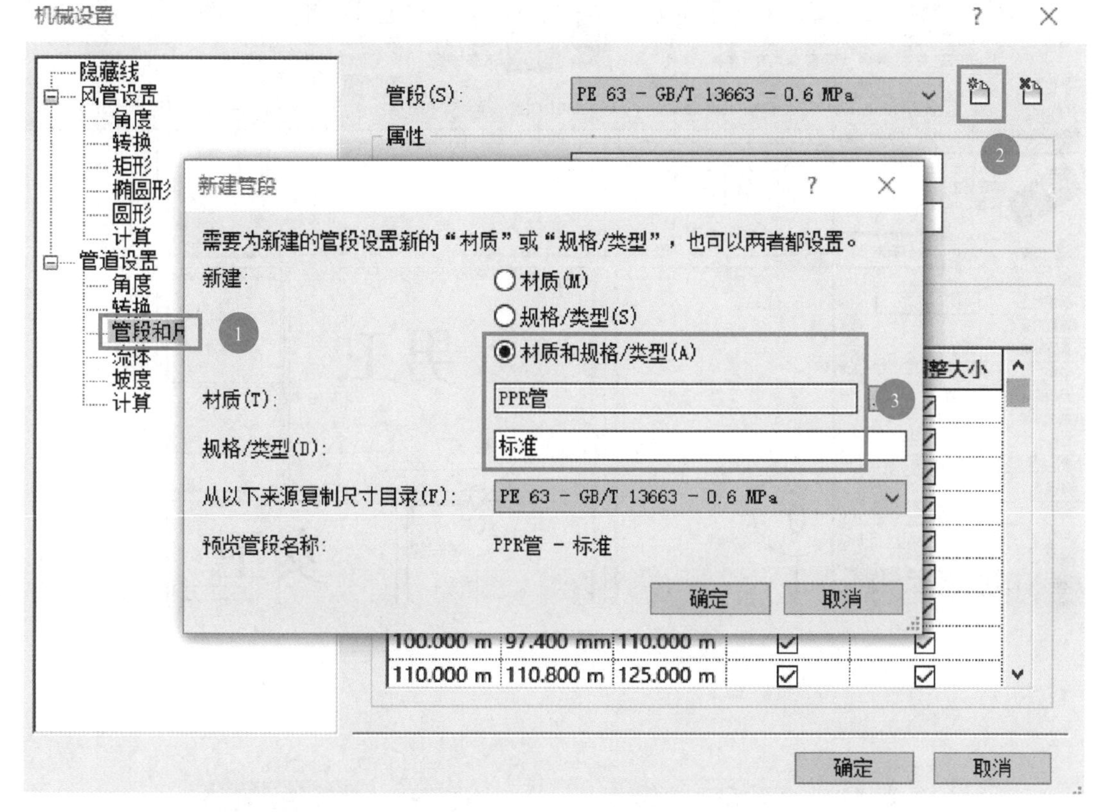

图4.2-18

4. 给水系统创建

（1）设置给水管道及连接件

单击【系统】选项卡，单击【管道】。在【属性】选项卡中单击【编辑类型】，进入"类型属性"选项栏（图4.2-19）。

点击【复制】并重命名类型名称为"给水管道"，单击【布管系统配置】中【编辑】（图4.2-20）。

在弹出的【布管系统配置】对话框中点击【载入族（L）】（图4.2-21），载入族库中的热熔管件（图4.2-22）。

根据本项目的管道连接件进行布管系统的配置（图4.2-23），构件管段选择"PPR-标准"，连接件选择热熔连接的管件。

（2）绘制给水管道

在当前视图下，在【属性】选项卡中【水平对正】选择"中心"，【垂直对正】选择"中"，【系统类型】选择"给水系统"（图4.2-24）。在修改放置管道选项卡中【放置工具】选择"自动连接"，【带坡度管道】选择"禁用坡度"。根据施工图纸的要求，【直径】的下拉列表中选择所需管道直径，【偏移量】输入标高数值。在绘图区域内，沿CAD图纸中给水管道位置以及高度的布置，单击鼠标开始绘制横管。

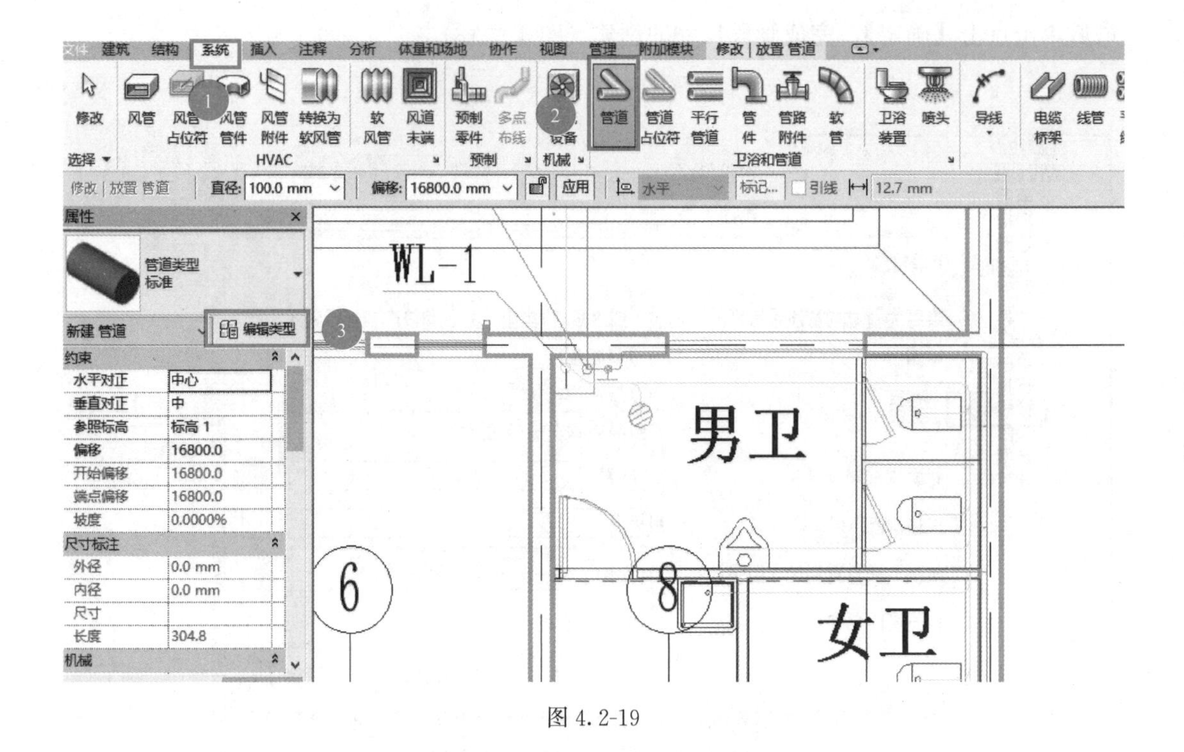

图 4.2-19

类型属性

族(F): 系统族：管道类型 载入(L)...

类型(T): 默认 复制(D)...

重命名(R)...

类型参数

参数	值
管段和管件	
布管系统配置	编辑...
标识数据	
类型图像	
注释记号	
型号	
制造商	
类型注释	
URL	
说明	
部件说明	
部件代码	
类型标记	

名称

名称(N): 给水管道

确定 取消

1 2 3

图 4.2-20

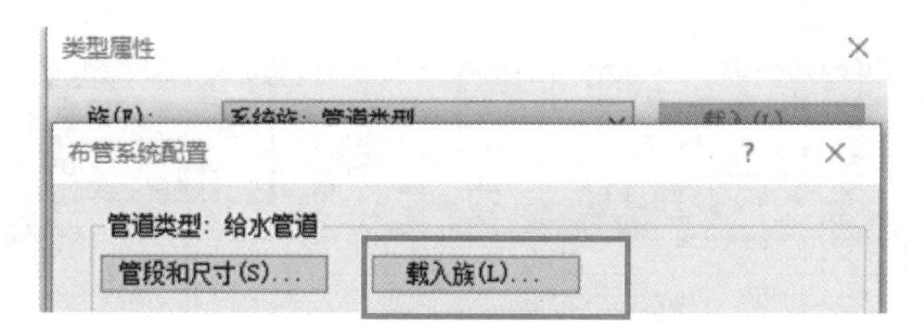

图 4.2-21

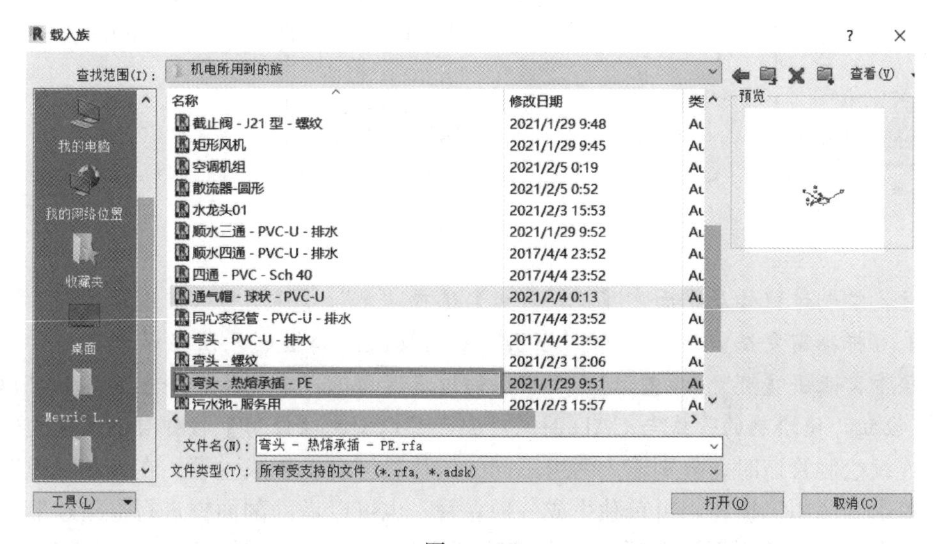

图 4.2-22

构件	最小尺寸	最大尺寸
PPR - 标准	15.000	300.000
弯头		
弯头 - 热熔承插 - PE：标准	全部	
首选连接类型		
T 形三通	全部	
连接		
T 形三通 - 热熔承插 - PE：标	全部	
四通		
无	无	
过渡件		
变径管 - 热熔承插 - PE：标准	全部	

图 4.2-23

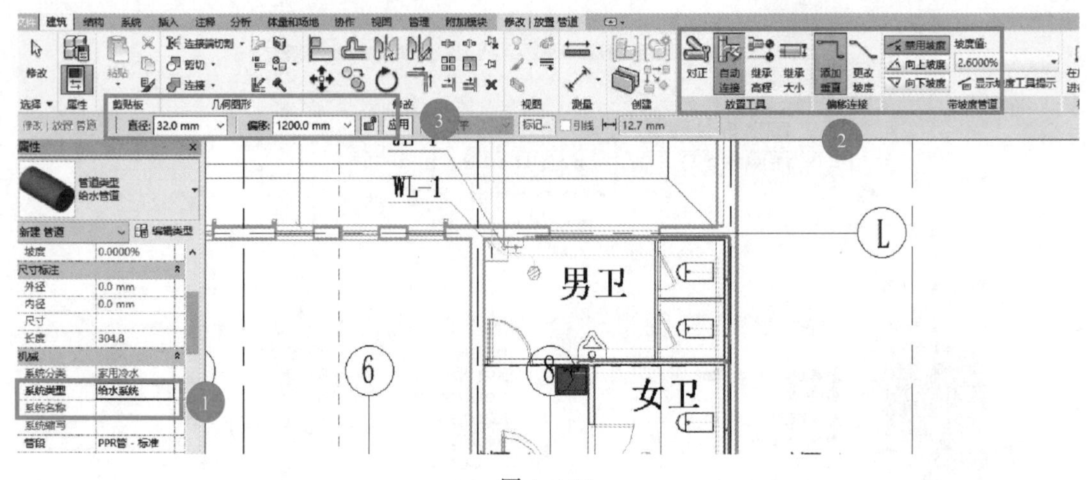

图 4.2-24

注意：绘制过程楼层平面中【视图样板】选择“无”，【视图样板】选择“精细”，【视觉样式】可根据需要在“线框”和“着色”之间切换。如绘制无法显示管道，需在【视图】选项卡，点击【可见性/图形】，将默认的过滤器勾选或者删除。绘制管道时可以利用【对齐】按钮，使绘制的管线与 CAD 图纸对齐，可以利用【修剪】按钮自动连接支管。

在连续绘制管道时，分别输入两组不同的偏移量可自动生成立管。在偏移量重新输入数值后单击“应用”按钮，可单独生成一根立管。也可以借助剖面框进行立管绘制。进入视图选项卡，点击【剖面】选项，在绘图区域单击鼠标拖拽出剖面框（图 4.2-25）。选择剖面框，单击鼠标右键选择“转到视图”选项，可弹出剖面视图，上下绘制给水立管。

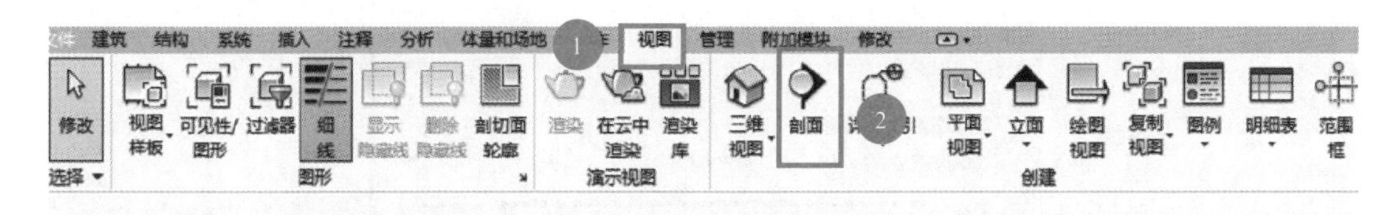

图 4.2-25

（3）放置给水附件

单击【系统】选项卡，单击【管道附件】，在【属性】选项卡中选择需要的管路附件，放置在绘图区域所需的管道上。假如当前项目中没有所需要的管路附件，可以在【修改放置管道附件】中单击载入族按钮，或者在【属性】选项卡中选择编辑类型选项，进入类型属性对话框，单击载入按钮载入所需的族文件。在【属性】选项卡下拉列表中选择截止阀放置到管道适当位置（图 4.2-26）。

（4）放置并连接卫浴装置

单击【系统】选项卡，单击【卫浴装置】（图 4.2-27），在弹出的对话框中选择“是”，在族库中选择“机电”“卫生器具”，载入大便器、小便器、洗脸盆。在【属性】选项卡中选择刚载入的卫生器具，按照 CAD 图中布置将它们放置好。注意系统自带的卫生设备大部分需要基于主体（墙、柱等）放置。

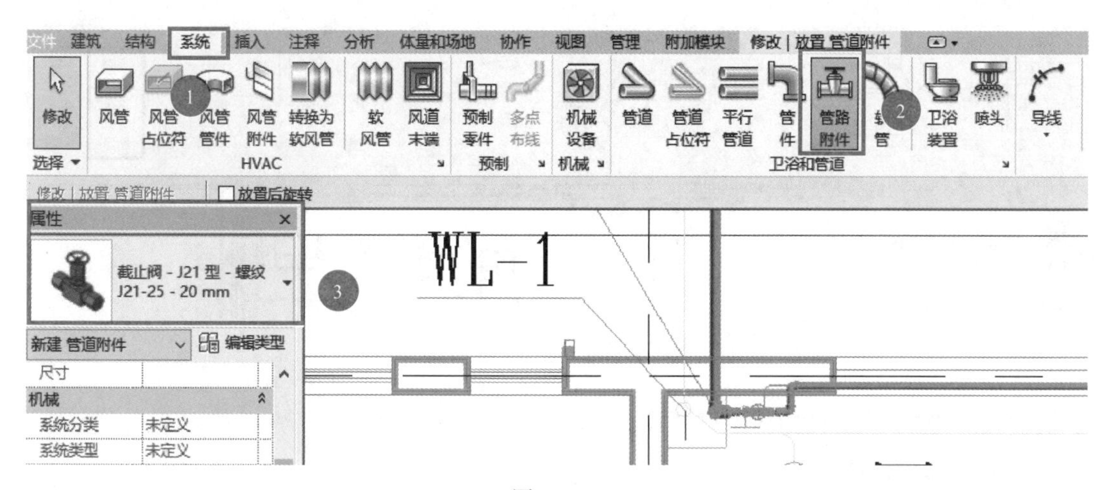

图 4.2-26

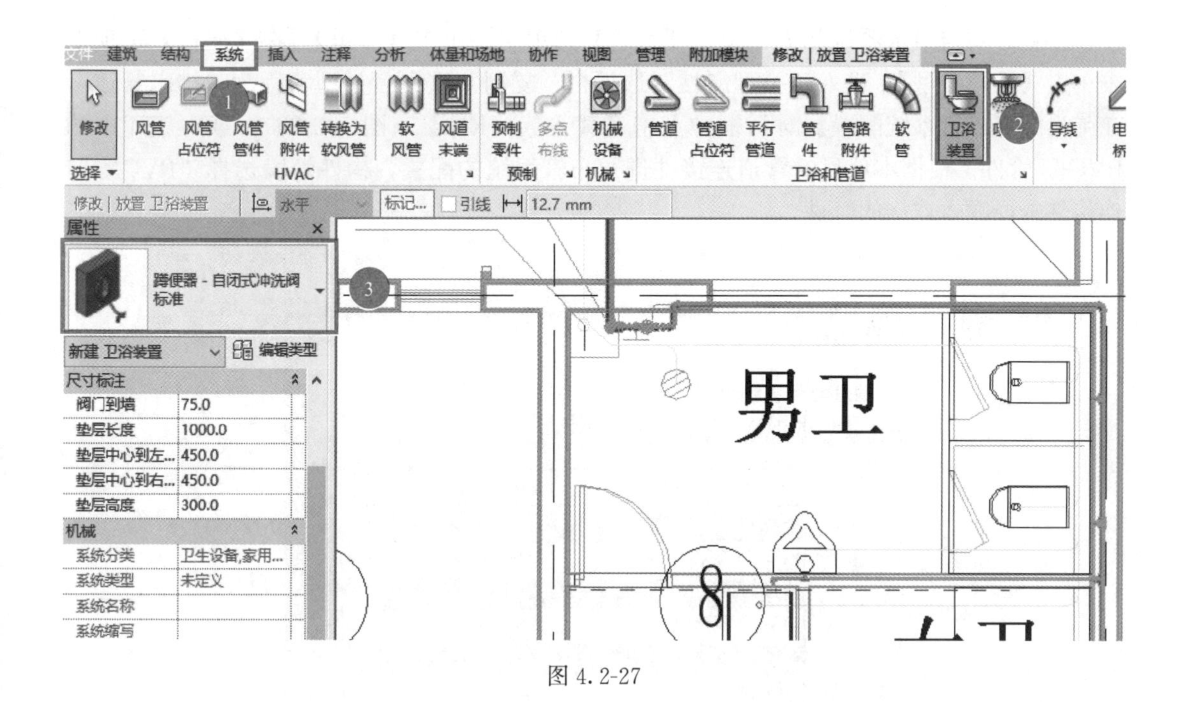

图 4.2-27

卫生器具放置好后，选择卫生器具，在【修改 | 卫浴装置】选项卡中点击【连接到】选项，再单击需要连接的管道，可自动生成管道与卫生洁具的连接（图 4.2-28）。也可选择卫生洁具，在洁具的连接件上单击鼠标右键绘制支管，与横管连接。

5. 排水管道及系统设置

（1）排水系统设置

排水系统设置与给水系统设置方式相同，复制并重命名系统类型为“排水系统”，根据施工图的颜色设定，【颜色】选择黄色。

（2）排水材质及管段设置

Revit 2018 默认自带 PVC-U 材质及管段。如没有 PVC-U 材质及管段，则参照给水材

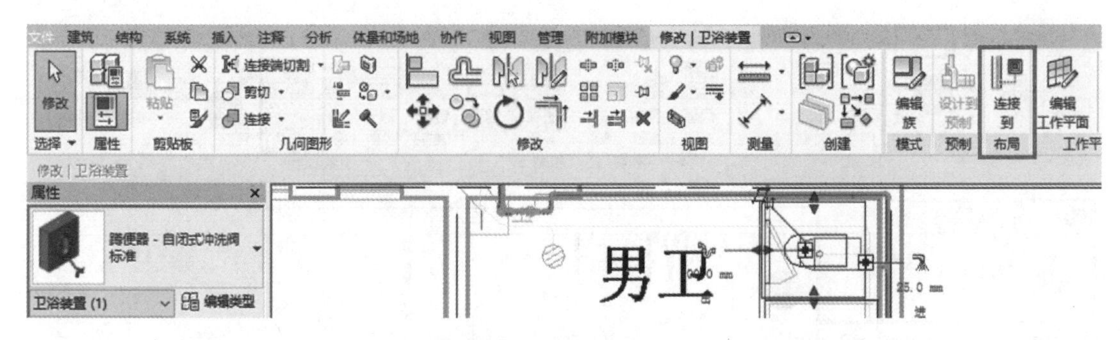

图 4.2-28

质及管段设置方式，新建 PVC-U 材质及管段。

6. 排水系统创建

（1）设置排水管道及连接件

设置方式与给水系统相同，单击【系统】选项卡，单击【管道】。在【属性】选项卡中单击【编辑类型】，进入“类型属性”选项栏。复制并重命名类型名称为“排水管道”，在弹出的【布管系统配置】对话框中点击【载入族（L）】（图 4.2-29），载入族库中的 PVC-U 管件。根据本项目的管道连接件进行布管系统的配置，构件管段选择“PVC-U”，连接件选择顺水连接的管件。

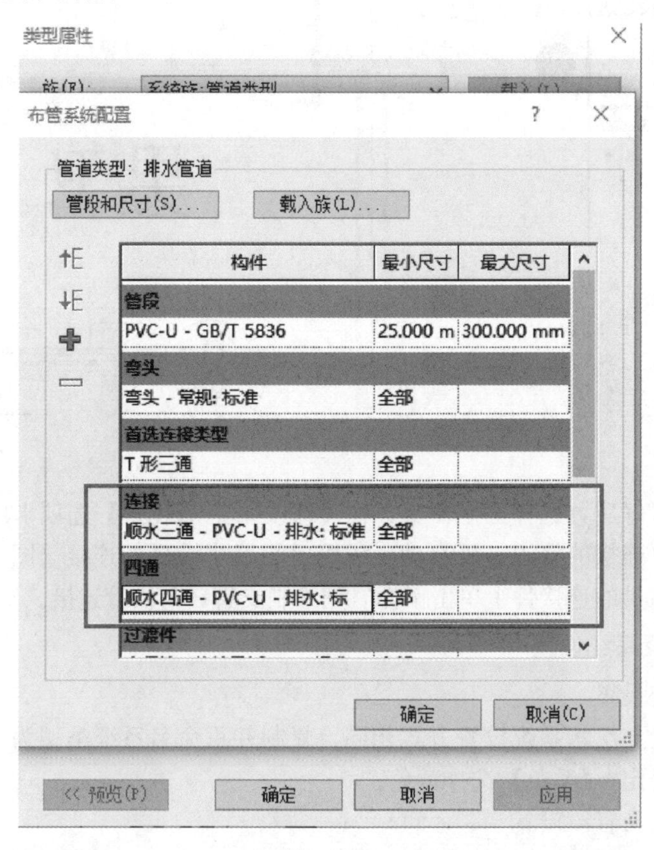

图 4.2-29

（2）绘制排水管道

排水管道属于带坡度管道，在绘制过程中，【系统类型】选择“排水系统”，【带坡度管道】选择“向下坡度”。根据施工图纸的要求，【直径】的下拉列表中选择所需管道直径，【偏移量】输入标高数值（图 4.2-30）。在绘图区域内，沿 CAD 图纸中排水管道位置以及高度的布置，单击鼠标从排水起点开始绘制横管。

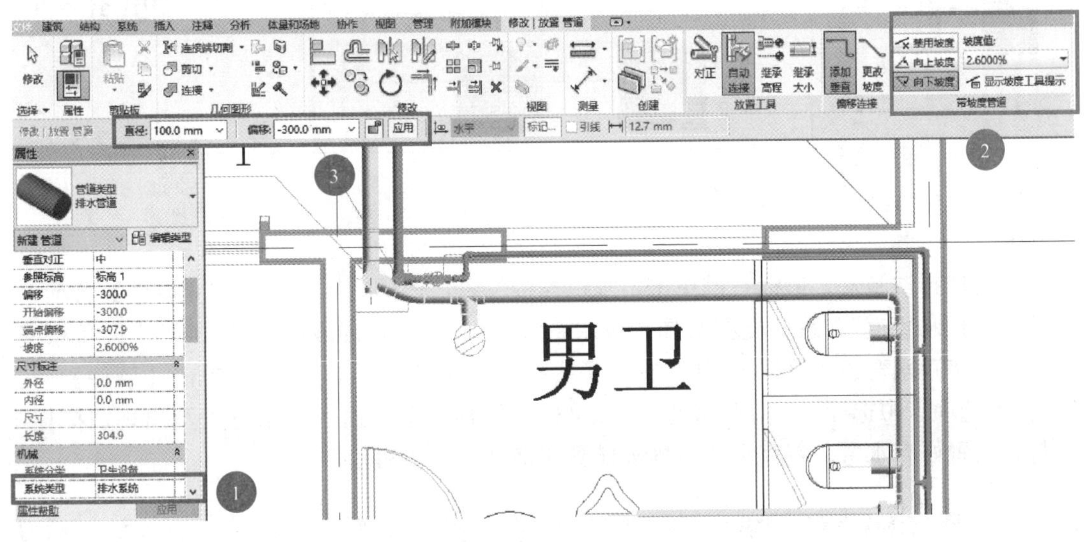

图 4.2-30

注意：由于排水管道敷设在楼板层之下，绘制过程楼层平面中【视图范围】主要范围底部和视图深度应设置负偏移数值，才能在该楼层平面显示排水横管（图 4.2-31）。

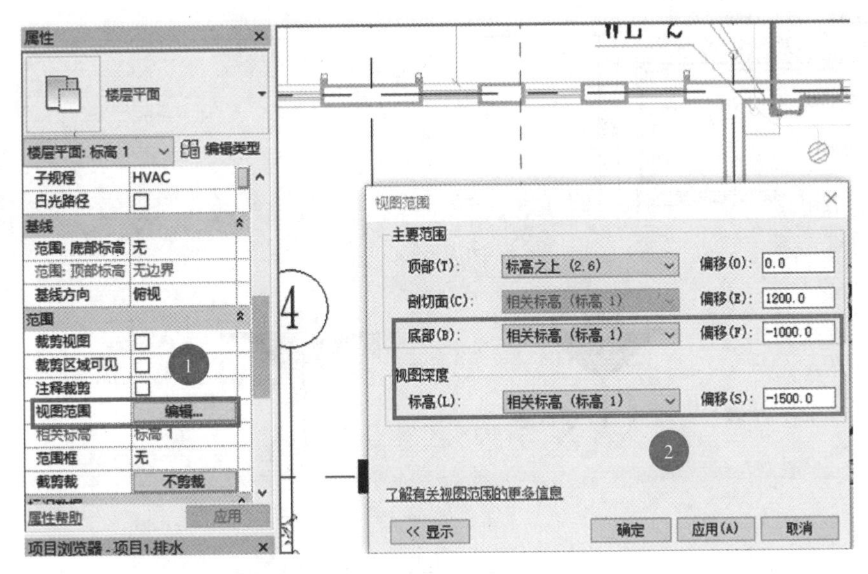

图 4.2-31

（3）放置排水附件并连接卫浴装置

单击【视图】选项卡，点击【剖面】选项，在绘图区域单击鼠标拖拽出剖面框。选择剖面框，单击鼠标右键选择【转到视图】选项，可弹出剖面视图。当前视图详细程度为粗略，可根据自己的实际情况对详细程度和视觉样式进行调整（图 4.2-32）。

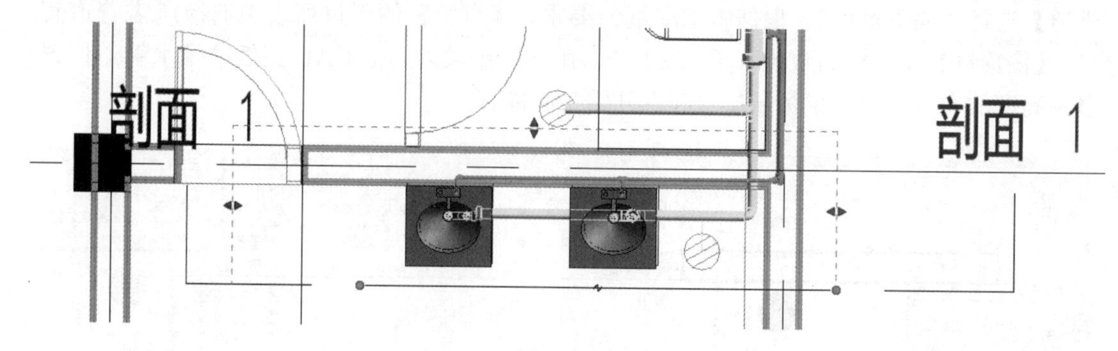

图 4.2-32

单击选择洗脸盆，鼠标右键单击出水口连接位置，选择绘制管道，在【属性】选项卡中选择“排水管道”，系统类型选择“排水系统”，选择“禁用坡度”，绘制一小段排水竖直管道。将存水弯载入到项目中，单击【系统】选项卡（图 4.2-33），单击【管件】，在【属性】选项卡中选择“S 型存水弯”，将鼠标指针移动至管道底部附近直至出现“捕捉”光标，放置好存水弯，将存水弯与排水横管连接（图 4.2-34）。

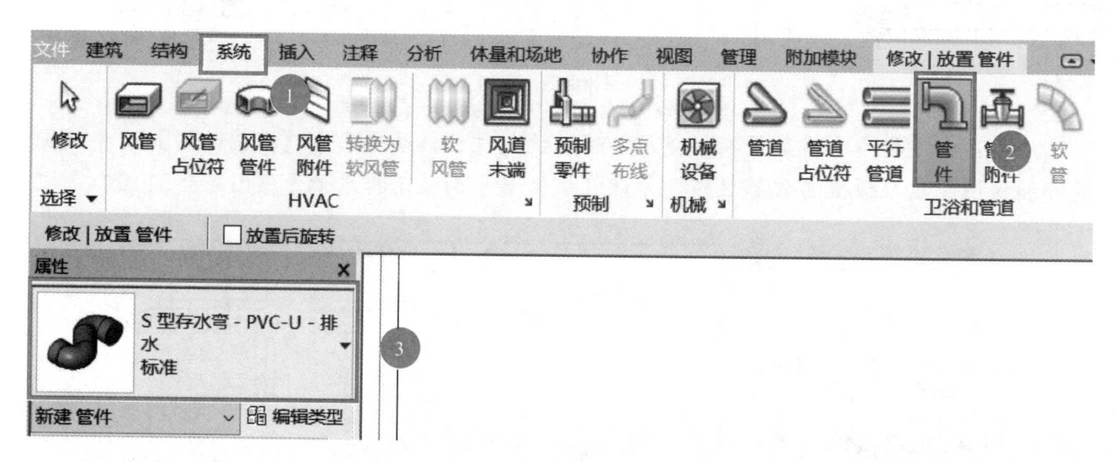

图 4.2-33

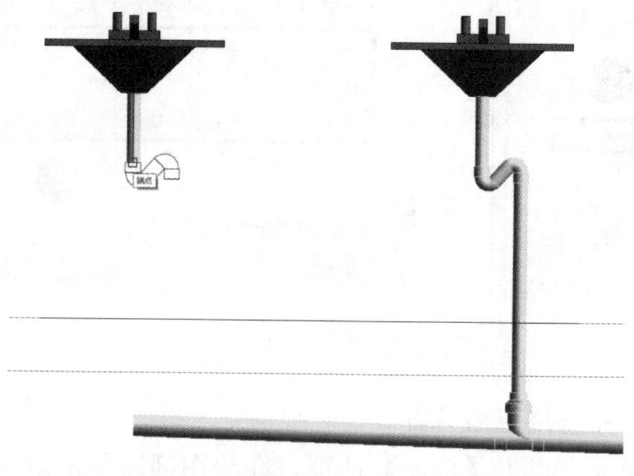

图 4.2-34

注意：当出现管道无法连接时，可通过旋转命令旋转存水弯，或者移动命令调整管道位置，手动调整两者的标高位置连接管道。

按照上述方式将地漏、检查口等排水附件载入项目中，放置到排水管道上。

7. 重复上述方法，完成二层给水排水系统的创建

按照以上方式，完成本项目所有给水排水系统的创建。

4.2.3 任务评价

序号	评价内容	评分标准	扣分标准	标准分	得分
1	给水排水系统命名	与施工图一致	每错一处扣3分，直至扣完	15	
2	给水排水管道材质	与施工图一致	每错一处扣3分，直至扣完	15	
3	给水排水附件、洁具选择	与施工图一致	每错一处扣3分，直至扣完	15	
4	给水排水管道连接	与施工图一致	每错一处扣3分，直至扣完	15	
5	给水排水系统位置	管道标高准确	管道标高不准确，每错一处扣2分，直至扣完	20	
6	完成度	无缺漏或重复布置	每缺漏一处扣5分，每重复一处扣5分，直至扣完	20	
总分				100	

4.2.4 拓展实训

本任务的拓展实训是以某学院食堂为例，使用Revit 2018软件掌握给水排水模型的创建。拓展实训任务清单如下：

序号	项目	内容	
1	实训概况	(1)总体概述：某学院食堂给水排水系统包括给水系统、排水系统、消防系统。根据给水排水施工图纸，在已经完成建筑模型中按照要求创建给水排水模型。 (2)实训组织：课后独立完成拓展实训。 (3)实训准备：①已掌握给水排水施工图的识读；②某学院食堂给水排水施工图；③已完成的某学院食堂建筑模型文件。 (4)实训学时：课后4学时	微课讲解
2	实训目标	掌握给水排水模型的创建	

续表

序号	项目	内容
3	成果要求	(1)给水排水系统命名正确
		(2)给水排水管道材质正确
		(3)给水排水管道连接设置正确
		(4)给水排水附件、洁具选择正确
		(5)给水排水系统位置正确
		(6)给水排水系统无缺漏或重复布置现象
4	成果范例	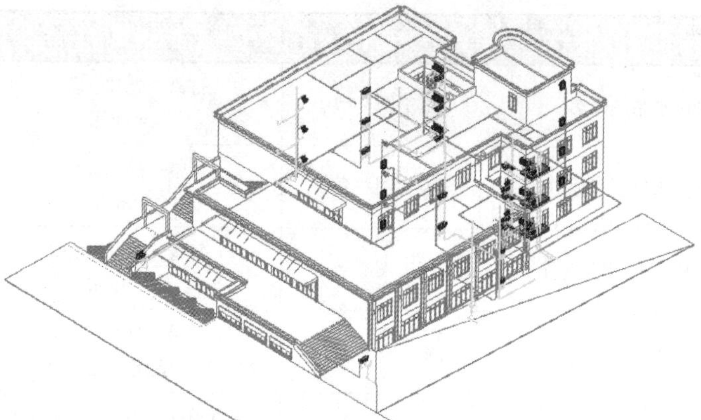

4.3 任务2 暖通建模

4.3.1 任务描述

本任务是 BIM 建模-设备模块的第二个任务，以某学院行政办公楼为案例，使用 Revit 2018 软件学习和掌握暖通模型的创建。任务清单如下。

序号	项目	内容
1	任务概况	(1)总体概述:建筑暖通系统包括供暖系统、通风系统和空调系统,又可分为暖通水系统和暖通风系统。暖通水的建模与给水排水系统管道建模类似,在此不再赘述;本节主要介绍暖通风系统的建模。根据通风空调施工图纸,按照要求创建暖通风系统模型。 (2)任务组织:课前预习建模基本操作视频;课中讲解重点及易错点,完成项目暖通风系统模型搭建;课后发放拓展实训习题。 (3)准备工作:①已掌握暖通施工图的识读;②某学院行政办公楼通风空调施工图;③已完成的某学院行政办公楼建筑模型文件。 (4)参考学时:2 学时
2	任务目标	本任务主要掌握暖通风系统模型的创建

续表

序号	项目	内容
3	成果要求	(1)暖通系统命名正确
		(2)暖通管道命名正确
		(3)管道连接设置正确
		(4)暖通设备、附件选择正确
		(5)暖通系统位置正确
		(6)暖通系统无缺漏或重复布置现象
4	成果范例	

4.3.2 任务实操

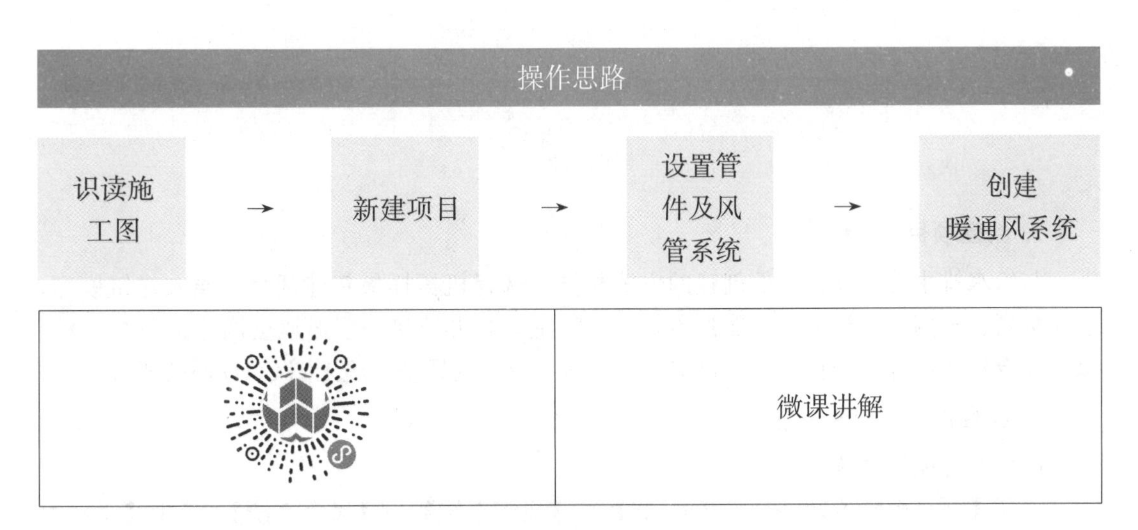

1. 识读施工图

识读项目通风空调施工图（图4.3-1），熟悉暖通风系统布置。

本项目通风空调施工图中，用蓝色实线表示送风管道，采用侧送风口，设置了新风机组和调节阀门。

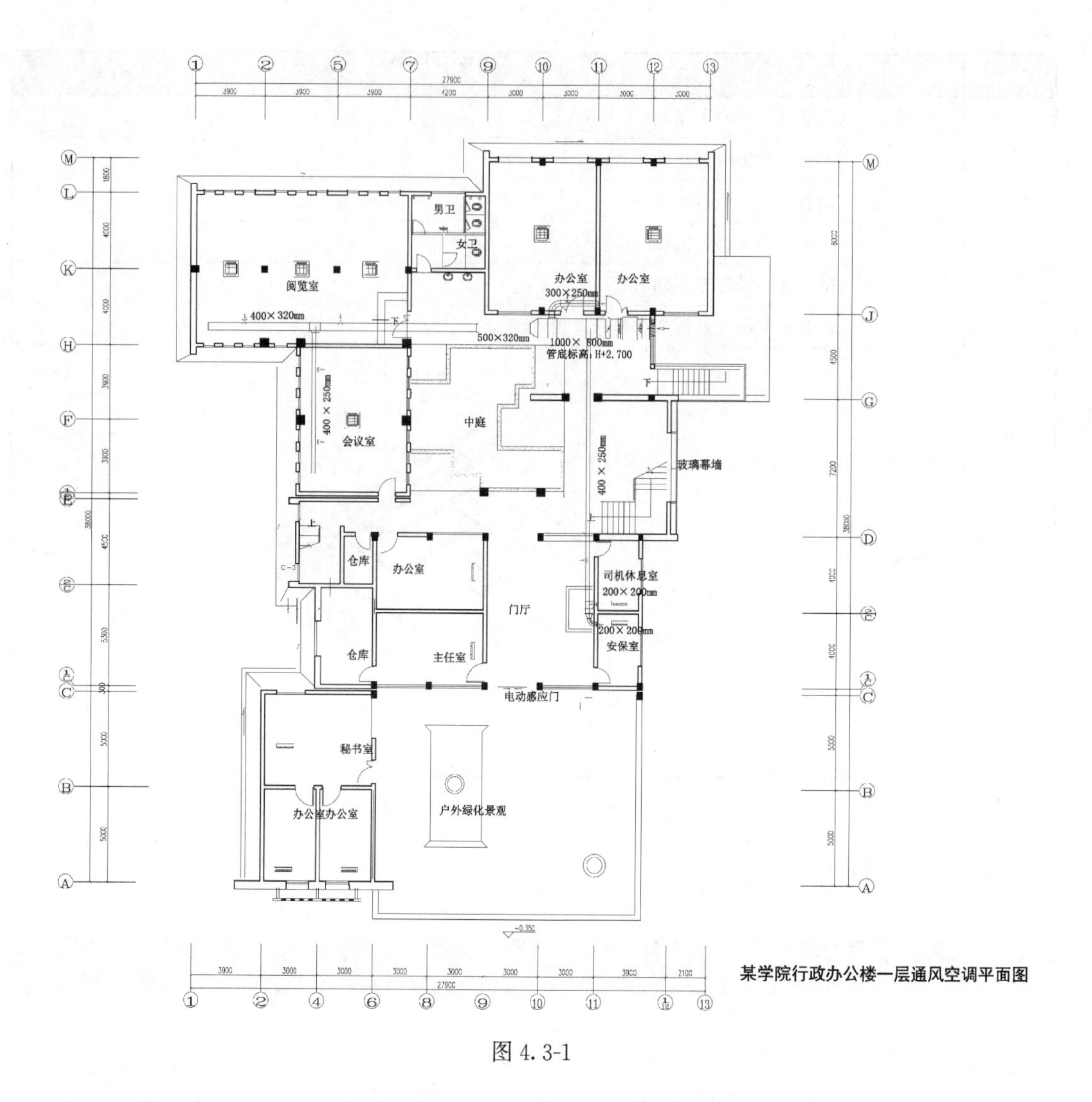

图 4.3-1

2. 新建项目

与给水排水建模项目文件创建的方式相同，选择机械样板新建项目，插入建筑模型，复制标高、轴网，在标高1平面视图导入某学院行政办公楼一层通风空调施工图CAD图纸。如设备建模都绘制在一个项目中，则只需要导入通风空调施工图CAD图纸即可。

3. 设置管件及风管系统

(1) 设置风管系统

展开【项目浏览器】，依次找到【族】>【风管系统】>【风管系统】。双击【送风】，进入"类型属性"选项栏，点击【复制】并重命名系统类型为"送风系统"，点击【确定】(图4.3-2)。

单击【图形替换】中【编辑】进入线图形选项栏，根据施工图的颜色设定，【颜色】选择蓝色，【填充图案】选择实线，点击【确定】(图4.3-3)。

回到【类型属性】选项卡，单击【材质】中"按类别"右边的省略号，进入材料浏览

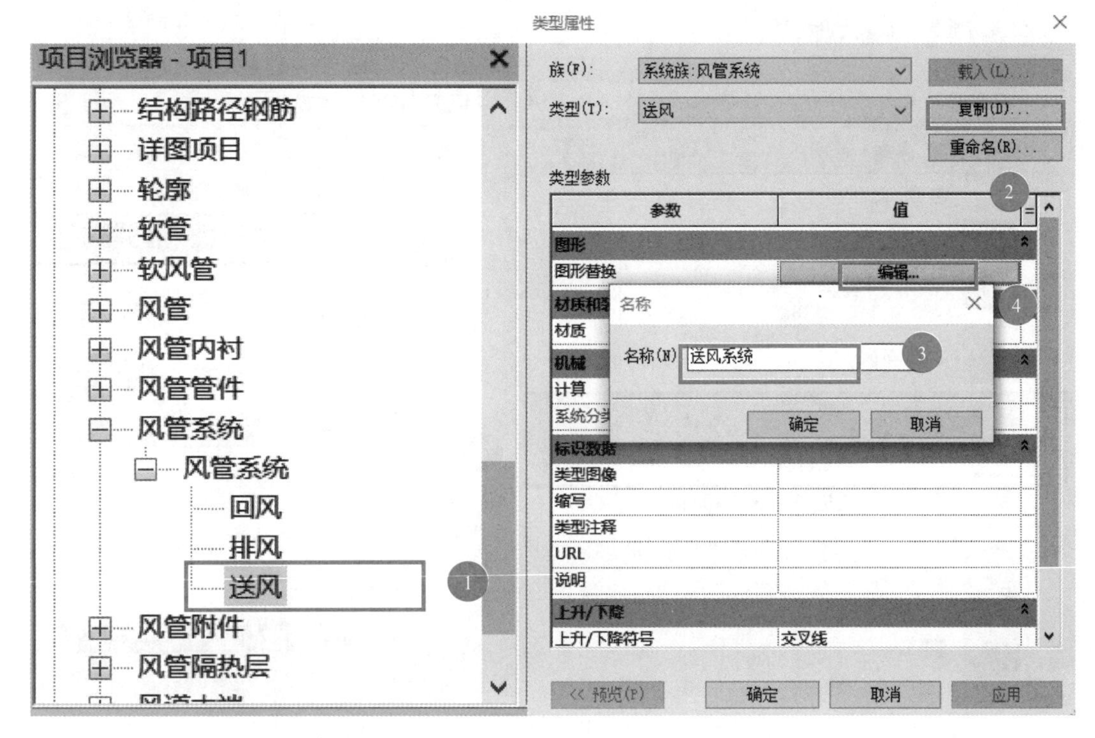

图 4.3-2

线图形
线
宽度: <无替换>
颜色: 蓝色
填充图案: 实线
清除替换 确定 取消

图 4.3-3

器选项卡，新建材质，重命名为“送风系统颜色”，在【图形】中【着色】，把颜色改为与线图形一致的颜色，单击【确定】，完成系统材质颜色赋予（图 4.3-4）。回到【类型属性】选项卡，点击【确定】，完成送风系统的创建。

（2）设置送风管道及连接件

系统默认自带的三大类风管（圆形、椭圆形、矩形），并在每一类中再细分为不同接法的风管。本项目中采用常见的矩形风管，半径弯头/T 形三通连接方式。单击【系统】选项卡，单击【风管】。在【属性】选项卡下拉列表中选择“矩形风管 半径弯头/T 形三通”，单击【编辑类型】，进入“类型属性”选项栏（图 4.3-5）。

点击【复制】并重命名类型名称为“送风管道”，单击【布管系统配置】中【编辑】（图 4.3-6）。

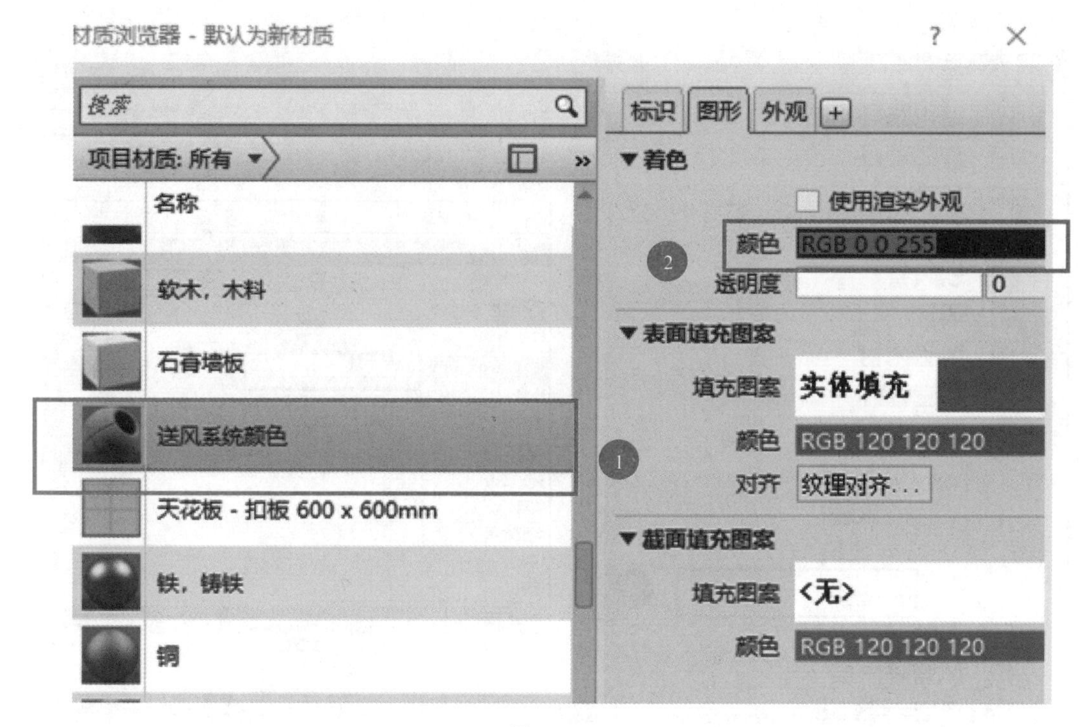

图 4.3-4

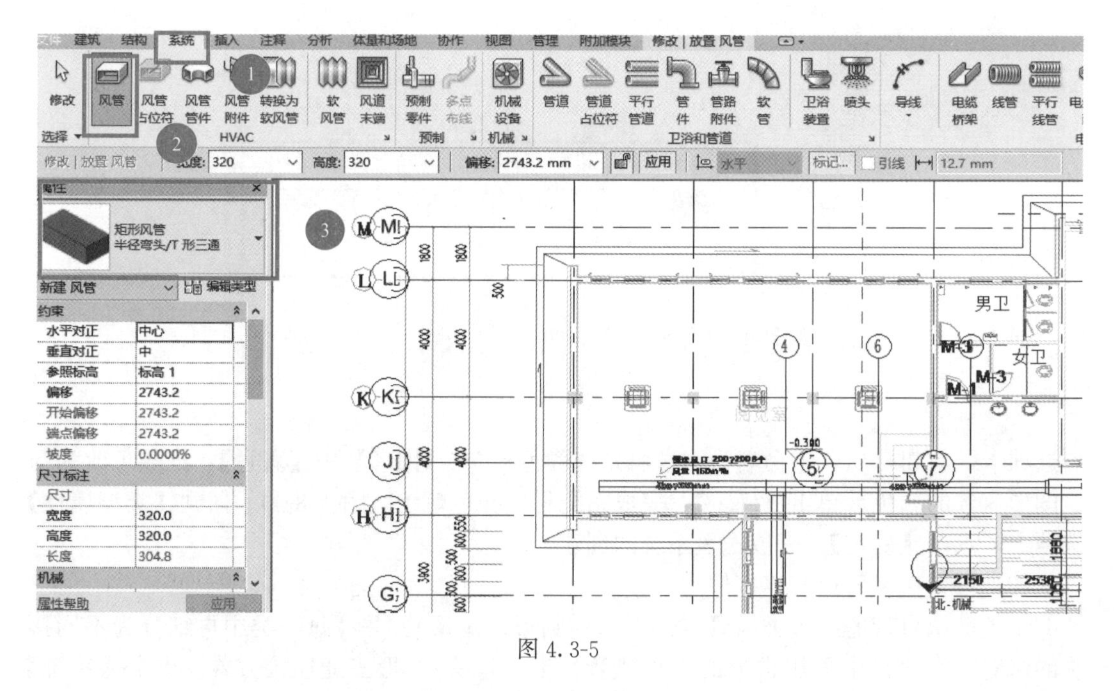

图 4.3-5

在弹出的【布管系统配置】对话框中可根据图纸要求或实际安装要求选择相应的管件进行连接，可以通过“载入族”的方式自定义所需要的管件（图 4.3-7）。

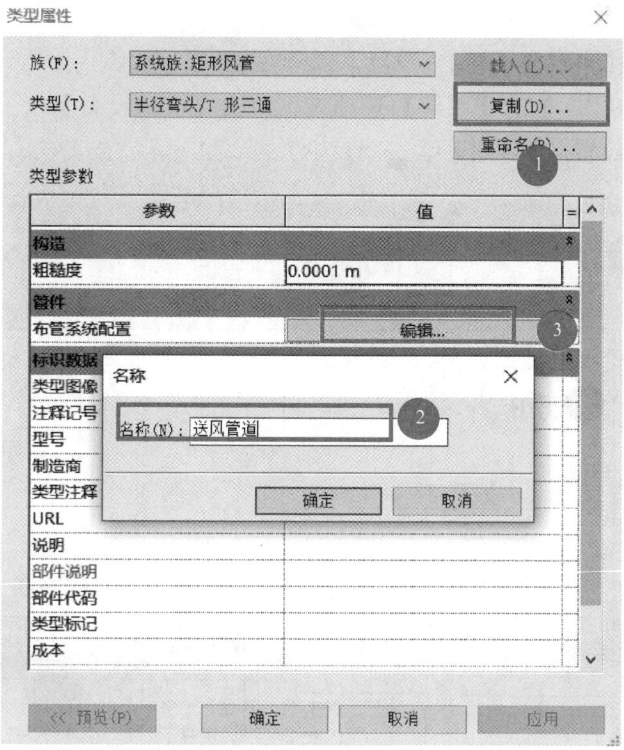

图 4.3-6

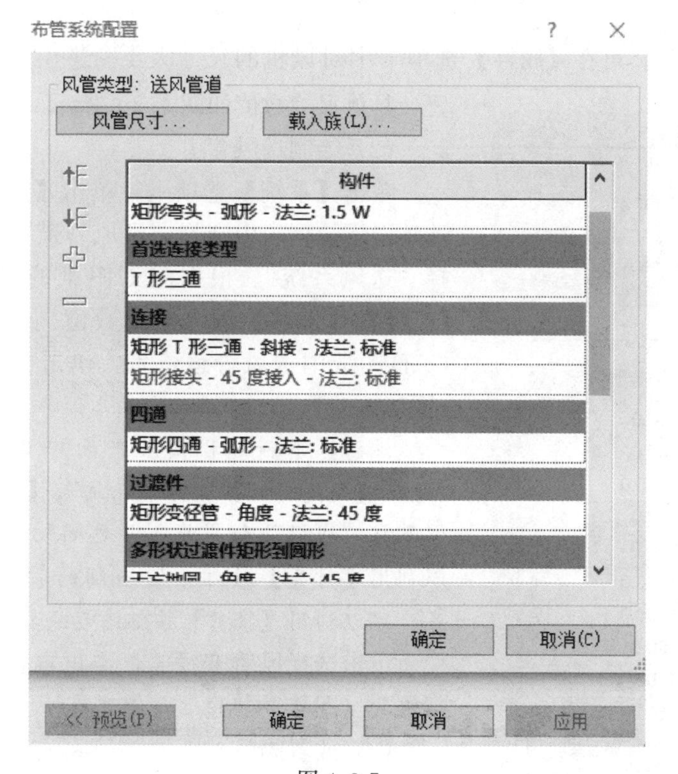
布管系统配置
风管类型：送风管道
风管尺寸...
载入族(L)...
构件
矩形弯头 - 弧形 - 法兰: 1.5 W
首选连接类型
T 形三通
连接
矩形 T 形三通 - 斜接 - 法兰: 标准
矩形接头 - 45 度接入 - 法兰: 标准
四通
矩形四通 - 弧形 - 法兰: 标准
过渡件
矩形变径管 - 角度 - 法兰: 45 度
多形状过渡件矩形到圆形
确定
取消(C)
<< 预览(P)
确定
取消
应用

图 4.3-7

4. 创建暖通风系统

(1) 放置新风机组

载入“矩形风机”。单击【系统】选项卡，单击【机械设备】，将刚载入的“矩形风机”放置到对应的位置（图 4.3-8）。

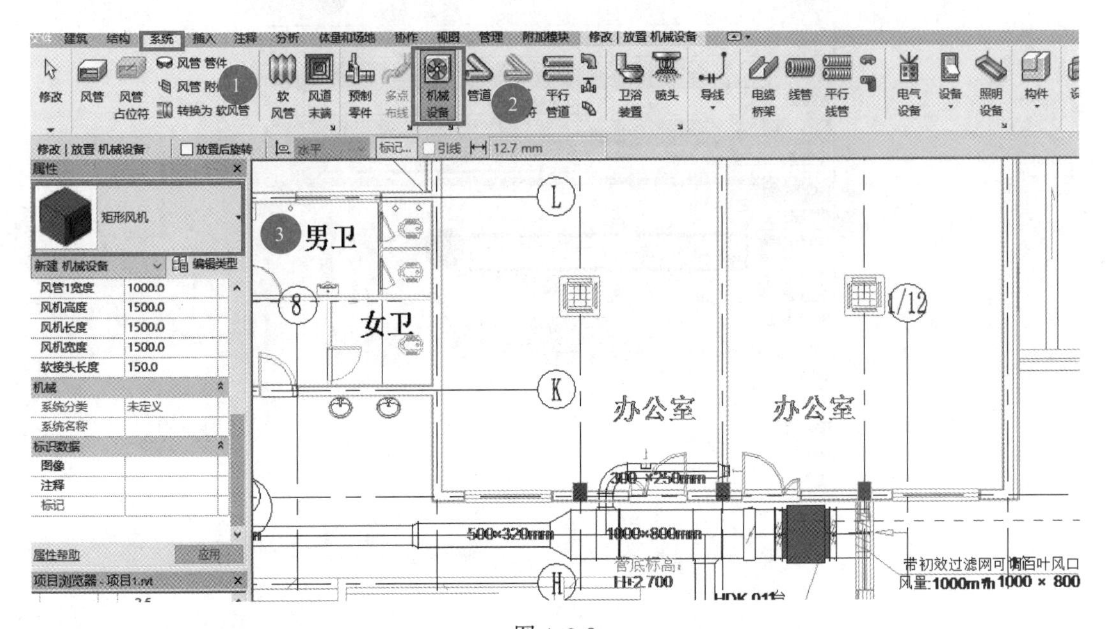

图 4.3-8

单击选中风机，可在【属性】选项卡中对风机的尺寸大小、进出风口大小等进行设置，具体尺寸数值如图 4.3-9 所示。

属性

矩形风机

机械设备 (1)　编辑类型

参数	值
嵌板	
线路数	
尺寸标注	
风管2高度	800.0
风管2接口长度	100.0
风管2宽度	1000.0
风管1高度	800.0
风管1接口长度	100.0
风管1宽度	1000.0
风机高度	1000.0
风机长度	800.0
风机宽度	1200.0
软接头长度	150.0
机械	

图 4.3-9

(2) 绘制送风管道

单击【系统】选项卡，单击【风管】。在【属性】选项卡下拉列表中选择“送风管道”，【系统类型】选择“送风系统”。根据施工图纸的要求，在【宽度】【高度】【偏移】输入对应数值。在绘图区域内，沿 CAD 图纸中送风管道位置，单击鼠标开始绘制管道（图 4.3-10）。

注意：绘制过程楼层平面中【视图样板】选择“无”，【视图样板】选择“精细”，【视觉样式】可根据需要在“线框”和“着色”之间切换。绘制管道时可以利用【对齐】按钮，使绘制的管线与 CAD 图纸对齐，可以利用【修剪】按钮自动连接支管。

单击选择风管变径管，也可根据实际对其角度进行修改（图 4.3-11）。

(3) 放置阀门

载入“调节阀”。单击【系统】选项卡，单击【风

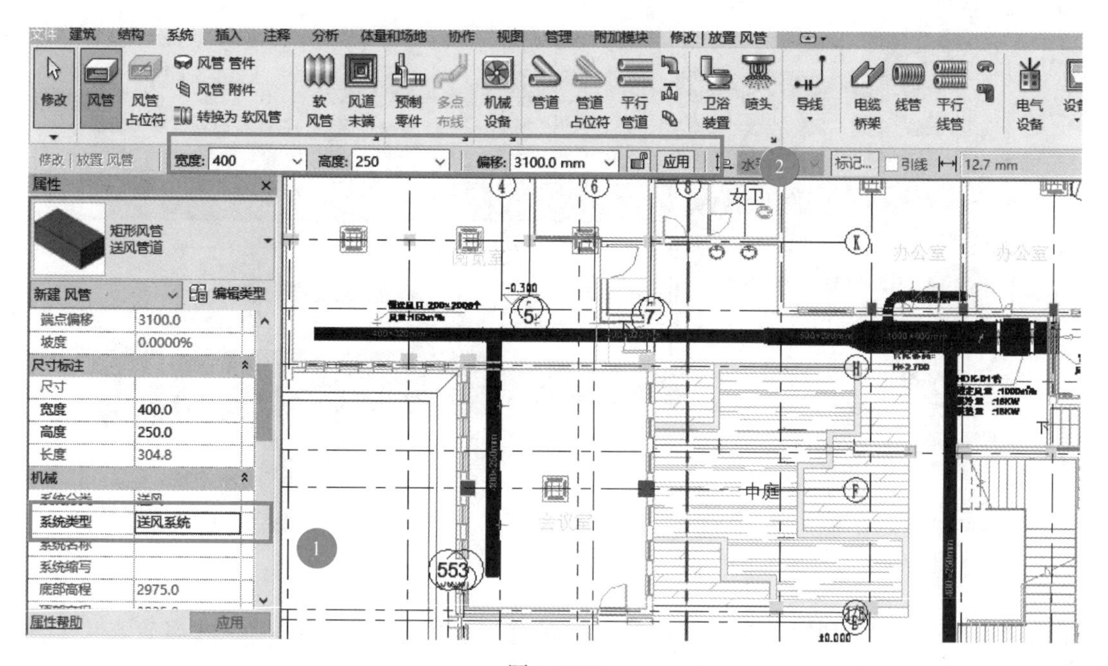

图 4.3-10

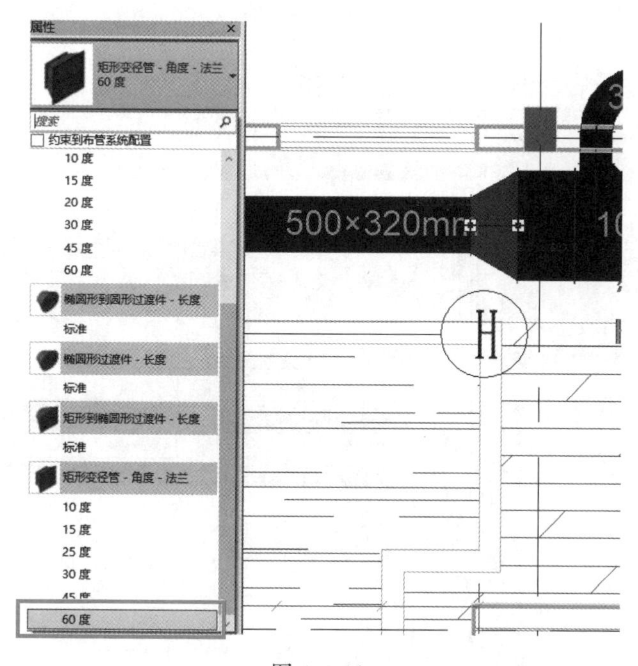

图 4.3-11

管附件】，将刚载入的“调节阀”放置到对应的位置（图 4.3-12）。风阀会根据管道的尺寸自动调节自身的宽度和高度。

（4）放置送风口

单击【系统】选项卡，单击【风道末端】，在【属性】选项卡下拉列表中选择“送风口-单层-矩形面 矩形颈”，单击【编辑类型】，进入“类型属性”选项栏。点击【复制】并

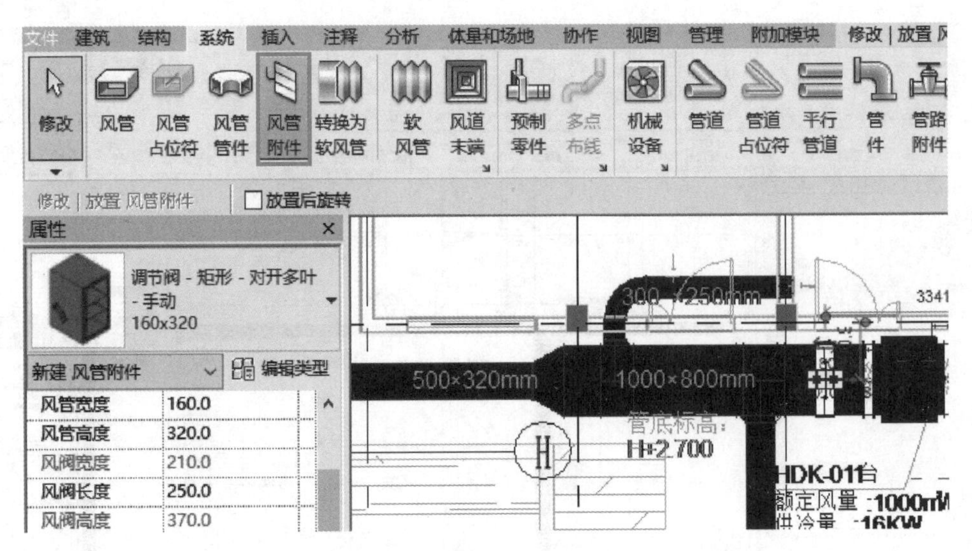

图 4.3-12

重命名类型名称为“200×200”，修改对应的【风管宽度】为“200”，【风管高度】为“200”，单击【确认】完成（图 4.3-13）。

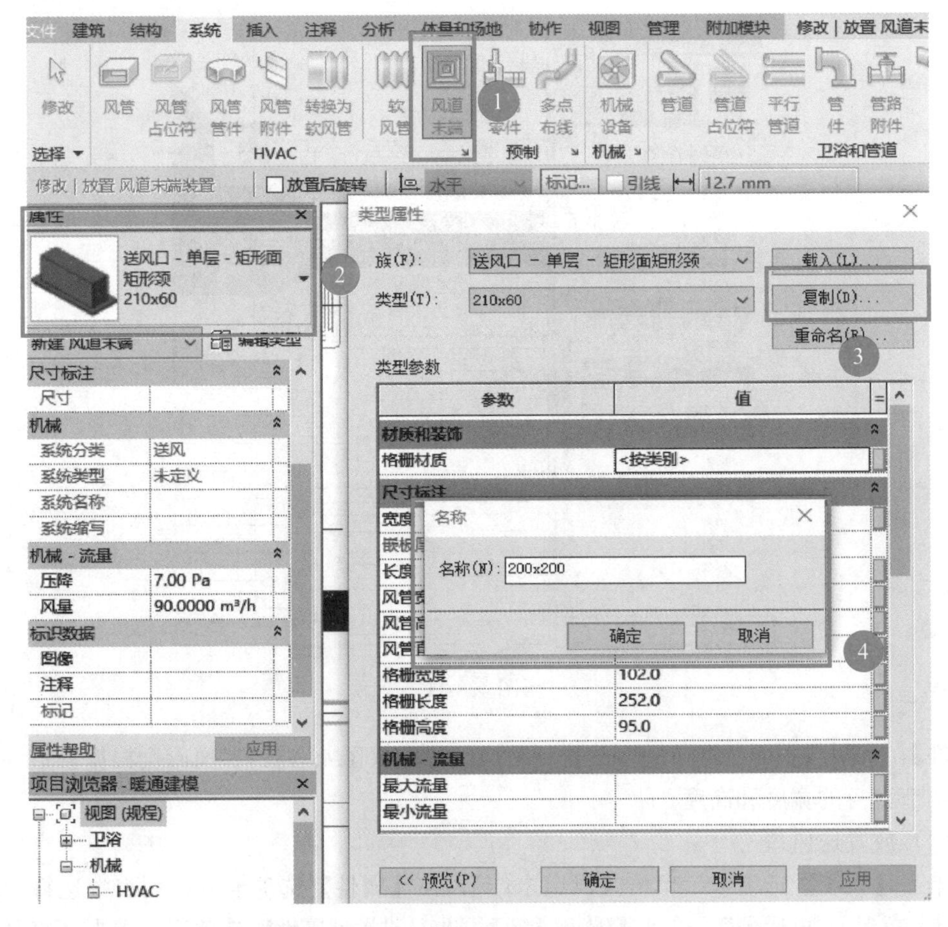

图 4.3-13

风口安装到风管的方式有两种，一种是紧贴着风管安装，另一种为从风管上引出一段风管后再安装。本项目采用的以第一种方式。在修改放置工具栏中点击【风道末端安装到风管上】(图 4.3-14)，把送风口贴着风管侧面放置到图纸所示位置。

图 4.3-14

5. 重复上述方法，完成其他楼层送风系统的创建

按照以上方式，完成本项目所有送风系统的创建。

4.3.3　任务评价

序号	评价内容	评分标准	扣分标准	标准分	得分
1	暖通系统命名	与施工图一致	每错一处扣 3 分，直至扣完	15	
2	暖通管道命名	与施工图一致	每错一处扣 3 分，直至扣完	15	
3	暖通设备、附件选择	与施工图一致	每错一处扣 3 分，直至扣完	15	
4	管道连接	与施工图一致	每错一处扣 3 分，直至扣完	15	
5	暖通系统位置	管道标高准确	管道标高不准确，每错一处扣 2 分，直至扣完	20	
6	完成度	无缺漏或重复布置	每缺漏一处扣 5 分，每重复一处扣 5 分，直至扣完	20	
总分				100	

4.3.4　拓展实训

本任务的拓展实训是以某学院食堂为例，使用 Revit 2018 软件掌握暖通风系统模型的创建。拓展实训任务清单如下：

<table>
<tr><th>序号</th><th>项目</th><th colspan="2">内容</th></tr>
<tr><td rowspan="2">1</td><td rowspan="2">实训概况</td><td rowspan="2">(1)总体概述:某学院食堂暖通系统包括排烟系统和送风系统。根据暖通施工图纸,在已经完成建筑模型中按照要求创建暖通风系统模型。
(2)实训组织:课后独立完成拓展实训。
(3)实训准备:①已掌握给水排水施工图的识读;②某学院食堂通风空调施工图;③已完成的某学院食堂建筑模型文件。
(4)实训学时:课后2学时</td><td></td></tr>
<tr><td>微课讲解</td></tr>
<tr><td>2</td><td>实训目标</td><td colspan="2">掌握暖通风系统模型的创建</td></tr>
<tr><td rowspan="6">3</td><td rowspan="6">成果要求</td><td colspan="2">(1)暖通系统命名正确</td></tr>
<tr><td colspan="2">(2)暖通管道命名正确</td></tr>
<tr><td colspan="2">(3)管道连接设置正确</td></tr>
<tr><td colspan="2">(4)暖通设备、附件选择正确</td></tr>
<tr><td colspan="2">(5)暖通系统位置正确</td></tr>
<tr><td colspan="2">(6)暖通系统无缺漏或重复布置现象</td></tr>
<tr><td>4</td><td>成果范例</td><td colspan="2"></td></tr>
</table>

4.4 任务3 电气建模

4.4.1 任务描述

本任务是BIM建模-设备模块的第三个任务，以某学院行政办公楼为案例，使用Revit

2018 软件讲解电气模型的创建。主要包含绘制办公楼中的电缆桥架，创建电气设备，放置插座、开关、灯具等设备三部分内容。任务清单如下：

序号	项目	内容
1	任务概况	(1)总体概述：在电气建模中，主要对电缆桥架进行模型创建。由槽式、托盘式或梯级式的直线段、弯通、三通、四通组件以及托臂(臂式支架)、吊架等构成具有密接支撑电缆的刚性结构系统称为电缆桥架。电缆桥架分为槽式、托盘式和梯架式、网格式等结构，由支架、托臂和安装附件等组成。在创建好的电缆桥架上放置电气设备。电气设备主要由配电箱组成，电气设备可以是基于主体的构件(必须放置在墙上的配电箱)，也可以是非基于主体构件(可以放置在视图任何位置的排风风机等)。灯具的放置一般以基于天花板的构件为主。 (2)任务组织：课前预习电缆桥架建模的基本操作视频；课中讲解重点及易错点，完成项目桥架的搭建及相关电气设备、开关、插座以及灯具的放置；课后发放拓展实训习题。 (3)准备工作：①已掌握机电设备的选型、相关参数编辑和修改；②某学院行政办公楼电气平面图纸及系统图，已完成土建基础的某学院行政办公楼模型文件。 (4)参考学时：4 学时
2	任务目标	本任务主要掌握电气基本模型的创建、编辑和修改
3	成果要求	(1)电缆桥架命名规范
		(2)电缆桥架尺寸及放置正确
		(3)灯具类型选择及放置正确
		(4)开关类型选择及放置正确
		(5)插座类型选择及放置正确
		(6)配电箱类型选择及放置正确
		(7)管线类型选择及放置正确
4	成果范例	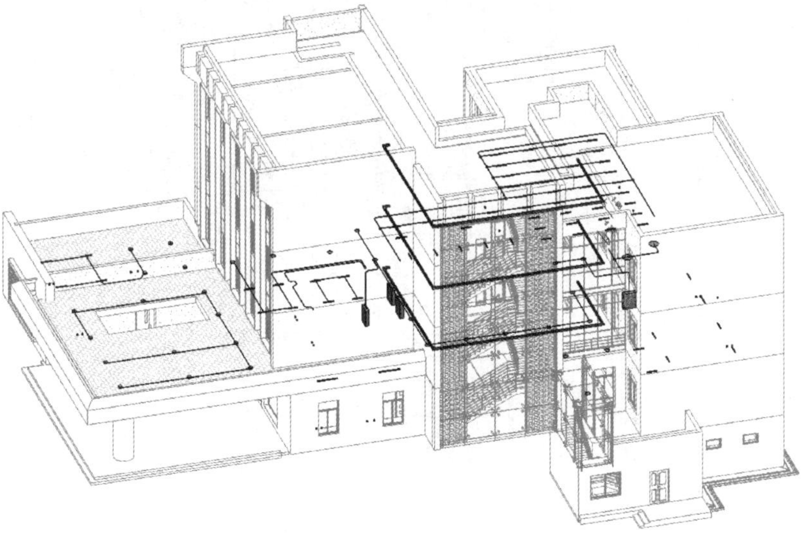

4.4.2 任务实操

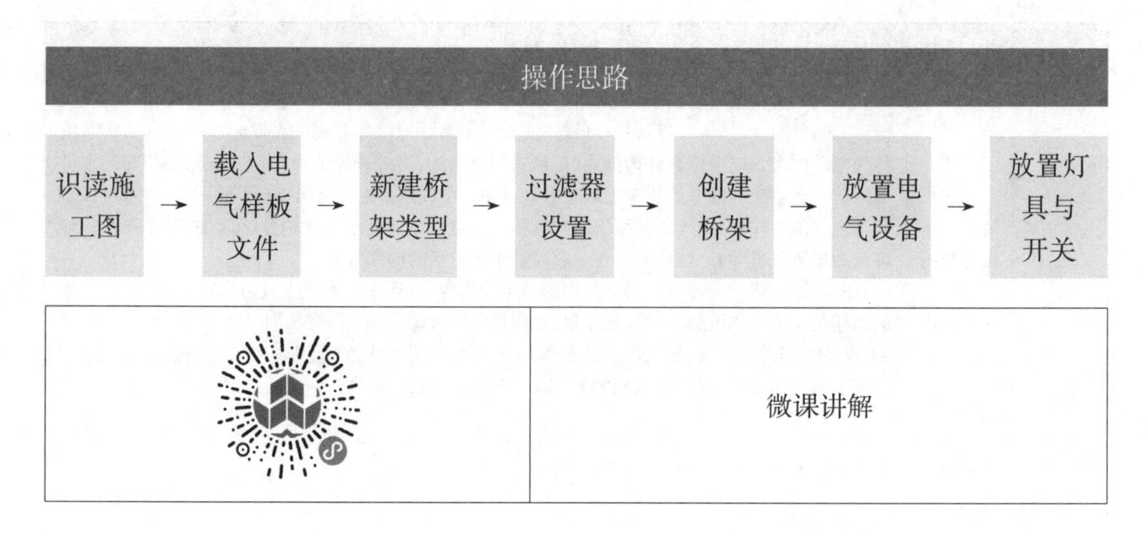

1. 识读施工图

识读项目电气图纸，了解项目所包含的电缆桥架、电气设备（配电箱）、灯具、插座及开关，熟悉它们的平面布置图（图 4.4-1）。

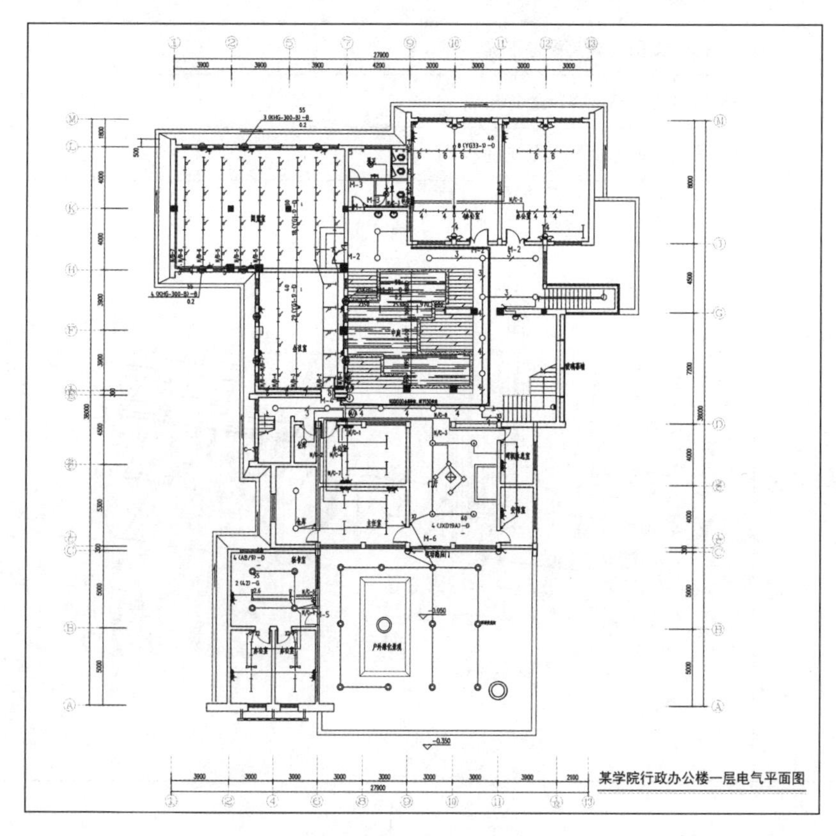

图 4.4-1 电气平面图

本项目中的桥架主要是采用不锈钢槽式桥架，电气系统中桥架的绘制方法虽然和风管、水管类似，由于桥架没有系统，也就是说不能像风管一样通过系统中的材质添加颜色，但是桥架的颜色可以通过过滤器来添加。

2. 载入电气样板文件

启动 Revit 2018 软件，新建项目，选择“Electrical-DefaultCHSCHS. rte”项目样板，这是 Revit 2018 自带的电气样板文件。如图 4. 4-2～图 4. 4-4 所示，进入项目绘图界面。

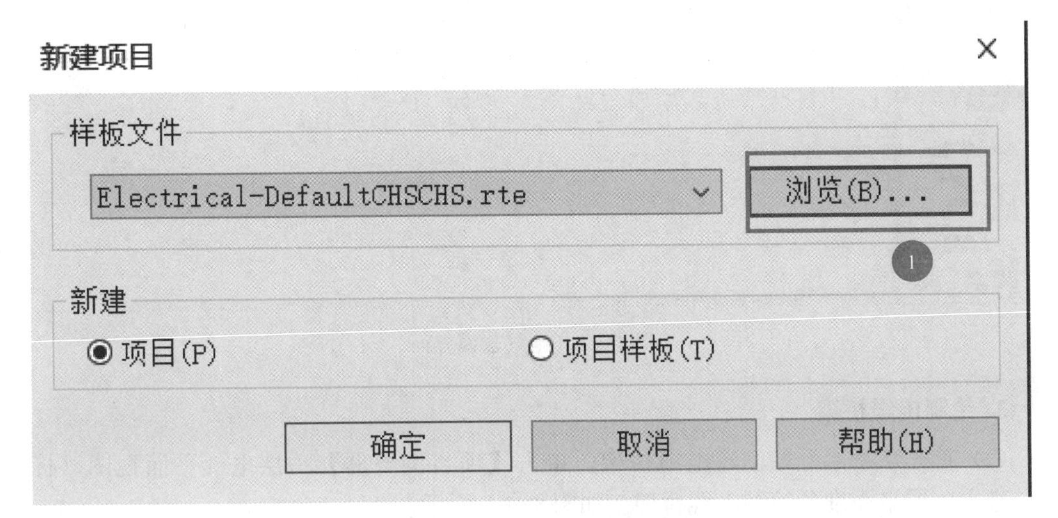

图 4. 4-2　新建电气项目界面

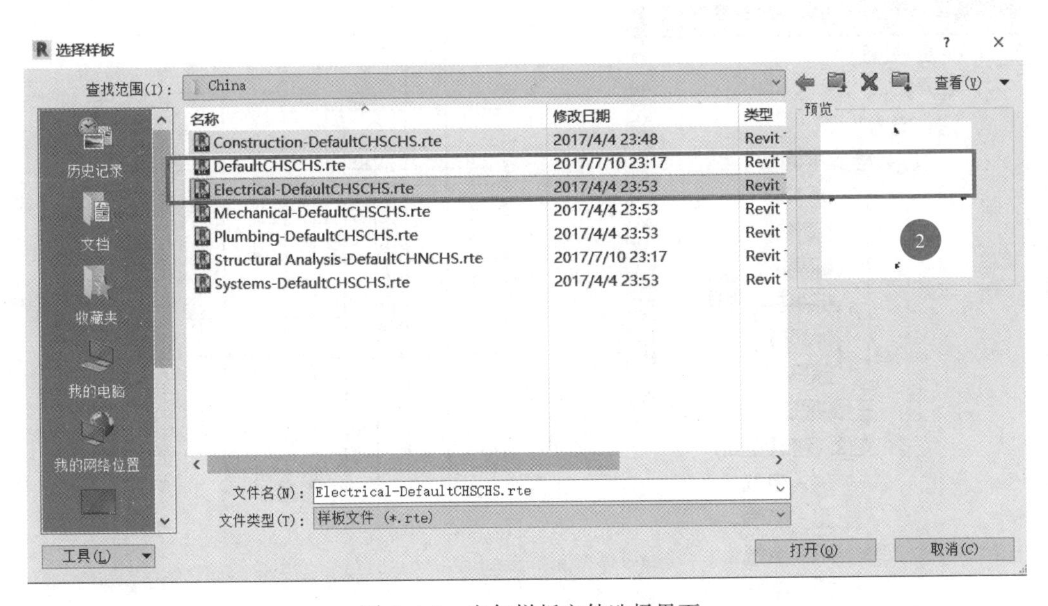

图 4. 4-3　电气样板文件选择界面

链接土建模型，将项目文件中自带的标高删除，利用协作功能监视复制土建模型中自带的共享轴网标高。步骤方法同任务 1、2，这里不再赘述。

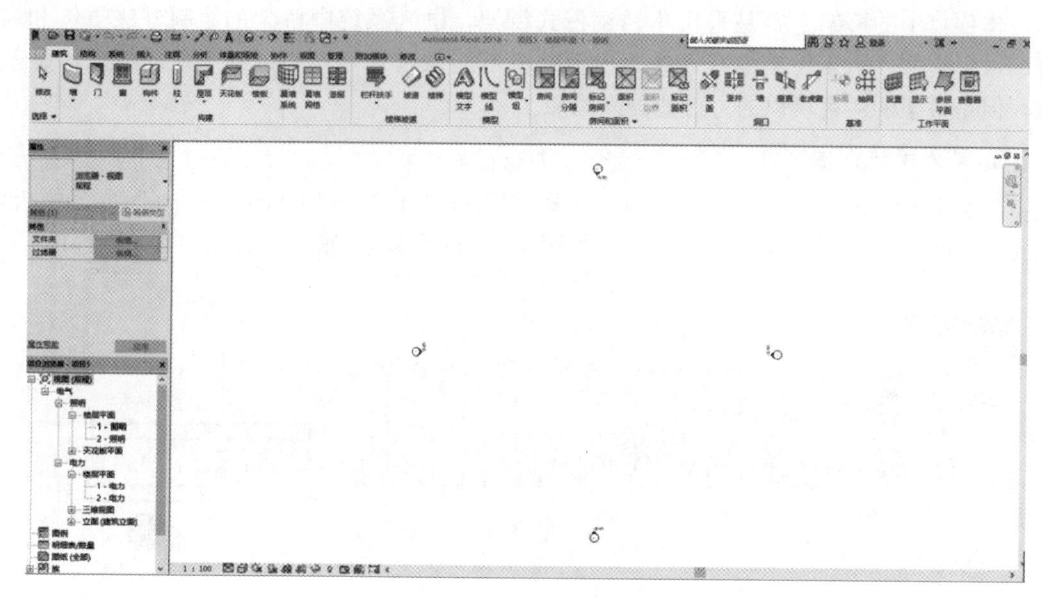

图 4.4-4　电气建模界面

3. 绘制电缆桥架

（1）首先从一层开始创建电缆桥架。单击【项目浏览器】一层电气平面视图（标高 1），进入一层平面准备绘制电缆桥架。如图 4.4-5 所示。

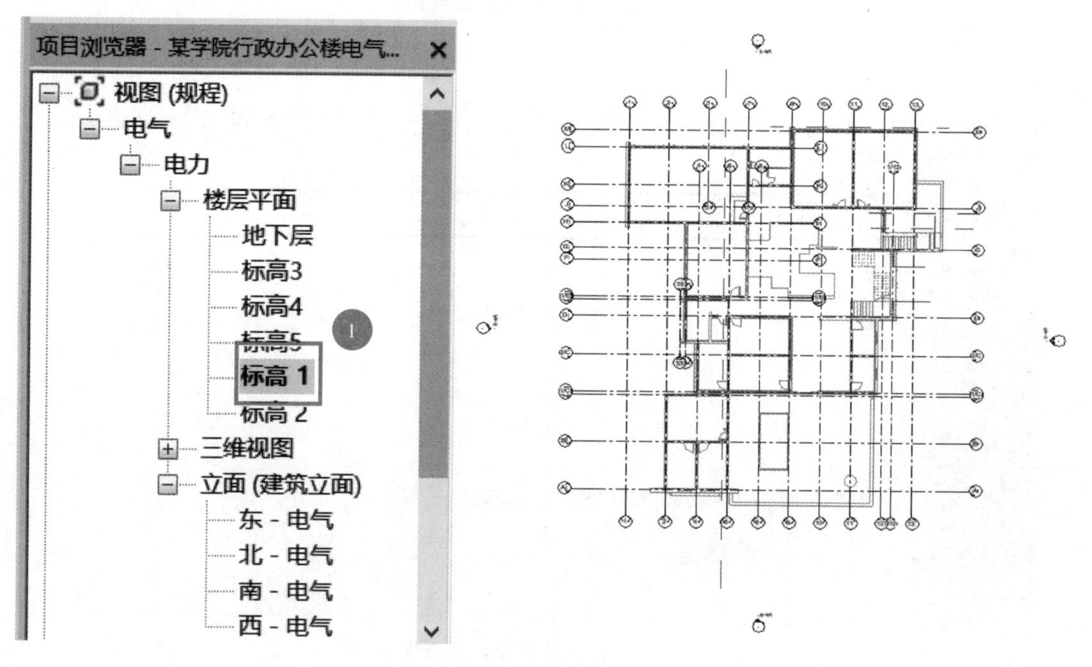

图 4.4-5

（2）单击【系统】选项卡，单击功能区的【电缆桥架】，在【属性】的下拉列表选择【带配件的电缆桥架　槽式电缆桥架】。如图 4.4-6 所示。

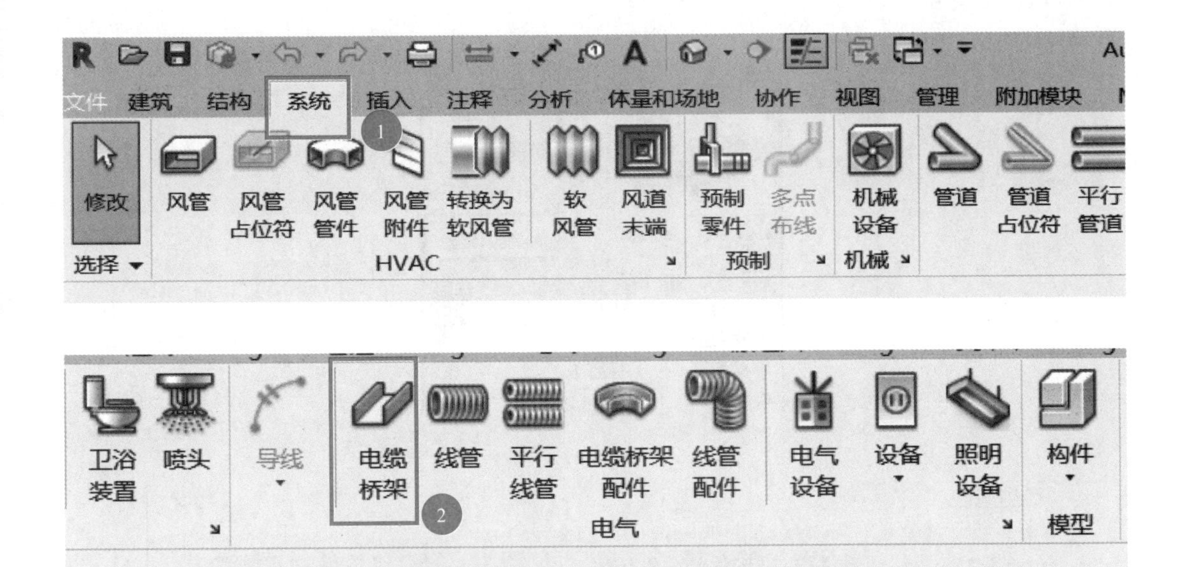

图 4.4-6

（3）单击【编辑类型】按钮，在弹出【类型属性】对话框中，点击【类型】的复制将其命名为“强电-槽式电缆桥架”，设置【管件】，设定桥架的尺寸和高度，宽度为“100”，高度为“100”，偏移量为“3500”，点击【应用】。如图 4.4-7 所示。

（4）第一次单击确认桥架的起点，第二次单击确认桥架的终点。绘制完毕后选择【修改】选项卡下的修改面板上【对齐】命令，将绘制的桥架与底图中心位置对齐，如图 4.4-8 所示。

（5）绘制桥架支管时，设置好桥架尺寸，设置高度为 100mm，高度为 50mm，偏移为 3500mm，系统会自动生成相应的配件，如图 4.4-9 所示。

（6）桥架绘制完成之后如图 4.4-10 所示。

4. 放置灯具

双击打开【项目浏览器】电气照明楼层平面中的【标高 1】视图，以一层入户大厅吸顶灯为例。

（1）单击【建筑】选项卡下的【工作平面】面板中的【参照平面】命令，进入立面绘制参照平面。单击参照平面，为其命名为“F1 天花板平面”，修改参照平面高度为 3600mm。如图 4.4-11 所示。

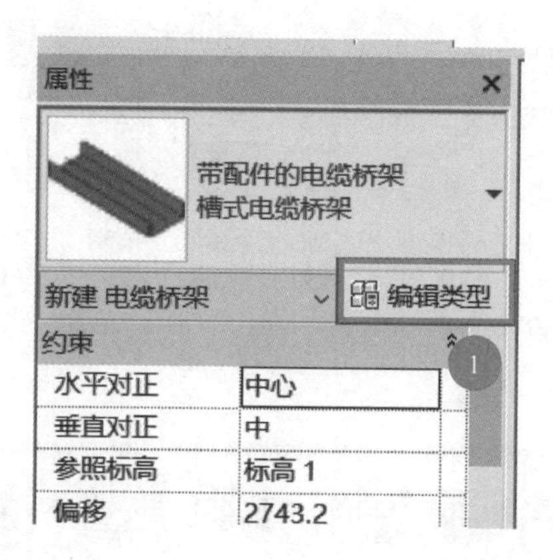
属性
带配件的电缆桥架
槽式电缆桥架
新建 电缆桥架
编辑类型
约束
水平对正
中心
垂直对正
中
参照标高
标高 1
偏移
2743.2
1

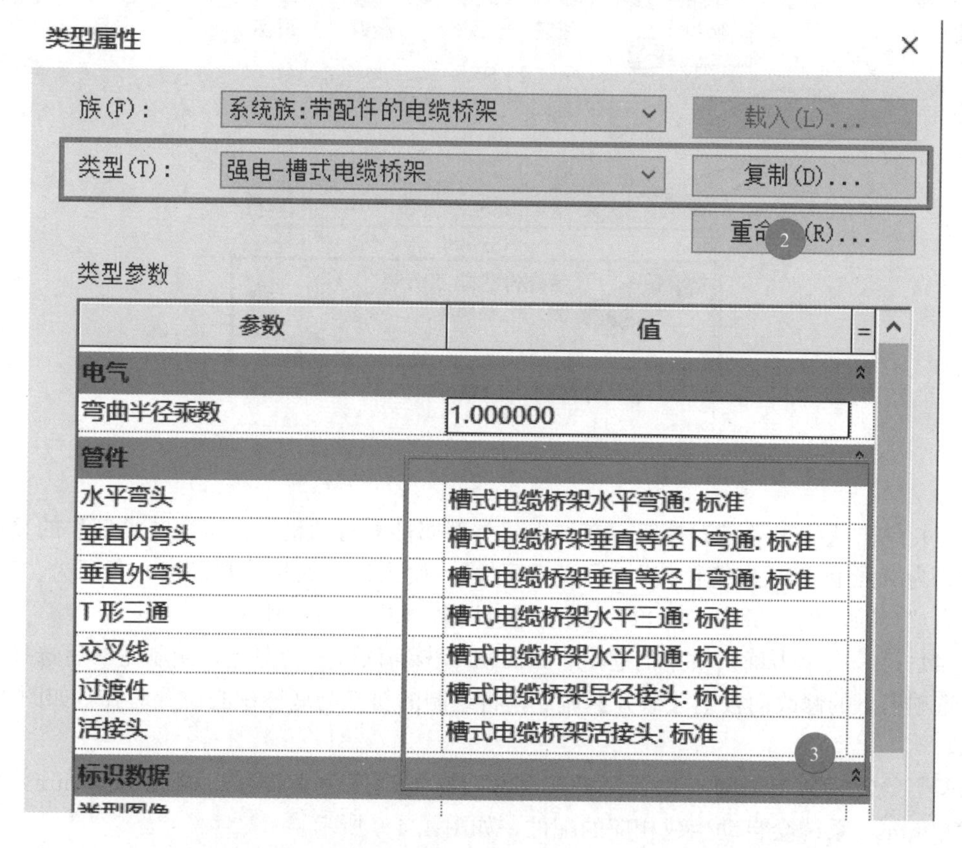
类型属性
族(F)：
系统族：带配件的电缆桥架
载入(L)...
类型(T)：
强电-槽式电缆桥架
复制(D)...
重命名(R)...
2
类型参数
参数
值
电气
弯曲半径乘数
1.000000
管件
水平弯头
槽式电缆桥架水平弯通：标准
垂直内弯头
槽式电缆桥架垂直等径下弯通：标准
垂直外弯头
槽式电缆桥架垂直等径上弯通：标准
T 形三通
槽式电缆桥架水平三通：标准
交叉线
槽式电缆桥架水平四通：标准
过渡件
槽式电缆桥架异径接头：标准
活接头
槽式电缆桥架活接头：标准
3
标识数据

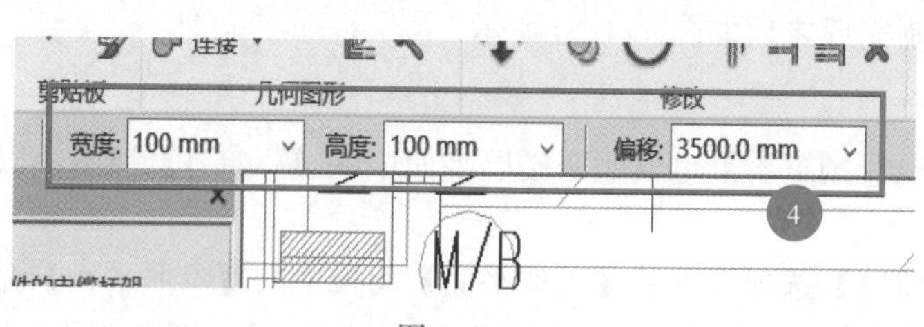
连接
剪贴板
几何图形
修改
宽度：100 mm
高度：100 mm
偏移：3500.0 mm
4
M/B

图 4.4-7

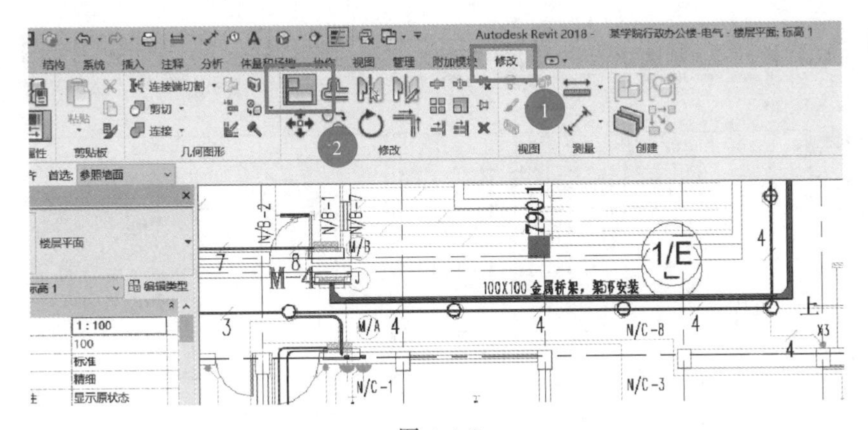

图 4.4-8

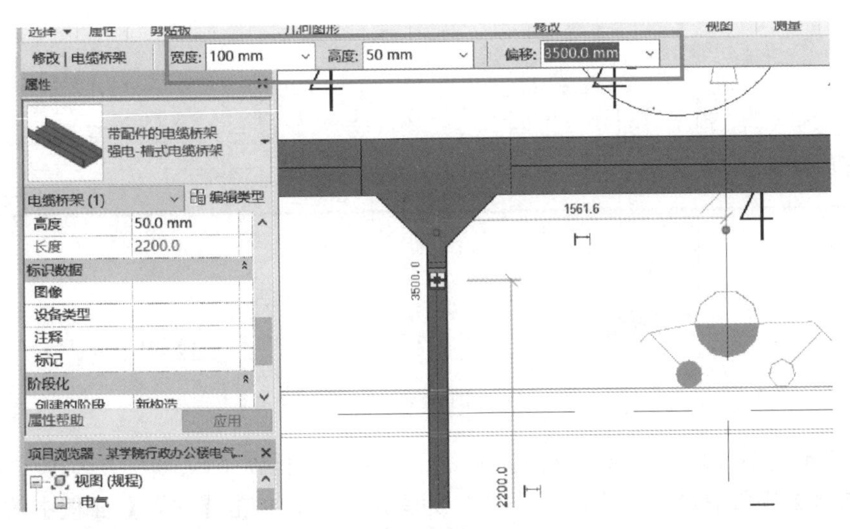

图 4.4-9 电缆桥架连接方式

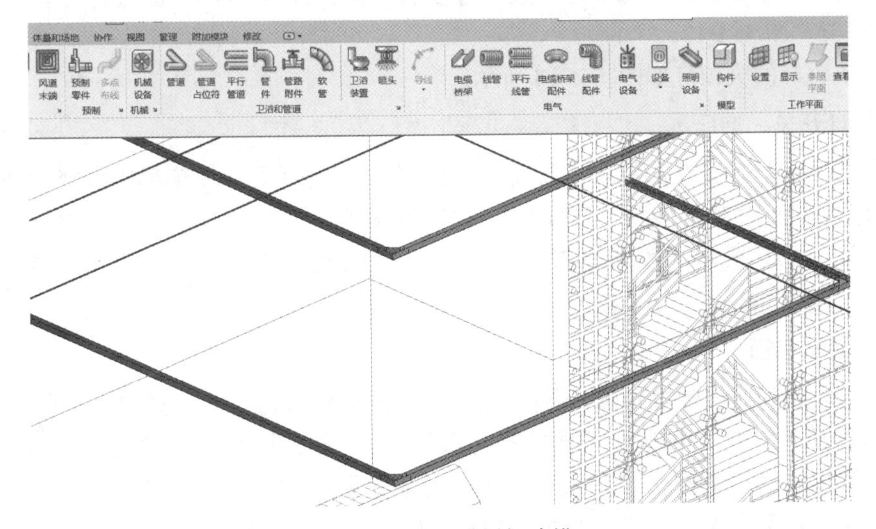

图 4.4-10 电缆桥架建模

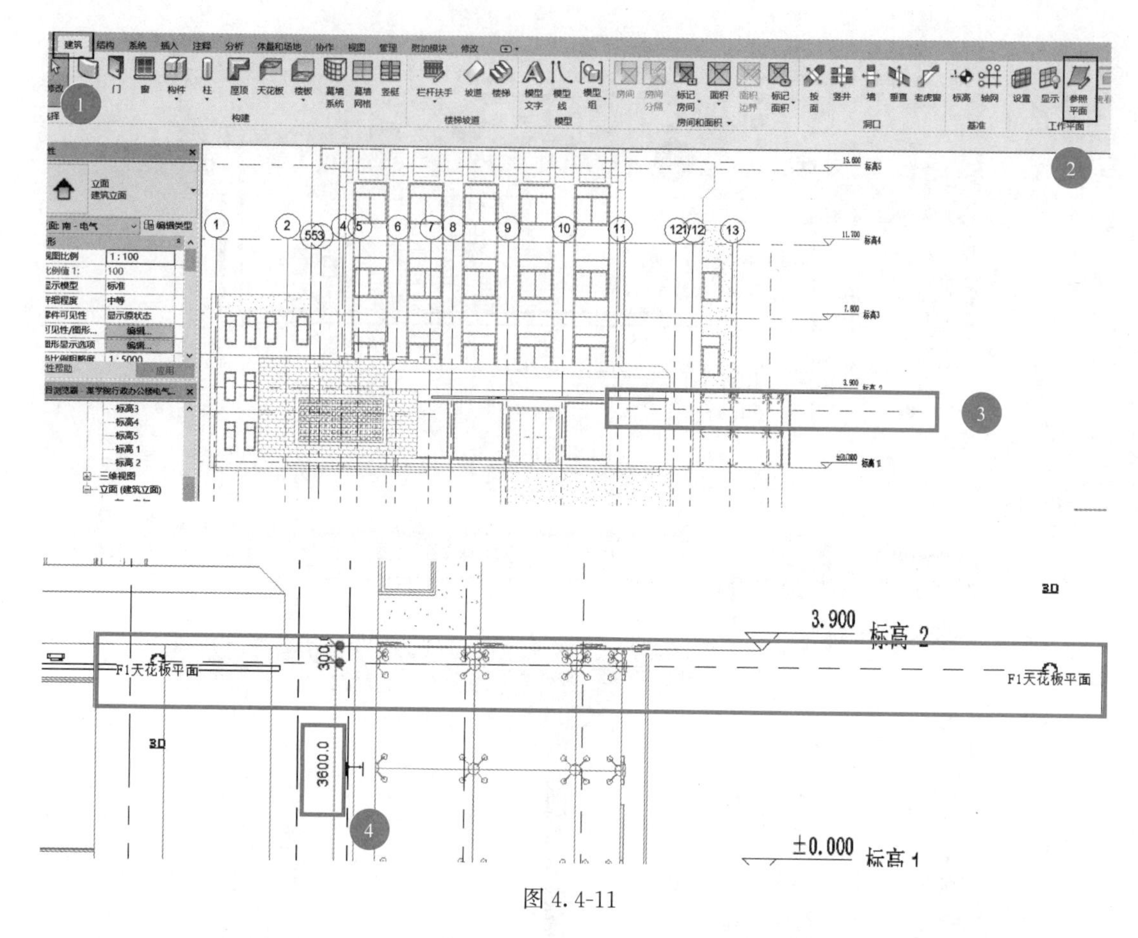

图 4.4-11

（2）单击【系统】>【照明设备】命令，在类型选择器下拉列表中选择“吸顶灯-扁圆”（如选择器中没有此灯具族，可从载入族库中寻找），单击【放置】面板中的【放置在工作平面上】命令，选择绘制的参照平面后，在弹出的对话框中选择【拾取一个平面】，单击【确定】按钮，在弹出对话框中选择【楼层平面：标高 1】，单击【打开视图】，过程如图 4.4-12a、图 4.4-12b 所示。

（3）放置好的吸顶灯如图 4.4-13 所示。

5. 放置开关、插座

单击【系统】>【设备】>【电气装置】，在类型选择器下拉菜单中选择“单相插座-暗装”，修改立面限制条件为“1300”。按 CAD 图纸中插座的位置进行放置。步骤如图 4.4-14、图 4.4-15 所示，效果如图 4.4-16 所示。以此方法放置所有类型的插座，开关同理。

6. 放置配电箱

动力配电箱和照明配电箱的放置方式相同。单击【系统】>【电气】>【电气设备】，在类型选择器下拉列表中选择“照明配电箱”，单击【编辑类型】，【类型属性】中单击【复制】，弹出对话框中输入“ALD1”，单击【确定】按钮，并修改箱体高度为“1000”，宽度为“800”，深度为“200”，流程如图 4.4-17、图 4.4-18 所示。

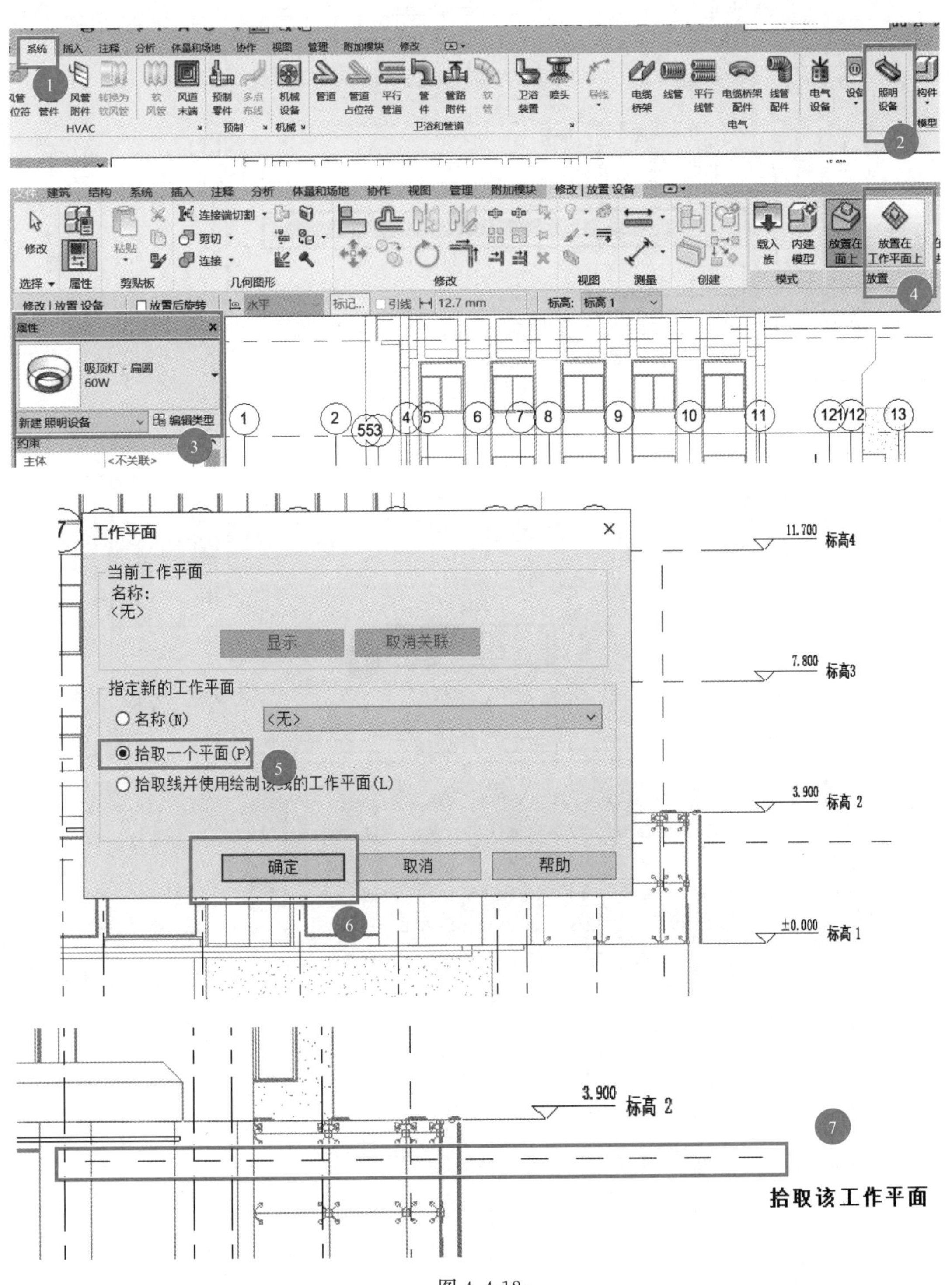
工作平面
当前工作平面
名称:
<无>
显示
取消关联
指定新的工作平面
名称(N)
拾取一个平面(P)
拾取线并使用绘制该线的工作平面(L)
确定
取消
帮助
11.700 标高4
7.800 标高3
3.900 标高 2
±0.000 标高 1
拾取该工作平面

图 4.4-12a

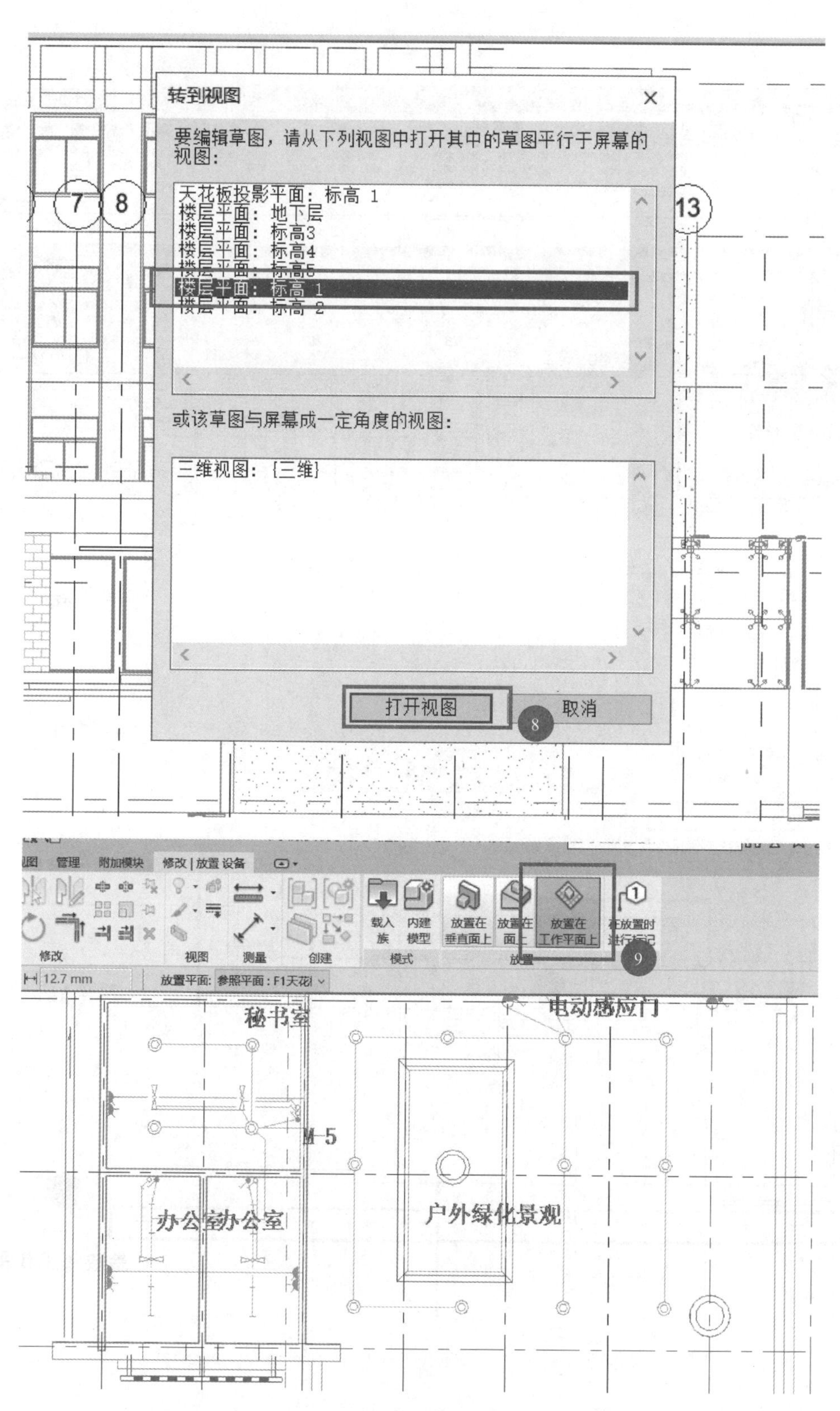
转到视图
要编辑草图，请从下列视图中打开其中的草图平行于屏幕的视图：
天花板投影平面：标高 1
楼层平面：地下层
楼层平面：标高3
楼层平面：标高4
楼层平面：标高5
楼层平面：标高 1
楼层平面：标高 2
或该草图与屏幕成一定角度的视图：
三维视图：{三维}
打开视图
取消
载入族
内建模型
放置在垂直面上
放置在工作平面上
模式
放置
秘书室
电动感应门
办公室办公室
户外绿化景观
M-5

图 4.4-12b

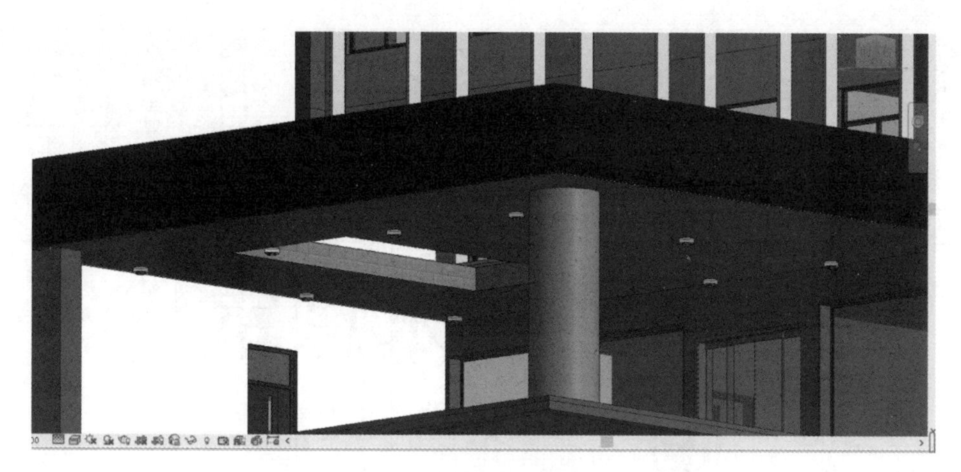

图 4.4-13

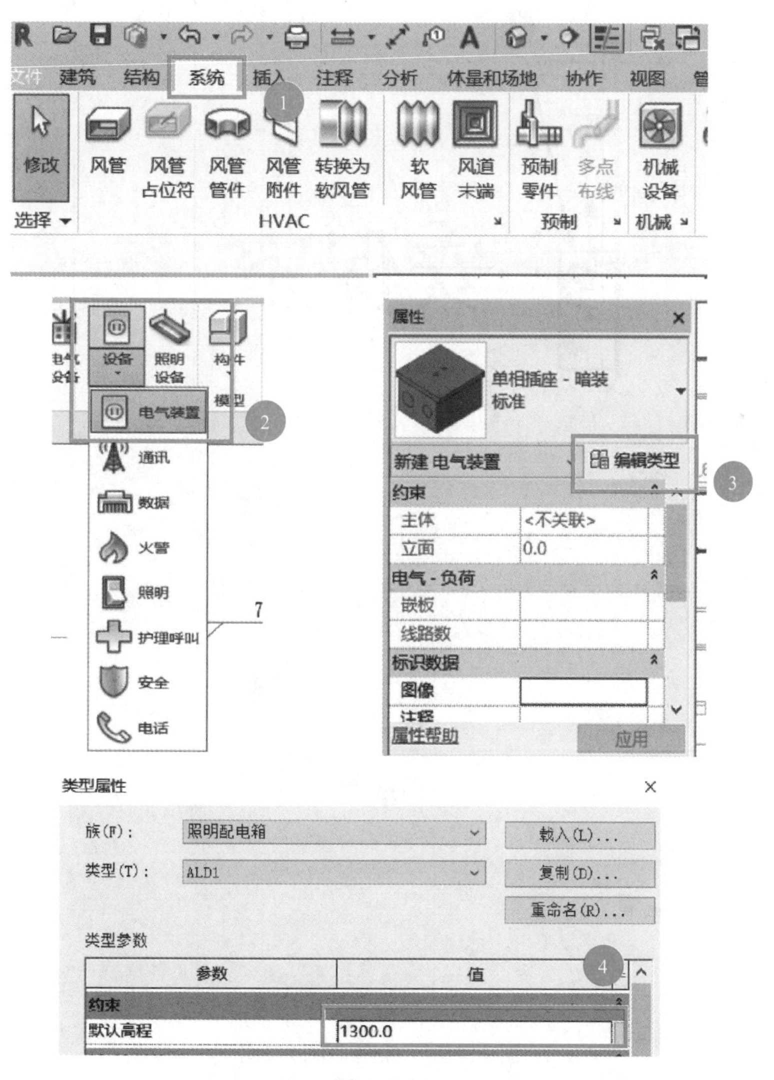
文件
建筑
结构
系统
插入
注释
分析
体量和场地
协作
视图
1
修改
风管
风管
占位符
风管
管件
风管
附件
转换为
软风管
软
风管
风道
末端
预制
零件
多点
布线
机械
设备
选择
HVAC
预制
机械
设备
照明
设备
构件
电气装置
模型
2
通讯
数据
火警
照明
护理呼叫
安全
电话
7
属性
单相插座 - 暗装
标准
新建 电气装置
编辑类型
3
约束
主体
<不关联>
立面
0.0
电气 - 负荷
嵌板
线路数
标识数据
图像
注释
属性帮助
应用
类型属性
族(F):
照明配电箱
载入(L)...
类型(T):
ALD1
复制(D)...
重命名(R)...
类型参数
参数
值
4
约束
默认高程
1300.0

图 4.4-14

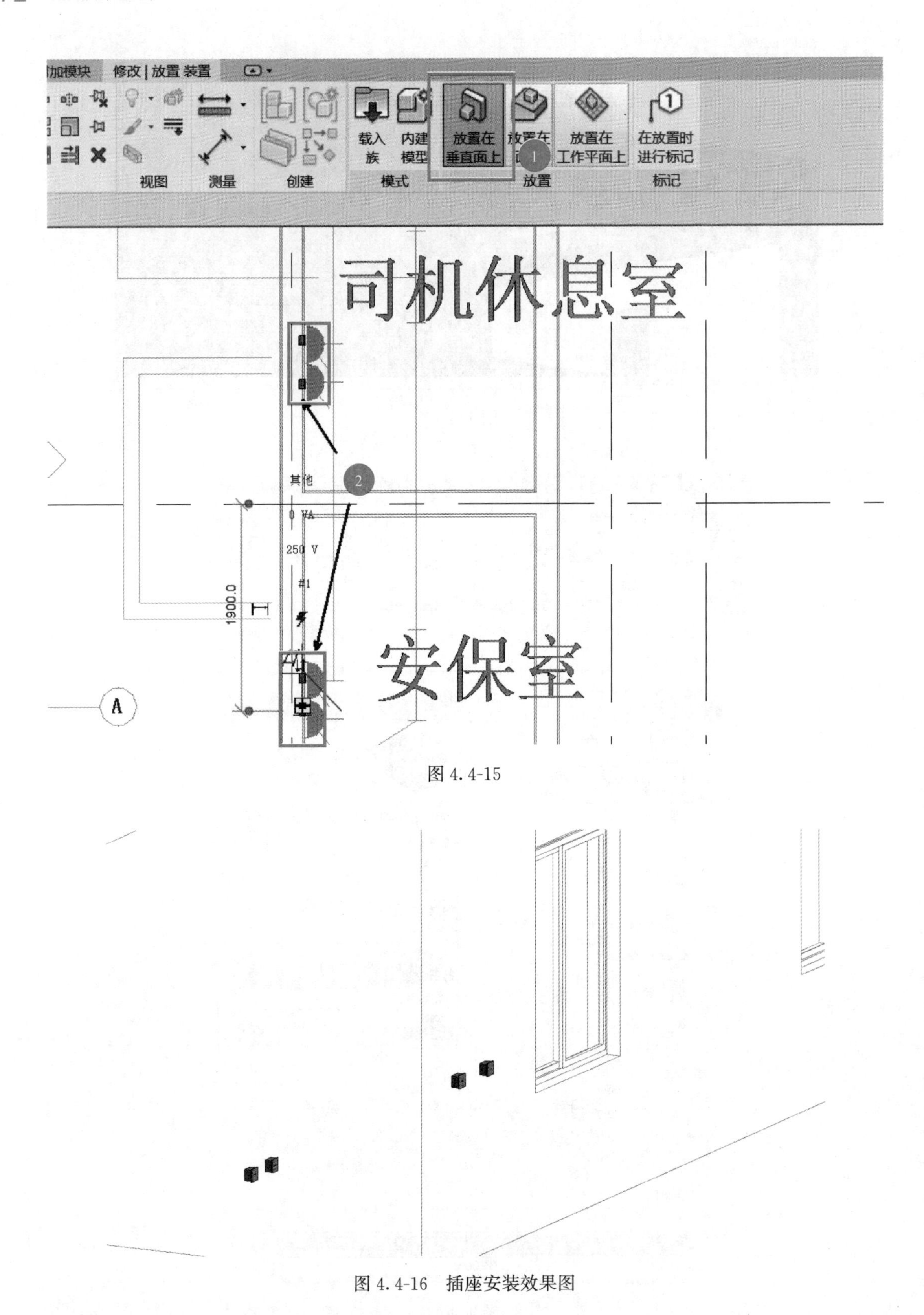

图 4.4-15

图 4.4-16 插座安装效果图

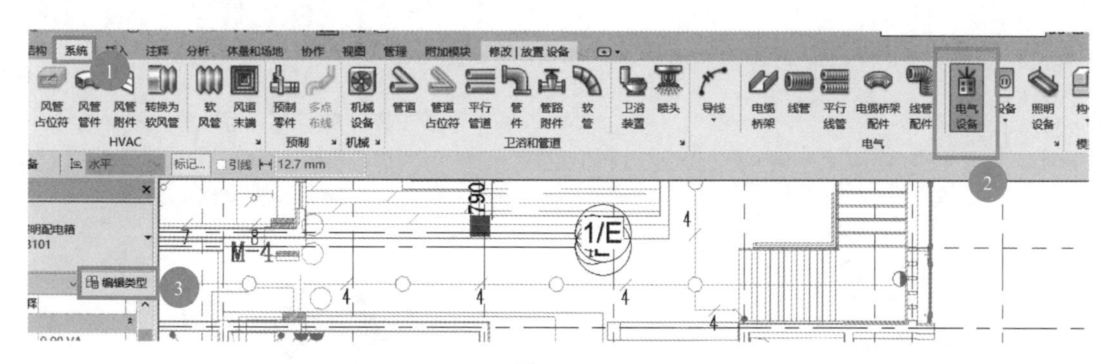

图 4.4-17

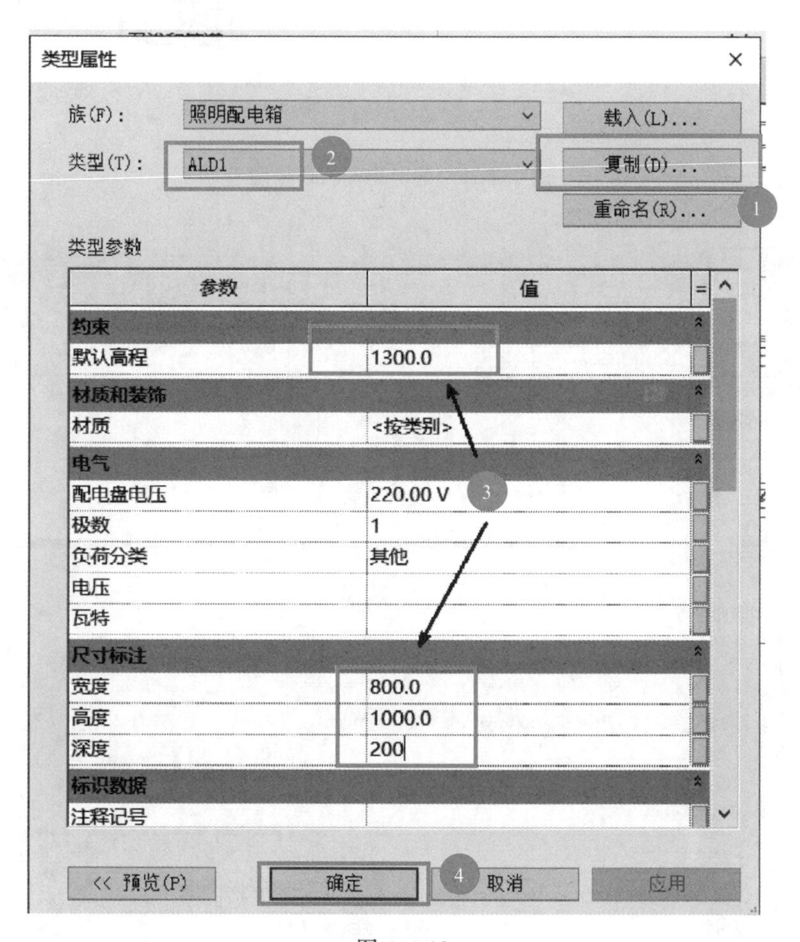

图 4.4-18

按照CAD图纸中，将配电箱进行放置，效果如图4.4-19所示。

7. 绘制线管

（1）一般线管绘制

一般可直接绘制管线，单击【系统】>【线管】，第一次单击确认线管的起点，第二次单击确认线管的终点。如图4.4-20所示。图中线管的直径和材质根据项目实际情况选配。

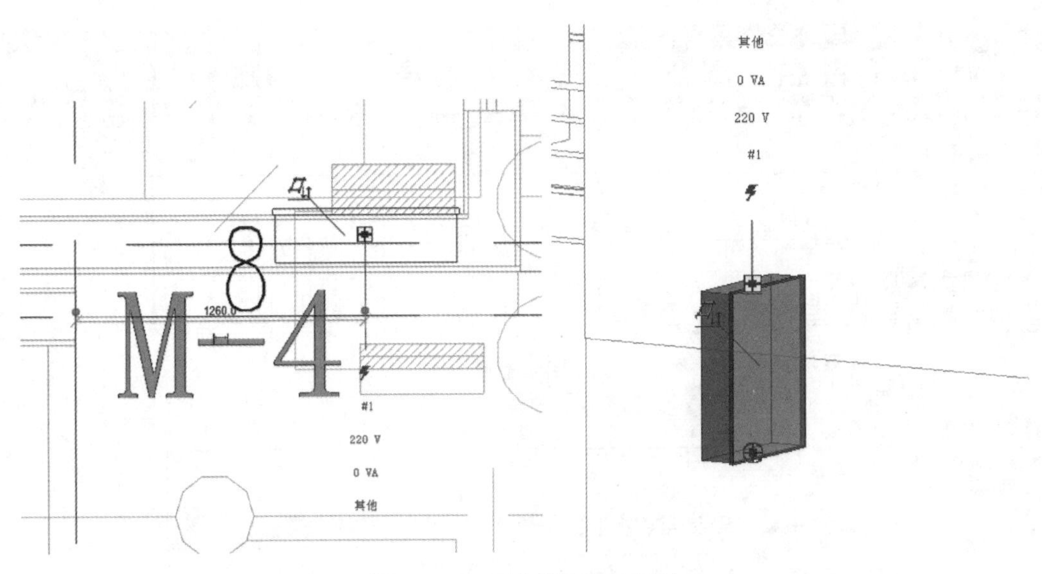

图 4.4-19 配电箱安装效果图

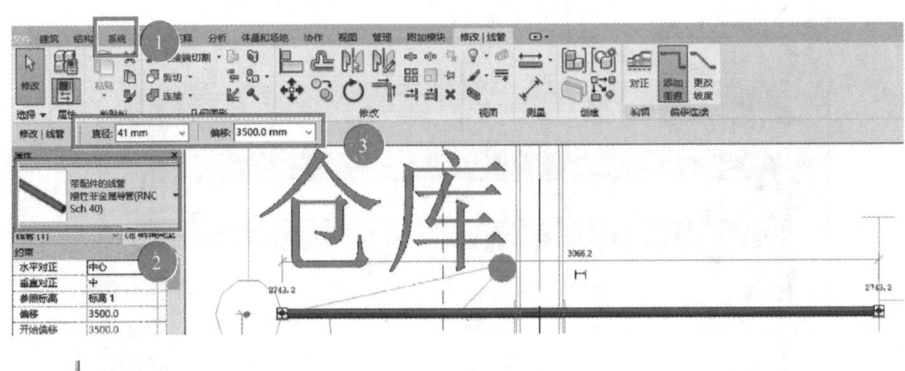

类型属性

族(F): 系统族:带配件的线管　　载入(L)...

类型(T): 刚性非金属导管(RNC Sch 40)　　复制(D)...

重命名(R)...

类型参数

参数	值
电气	
标准	RNC 明细表 40
管件	
弯头	导管弯头 - 平端口 - PVC: 标准
T 形三通	导管接线盒 - T 形三通 - PVC: 标准
交叉线	导管接线盒 - 四通 - PVC: 标准
过渡件	导管接线盒 - 过渡件 - PVC: 标准
活接头	导管接头 - PVC: 标准

图 4.4-20

（2）与电气设备连接的线管绘制（以配电箱为例）

用一般线管的绘制方式，按照 CAD 图纸中进户线位置绘制线管。第一次单击确认线管起点，第二次单击确认线管终点，如图 4.4-21 所示。在平面图视角中显示线管已与配电箱相连，实际还需以下步骤。

进入三维视图，在视图属性面板选项中点击【可见性/图形替换】，单击【可见性/图形替换】对话框中【Revit 链接】选项卡，取消土建模型的勾选，单击【确定】。三维视图中可见线管并未与配电箱相连，流程如图 4.4-22、图 4.4-23 所示。

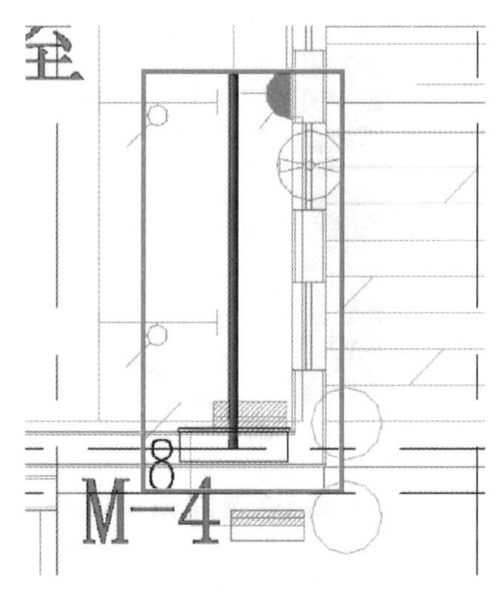

图 4.4-21

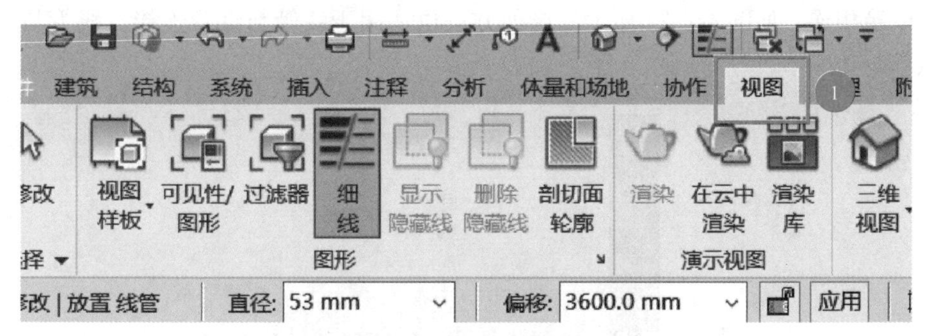

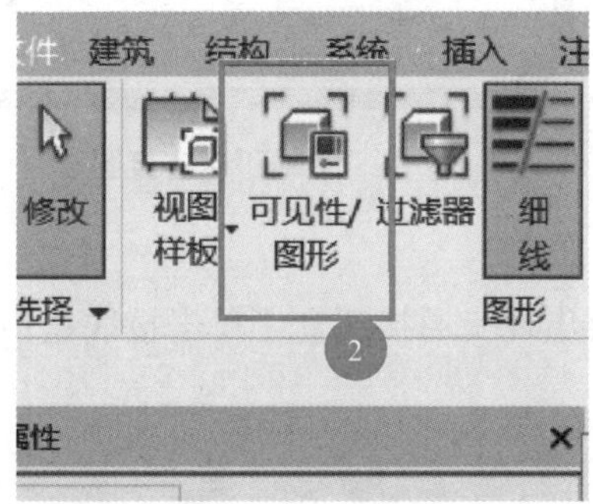

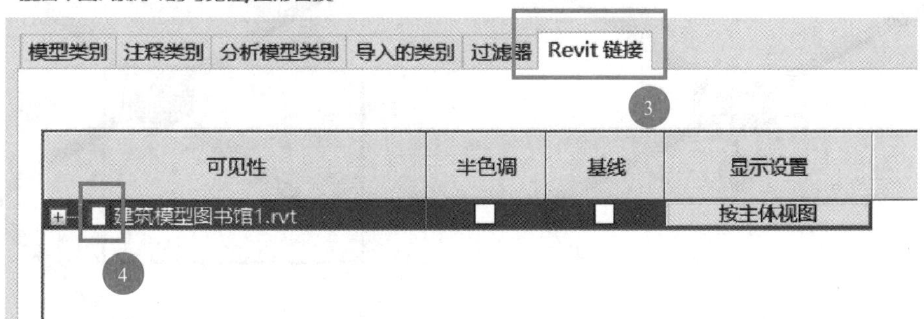

图 4.4-22

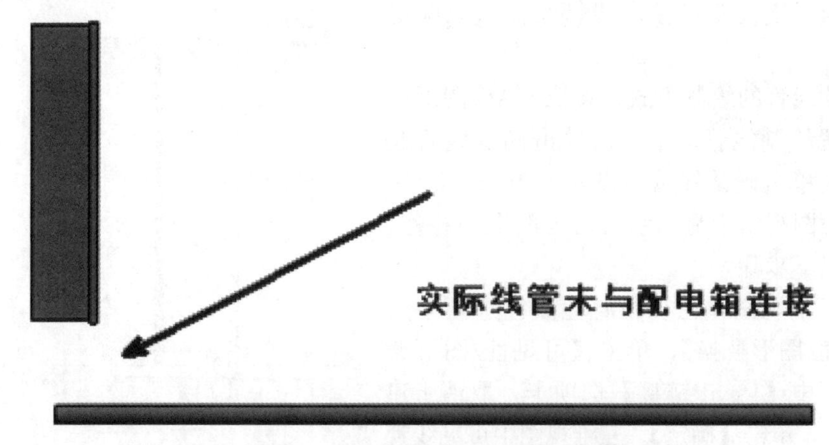

图 4.4-23　隐藏模型后管线连接实际误差

选择绘制好的这根线管，拖拽左端点至出现选择连接件的状态，松开鼠标，线管将自动与配电箱相连，如图 4.4-24 所示。这种方法也适用于线管与灯管连接、线管与开关插座连接等。

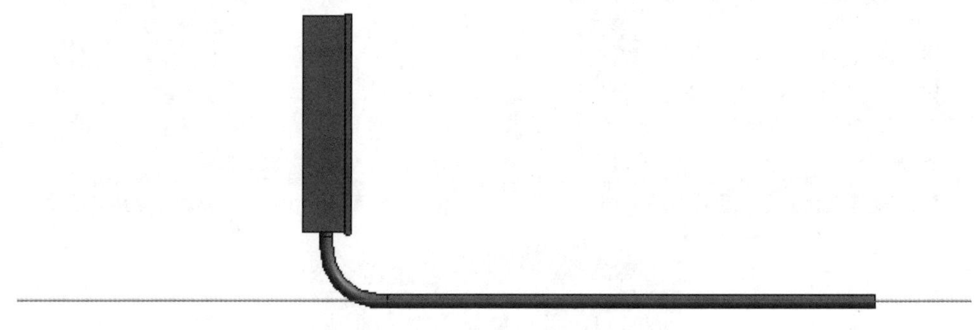

图 4.4-24　管线正确连接图

(3) 线管与线管相交

线管与线管相交的位置会出现三通接线盒，单击接线盒顶部“+”，三通转换为四通，如图 4.4-25 所示。

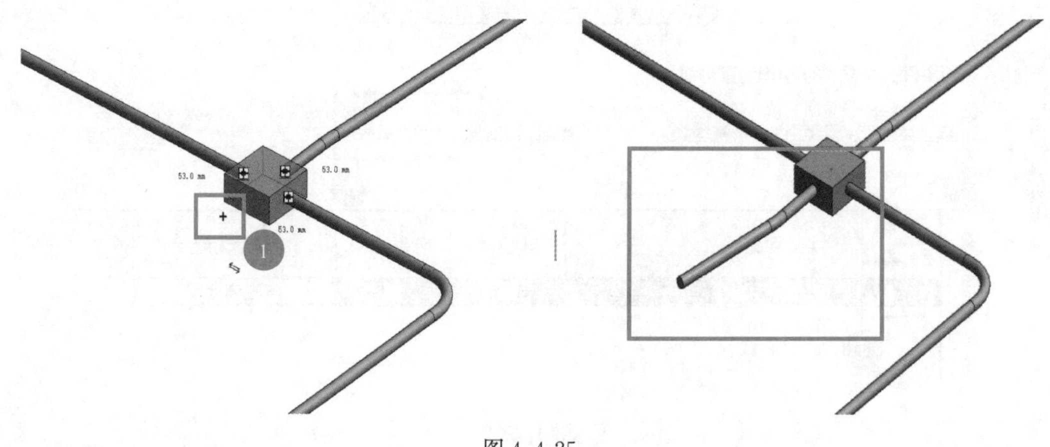

图 4.4-25

8. 完成电气模型的创建

熟练掌握各种构件的放置方式，做到举一反三，按照行政办公楼的电气安装施工图，完成插座系统中各类灯具、配电箱、开关、线管以及电缆桥架的各项设置及绘制。

4.4.3　任务评价

序号	评价内容	评分标准	扣分标准	标准分	得分
1	桥架命名	与电气施工图一致	每错一处扣 1 分，直至扣完	5	
2	电缆桥架尺寸及安装位置	与电气施工图一致	每错一处扣 3 分，直至扣完	15	
3	灯具选型及安装位置	与电气施工图一致	每错一处扣 1 分，直至扣完	15	
4	开关插座选型及安装位置	与电气施工图一致	偏移位置每错一处扣 2 分，顶部或底部的标高每错一处扣 2 分，直至扣完	15	
5	配电箱选型及安装位置	与电气施工图一致	偏移量设置错误每错一处扣 2 分，选型错误没错一个扣 2 分直至扣完	10	
6	线管安装位置及相交时处理	与电气施工图一致	没有与设备连接的每少连一个扣 1 分，直至扣完	20	
7	完成度	无缺漏或重复布置	每缺漏一处扣 5 分，每重复一处扣 5 分，直至扣完	20	
总分				100	

4.4.4　拓展实训

本任务的拓展实训是以某学院食堂为例，使用 Revit 2018 软件掌握电气模型的创建。拓展实训任务清单如下：

序号	项目	内容	
1	实训概况	(1)总体概述：某学院食堂电气系统主要包括配电系统和照明系统。根据电气施工图纸，在已经完成的建筑模型中按照要求创建电气模型。 (2)实训组织：课后独立完成拓展实训。 (3)实训准备：①已学习基础电气模型的创建、编辑和修改；②某学院食堂电气施工图纸，已完成的某学院食堂土建模型文件。 (4)实训学时：课后 4 学时	微课讲解
2	实训目标	掌握基础电气模型的创建、编辑和修改	

续表

序号	项目	内容
3	成果要求	(1)电缆桥架命名规范
		(2)电缆桥架尺寸及放置正确
		(3)灯具类型选择及放置正确
		(4)开关类型选择及放置正确
		(5)插座类型选择及放置正确
		(6)配电箱类型选择及放置正确
		(7)管线类型选择及放置正确
4	成果范例	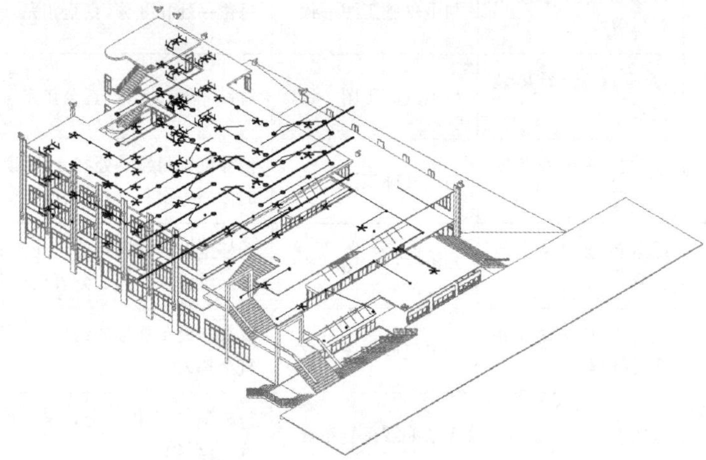

模块 5

BIM 模型成果输出

5.1 学习项目介绍

5.1.1 项目目标

根据前阶段完成的模型成果，将成果按照规范进行输出，通过本模块任务掌握以下几项技能：

（1）了解明细表的分类，掌握明细表的创建与编辑方法，掌握明细表的创建原则；

（2）掌握图纸的创建方法，掌握视图的放置规则，了解图框内容的编写原则，掌握图纸的输出格式及方法；

（3）了解背景的设置，相机的使用方法，掌握漫游动画制和模型渲染的方法；

（4）了解模型文件在不同软件间的转换方法，初步具备各个软件的设计协作能力。

5.1.2 项目要求

1. 编辑明细表

（1）识读项目要求，了解示例项目成果输出的具体要求；

（2）对明细表进行参数编辑、外观编辑等；

（3）根据示例项目输出要求，创建并输出相应明细表。

2. 图纸管理

（1）选择合适的图纸，放置视图；

（2）通过规范和标准，依据图框内容的编写原则填写图框内容；

（3）根据示例项目的图纸输出格式要求，完成图纸的输出。

3. 渲染与漫游

（1）识读项目要求，了解示例项目的漫游动画制作要求；

（2）确定相机位置，绘制漫游路径；

（3）选择渲染区域，调整输出质量，修改照明设置，更改背景设置等；

（4）完成渲染效果图的创建。

4. 文件管理与数据交换

（1）根据软件协同要求，采用合理的方式转换模型文件格式；

（2）了解不同数据格式的兼容性，将模型文件转为其他常用设计软件能够兼容、读取、编辑的格式。

5.2 任务1 编辑明细表

5.2.1 任务描述

本任务是BIM模型成果输出的第一个任务，以某学院行政办公楼为案例，使用Revit 2018软件学习和掌握编辑明细表。任务清单如下：

序号	项目	内容
1	任务概况	(1)总体概述：Revit可以将建筑的各种构件、房间名称及面积，构件、注释、修订、视图、图纸等图元信息参数以表格的形式显示，并自动创建门窗等构件统计表、材质明细表等各种表格。 (2)任务组织：课前预习编辑明细表的基本操作视频；课中讲解重点及易错点，完成项目门窗的明细表的创建及编辑；课后发放拓展实训习题。 (3)准备工作：已完成某学院行政办公楼的墙体模型搭建。 (4)参考学时：4学时
2	任务目标	熟悉门窗明细表的编辑方法及相关参数设置，根据前阶段任务完成的模型，完成门窗明细表的创建和编辑
3	成果要求	(1)明细表字段正确
		(2)明细表统计完全
		(3)明细表正确导出
4	成果范例	〈窗明细表〉（见下表）

〈窗明细表〉

A	B	C	D	E
类型标记	宽度	高度	窗面积	合计
C3	1200	2100	2.52	2
C6	1200	1800	2.16	2
C7	600	1500	0.90	72
C10	1800	1500	2.70	5
C11	900	600	0.54	2
C14	900	2100	1.89	8
C18	1200	2100	2.52	1
C23	1800	2100	3.78	46
C24	1054	1280	1.35	1
C24	1576	1280	2.02	2
C24	1602	1280	2.05	6

5.2.2 任务实操

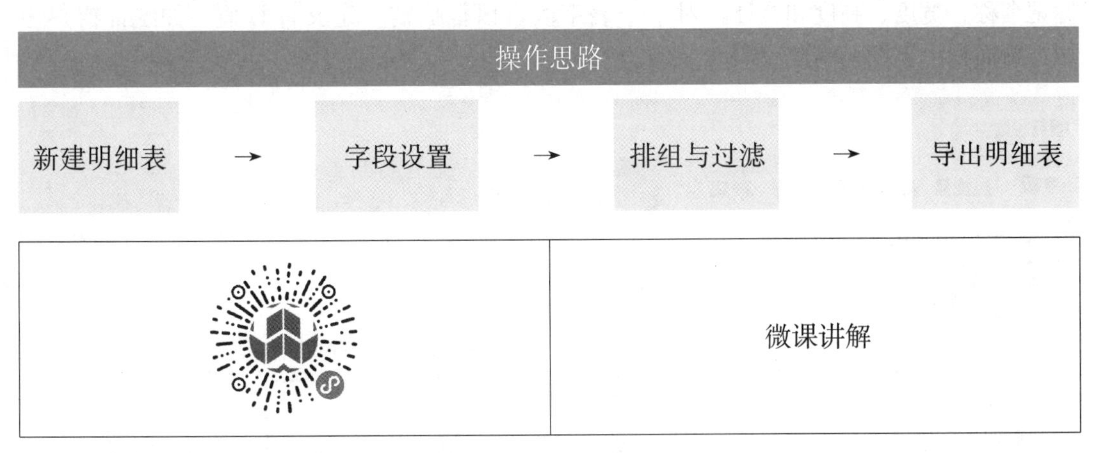

1. 新建明细表

在视图菜单的明细表选项中，根据需要新建不同类型的明细表，以窗为例（图 5.2-1）。

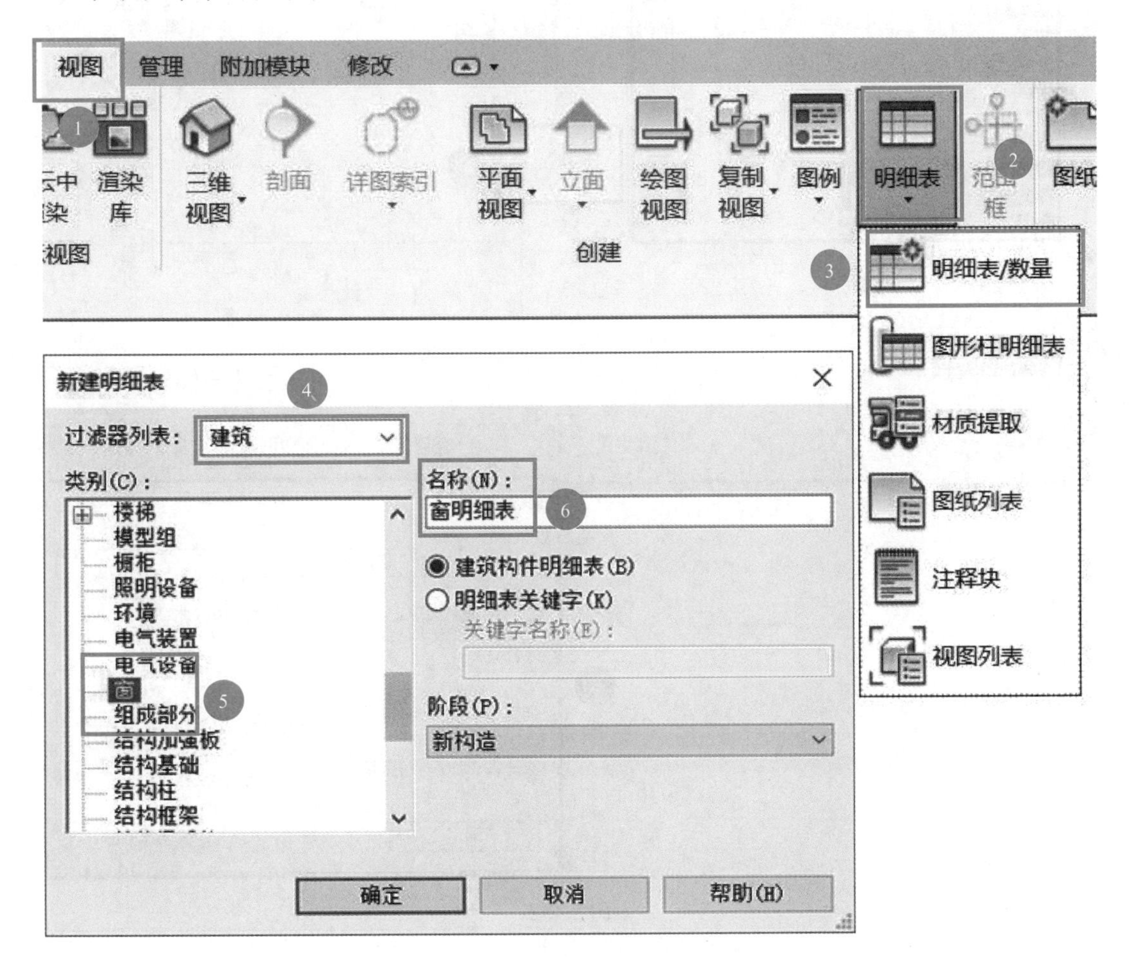

图 5.2-1

2. 字段设置

根据明细表需要显示的内容，按顺序设置明细表纵列显示类别字段，可选择窗的类型标记名称、宽度、高度和合计；对单个表字段可以根据需要定义计算值，如统计窗户面积：窗面积=宽度×高度（图 5.2-2）。

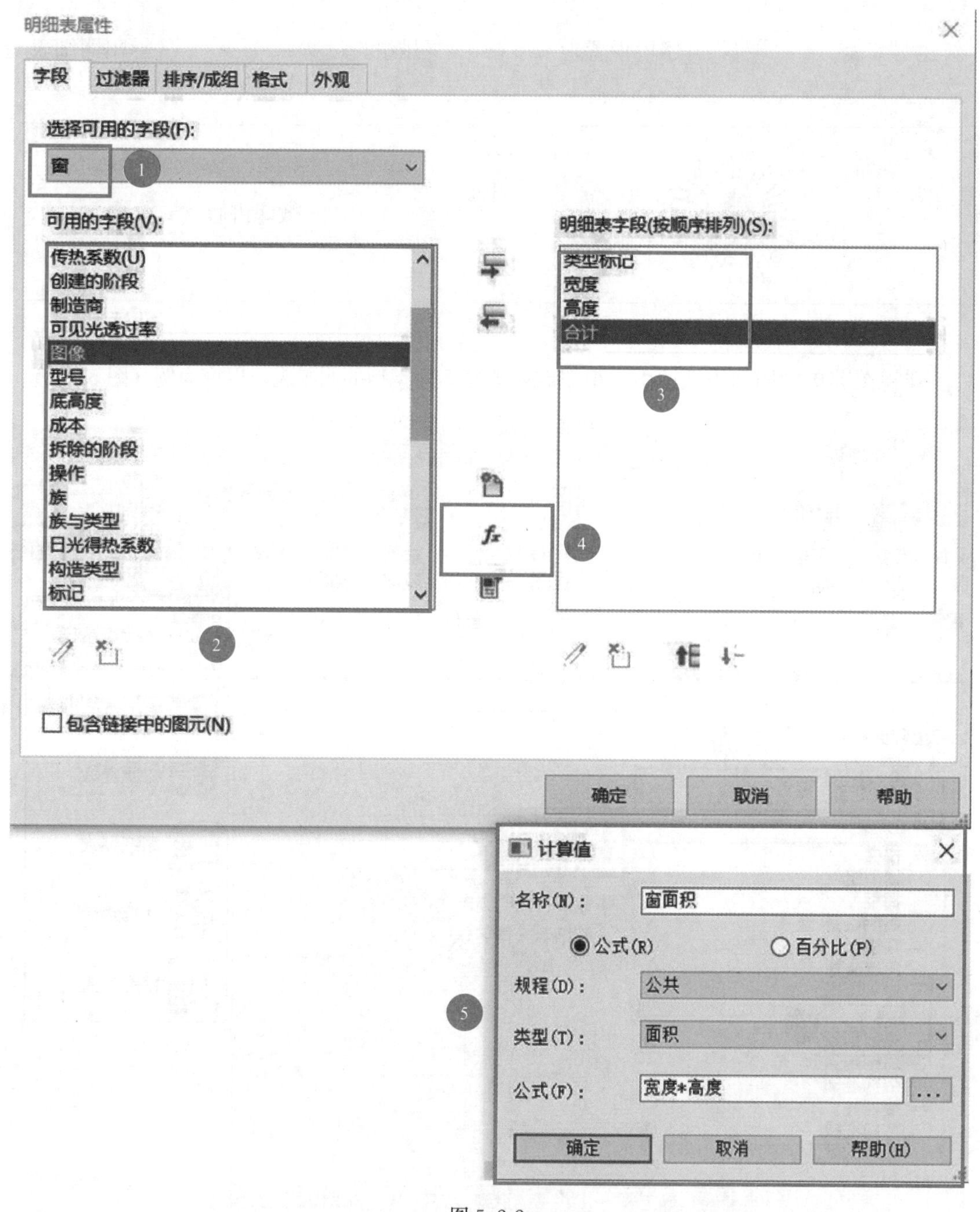

图 5.2-2

3. 排组与过滤

在“排序/成组”选项中（图 5.2-3），对明细表纵列字段选择排序方式，可以设置多重条件关系；

在“过滤器”选项中（图 5.2-4），可以根据需要对特定的字段，对其值设置过滤条件，如：不需要统计标记编号为 C1522、C1520、C1516 的窗。

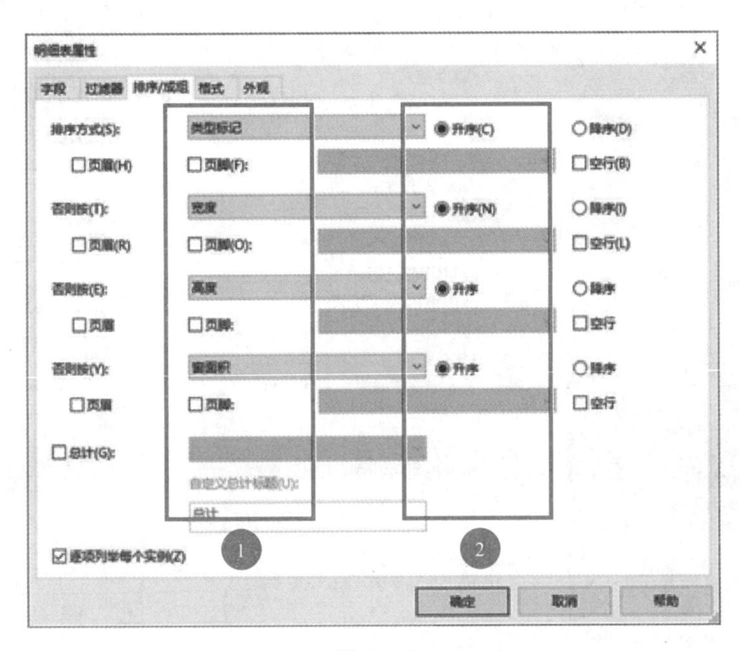

图 5.2-3

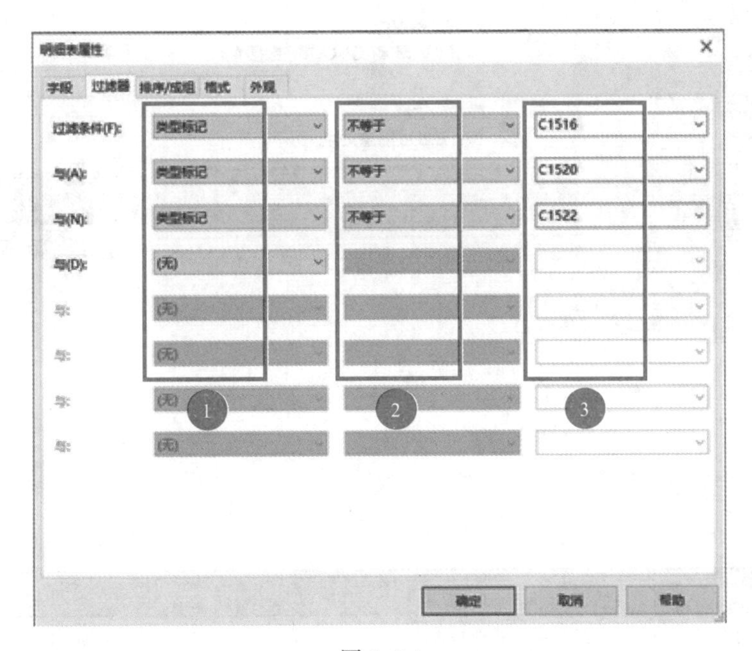

图 5.2-4

4. 导出明细表

将新建并编辑好的明细表以报告的文本格式导出（图 5.2-5）。

图 5.2-5

5.2.3 任务评价

序号	评价内容	评分标准	扣分标准	标准分	得分
1	新建明细表	新建明细表类别是否正确	每错一处扣 2.5 分，直至扣完	20	
2	字段设置	字段名称及顺序设置是否正确	每错一处扣 2.5 分，直至扣完	20	

续表

序号	评价内容	评分标准	扣分标准	标准分	得分
3	排序与成组设置	排序与成组设置是否正确	每错一处扣 2.5 分,直至扣完	20	
4	过滤设置	过滤设置是否正确	每错一处扣 2.5 分,直至扣完	20	
5	导出明细表	导出明细表是否正确	每错一处扣 2.5 分,直至扣完	20	
总分				100	

5.2.4　拓展实训

本任务的拓展实训是以 3000～5000m^2 的多层框架结构建筑为例，选取的案例为某学院食堂，使用 Revit 2018 软件掌握明细表的创建。拓展实训任务清单如下：

序号	项目	内容	
1	实训概况	(1)总体概述:某学院食堂为钢筋混凝土框架结构,共有 3 层。根据建筑模型,按照要求创建并导出门窗明细表。 (2)实训组织:课后独立完成拓展实训。 (3)实训准备:已完成某学院食堂建筑模型的制作。 (4)实训学时:课后 4 学时	微课讲解
2	实训目标	掌握明细表的创建、编辑和导出	
3	成果要求	(1)明细表字段正确	
		(2)明细表统计完全	
		(3)明细表正确导出	
4	成果范例	〈窗明细表〉(见下表)	

〈窗明细表〉

A	B	C	D	E
族	宽度	高度	窗面积	合计
C2424	1800	2400	4.32	5
C2424	2400	2400	5.76	30
C2924	2940	2400	7.06	12
C3309	3300	900	2.97	3
C3324	3300	2400	7.92	15
组合窗 - 双层单列(固定+推拉)	900	2400	2.16	9
组合窗 - 双层单列(固定+推拉)	1200	2400	2.88	10
组合窗 - 双层单列(固定+推拉)	2100	2400	5.04	2
组合窗 - 双层四列(两侧平开) -	3900	2400	9.36	3

5.3 任务 2 图纸管理

5.3.1 任务描述

本任务是 BIM 模型成果输出的第二个任务，以某学院行政办公楼为案例，使用 Revit 2018 软件学习和掌握建筑平面图纸导出。任务清单如下：

序号	项目	内容
1	任务概况	(1)总体概述：对于一个比较完整的模型文件，需要出图时，根据专业类型确定所需要的图纸。各类图纸所应定位尺寸标注准确美观，模型尺寸、标高、系统类型、相关说明等标注完善，局部细节复杂的地方应该有剖面图或者详图。 (2)任务组织：课前预习编辑明细表的基本操作视频；课中讲解重点及易错点，完成项目图框的创建与编辑；课后发放拓展实训习题。 (3)准备工作：已完成某学院行政办公楼的墙体模型搭建。 (4)参考学时：4 学时
2	任务目标	熟悉建筑模型图框的新建与编辑，图纸的过滤、显示与导出，根据前阶段任务完成的模型，完成建筑图纸的导出
3	成果要求	(1)正确新建和编辑图框
		(2)正确添加视图和设置
		(3)正确导出图纸
4	成果范例	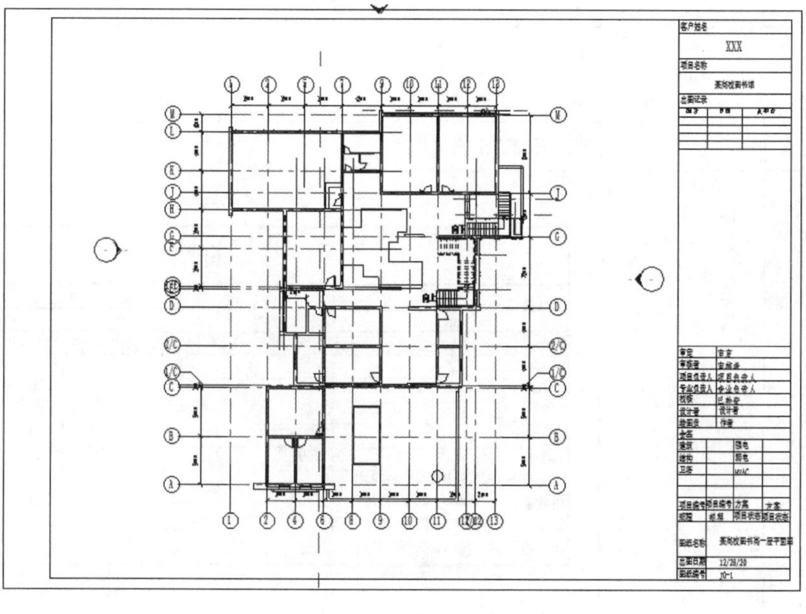

5.3.2 任务实操

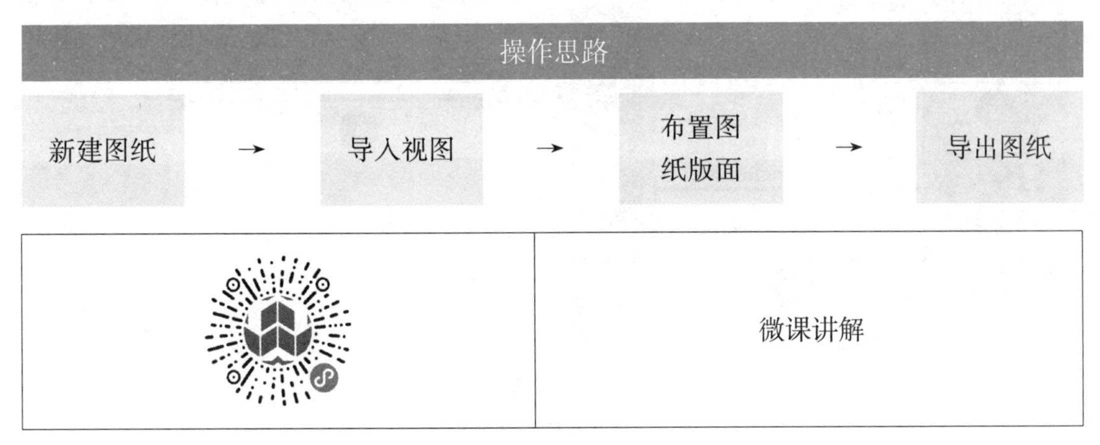

1. 新建图纸

在视图中选择图纸选项，选择需要出图的图纸大小（图 5.3-1）。

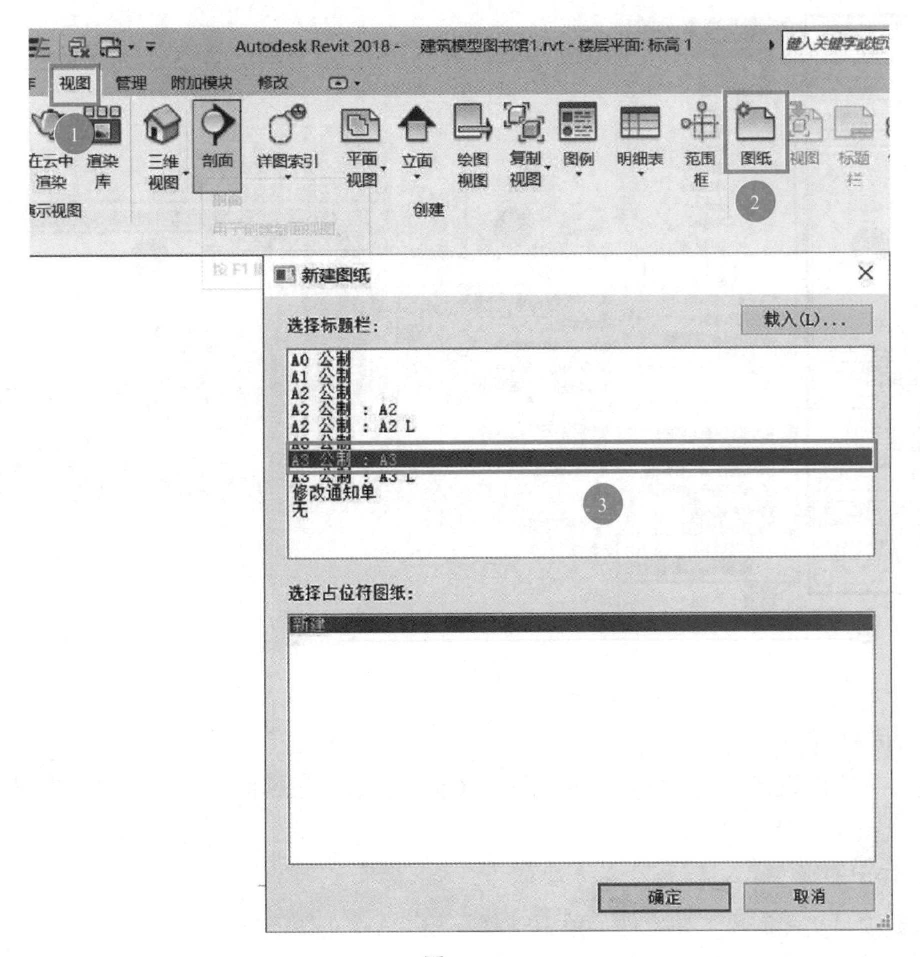

图 5.3-1

如果没有合适的图纸尺寸，如 A4 大小，可以按图 5.3-2 所示步骤进行创建。

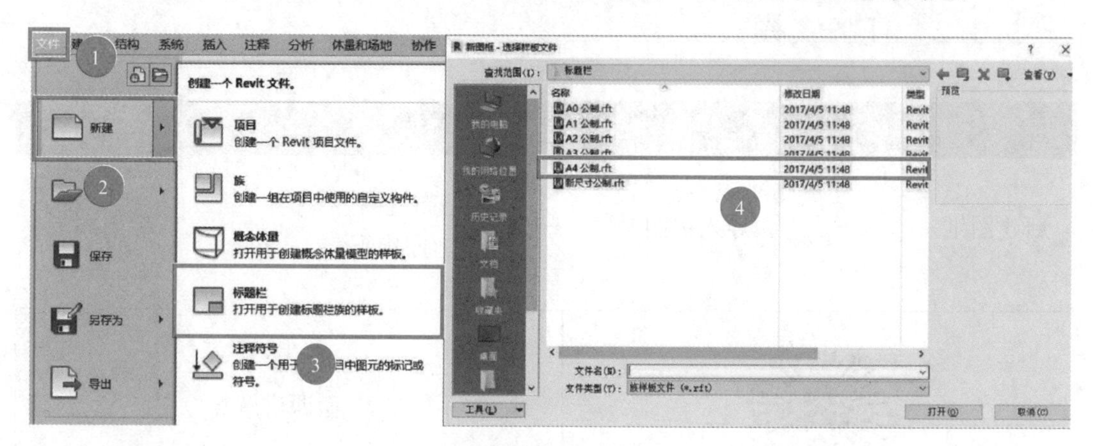

图 5.3-2

2. 导入视图

根据项目实际情况更改图框上标题栏、会签栏等信息，导入视图（图 5.3-3）。

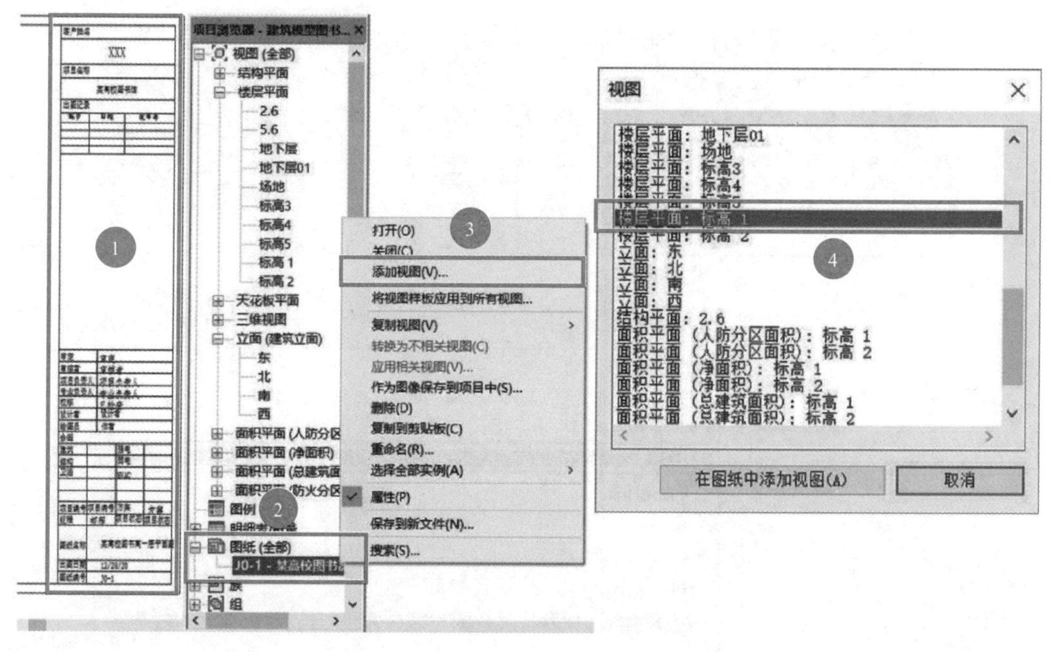

图 5.3-3

3. 布置图纸版面

对导入视图设置合适比例，调整视图在图框中位置；根据图面显示情况，设置图形的可见性（图 5.3-4）。

4. 导出图纸

根据项目实际需要，在文件菜单中选择导出 CAD 文件，格式为 .DWG，然后将文件保存到电脑中（图 5.3-5）。

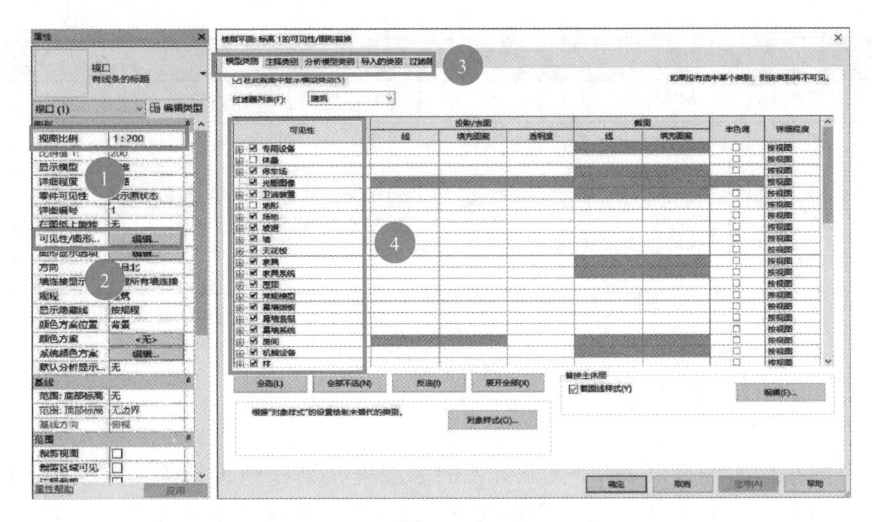

图 5.3-4

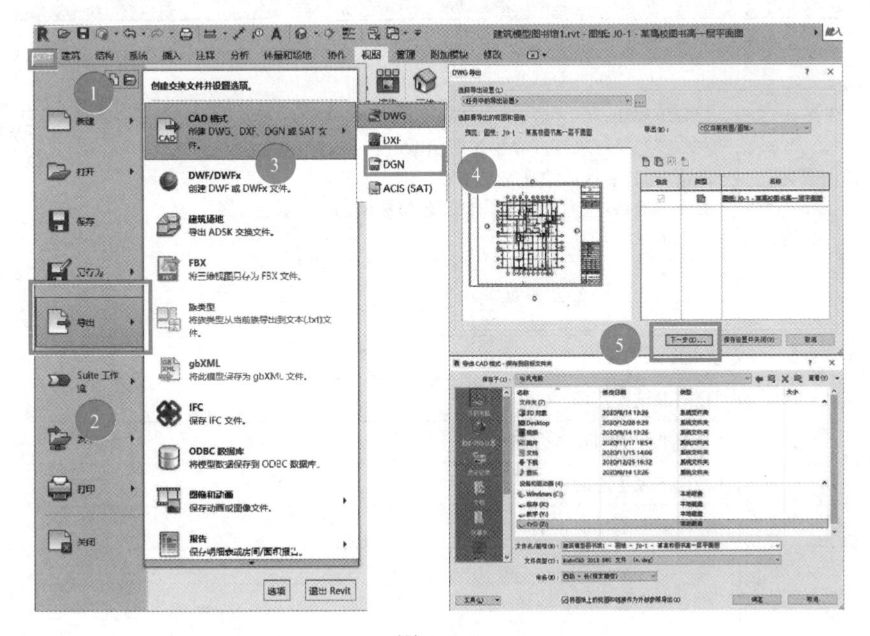

图 5.3-5

5.3.3　任务评价

序号	评价内容	评分标准	扣分标准	标准分	得分
1	图框尺寸	图框正确，且图框会签栏、标题栏正确	每错一处扣 2.5 分，直至扣完	20	
2	图面布局	视图比例设置正确，且图纸布局合理	每错一处扣 2.5 分，直至扣完	20	

续表

序号	评价内容	评分标准	扣分标准	标准分	得分
3	图纸表达	视图显示过滤正确	每错一处扣 2.5 分，直至扣完	20	
4	图纸导出	正确导出为 CAD 图纸文件	每错一处扣 2.5 分，直至扣完	20	
5	完成度	无缺漏或重复布置	每缺漏一处扣 5 分，每重复一处扣 5 分，直至扣完	20	
总分				100	

5.3.4 拓展实训

本任务的拓展实训是以 3000～5000m^2 的多层框架结构建筑为例，选取的案例为某学院食堂，使用 Revit 2018 软件掌握模型视图导出图纸。拓展实训任务清单如下：

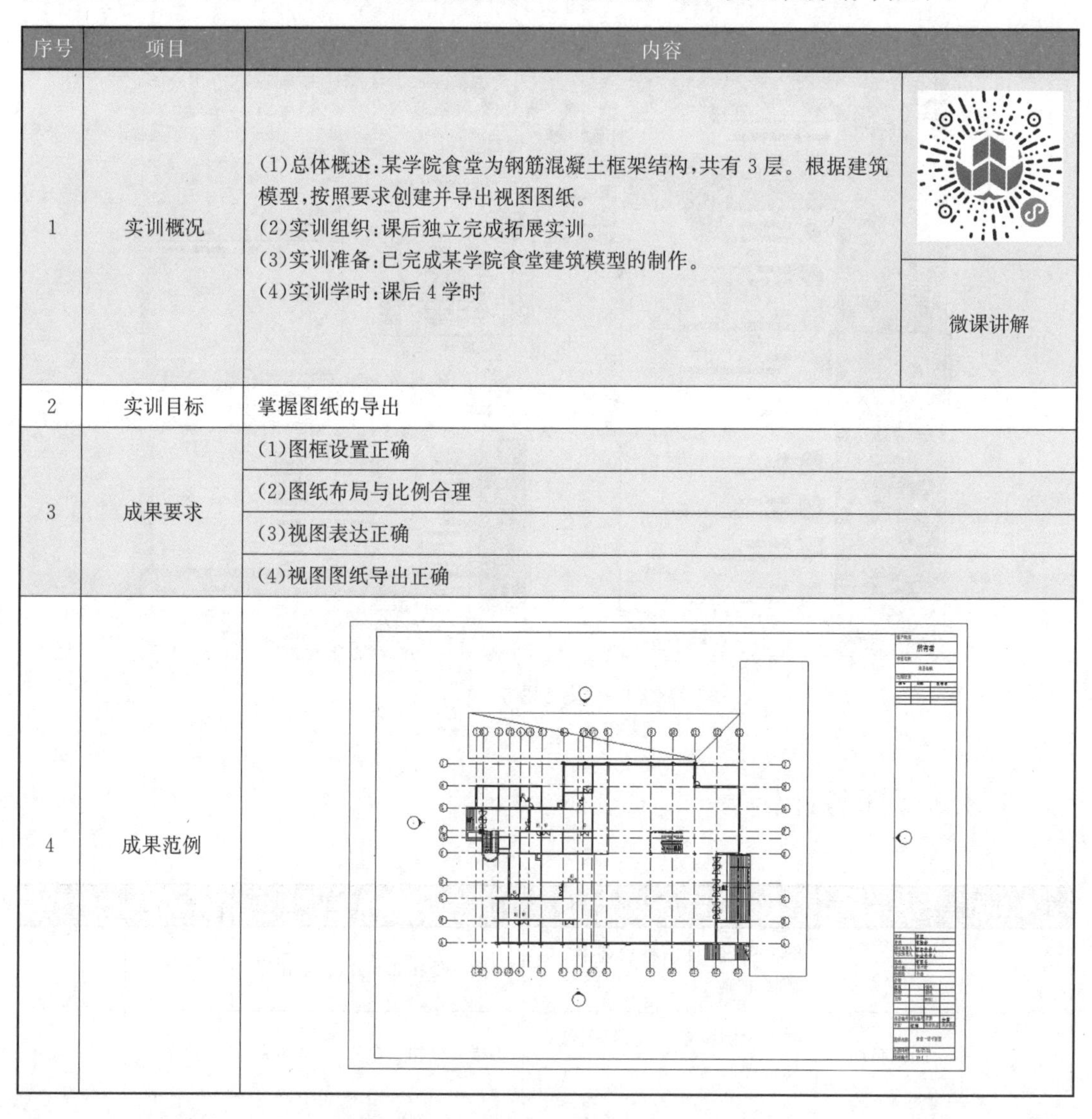

序号	项目	内容	
1	实训概况	(1)总体概述：某学院食堂为钢筋混凝土框架结构，共有 3 层。根据建筑模型，按照要求创建并导出视图图纸。 (2)实训组织：课后独立完成拓展实训。 (3)实训准备：已完成某学院食堂建筑模型的制作。 (4)实训学时：课后 4 学时	微课讲解
2	实训目标	掌握图纸的导出	
3	成果要求	(1)图框设置正确	
		(2)图纸布局与比例合理	
		(3)视图表达正确	
		(4)视图图纸导出正确	
4	成果范例		

5.4　任务3　渲染与漫游

5.4.1　任务描述

本任务是BIM模型成果输出模块的第三个任务，以某学院行政办公楼为案例，使用Revit 2018软件学习和掌握渲染与漫游。任务清单如下：

序号	项目	内容
1	任务概况	(1)总体概述：Revit软件利用创建好的三维模型，设置好环境灯光及相关参数，可以制作出效果图和漫游动画，方便设计师自查问题，同时也方便与客户沟通交流。 (2)任务组织：课前预习渲染与漫游的基本操作视频；课中讲解重点及易错点，完成项目渲染参数的编辑和漫游路径的设置；课后发放拓展实训习题。 (3)准备工作：已完成某学院行政办公楼的建筑模型搭建。 (4)参考学时：4学时
2	任务目标	熟悉建筑渲染和漫游方法及相关参数设置，根据前阶段任务完成的模型，完成建筑模型可视化的展示
3	成果要求	(1)完成建筑模型渲染
		(2)创建漫游动画
4	成果范例	

5.4.2　任务实操

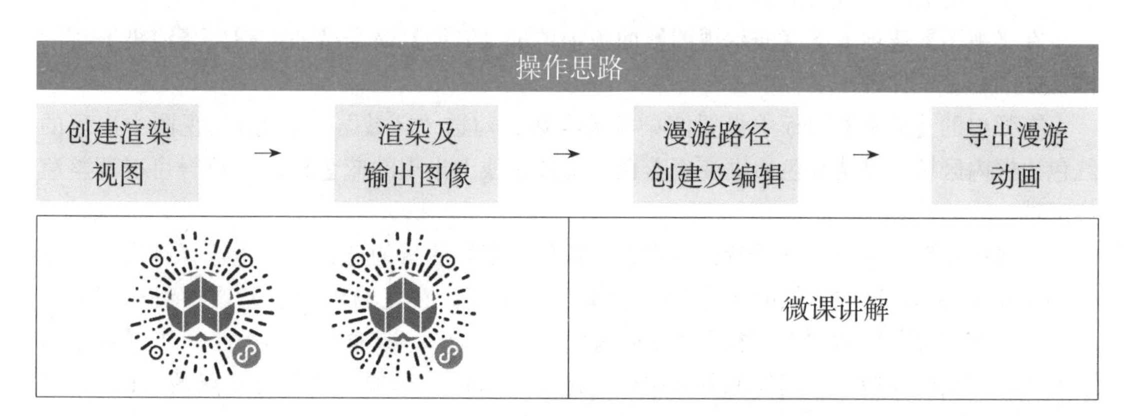

1. 创建渲染视图

在项目浏览器中切换至 F1 平面视图，在【视图】选项卡中点击【创建】面板中的【三维视图】工具右侧弹出下拉列表，在列表中单击【相机】工具。如图 5.4-1 所示。

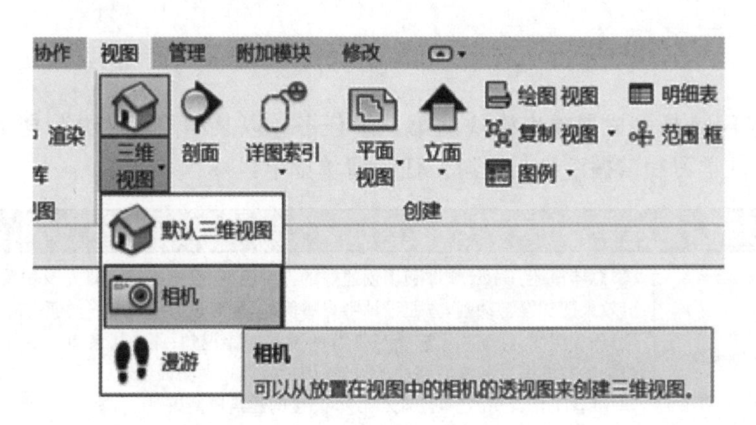

图 5.4-1

在选项栏中，勾选【透视图】复选框，创建透视视图，否则创建的是正交三维视图，即轴测图。设置【偏移】值为“1750”，即相机高度为切换至的平面视图为基础的 1750mm 处。如图 5.4-2 所示。

图 5.4-2

在视图中适合位置放置相机，再向建筑方向点击鼠标拖拽到适当位置生成三维透视点，如图 5.4-3 所示。

三维透视图在创建好后，可以拖拽控制点来调节视图显示的范围，同时按住“Shift”键+鼠标滚轴可以调整建筑的视角。如图 5.4-4 所示。

2. 渲染及输出图像

创建好渲染视图后，接下来可以进行模型的渲染设置。为了得到更好的渲染效果，需要根据不同的需求来进行渲染设置。

在【视图】选项卡下【演示视图】面板中单击【渲染】命令按钮，弹出【渲染】对话框。如图 5.4-5 所示。

在弹出的【渲染】面板中设置渲染相关参数。勾选“区域”，表示渲染视图中出现的红色边框内区域，点选红色边框变成蓝色，拖拽边线上出现的蓝色控制点符合可以调整渲染区域。

在【质量】栏来对渲染质量进行设置，提供了多种质量的选择。质量选择越高，形成的图面效果越高，同时渲染时对电脑内存要求就越高。在【输出设置】选项组里“分辨率”选项有“屏幕”和“打印机”两种，默认为“屏幕”，即输出图形大小等于屏幕上显示大小，渲染时间短，但图像的分辨率低。选“打印机”选项，按每英寸点数（DPI）来

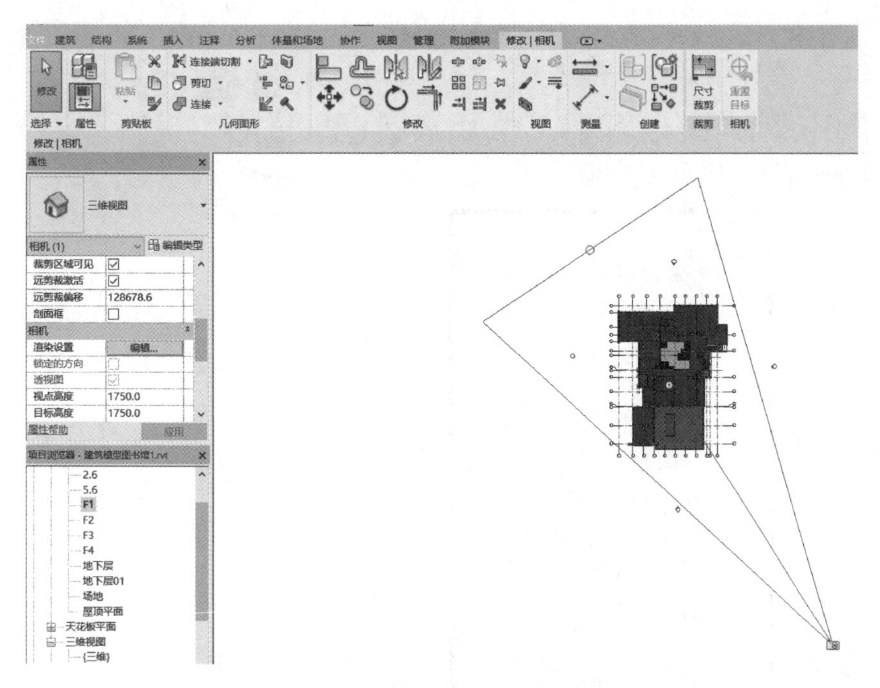

图 5.4-3

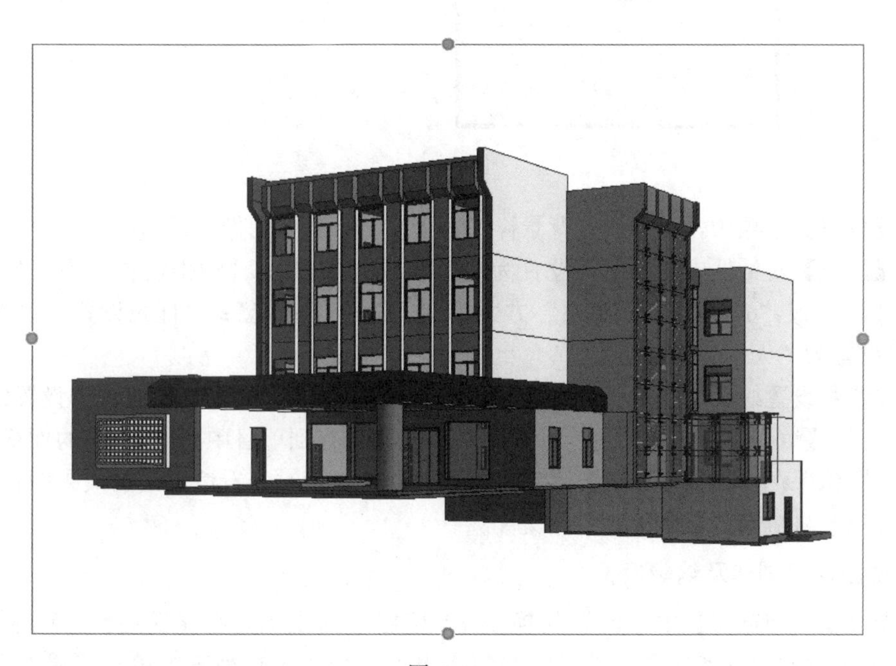

图 5.4-4

指定图像分辨率，则输出图像按打印效果，选用的分辨率越高，相应占用较大的系统资源，渲染时长就更长。

在【照明】设置中，包含了室内与室外的照明方案。在“日光设置”中可以设置日光的位置。

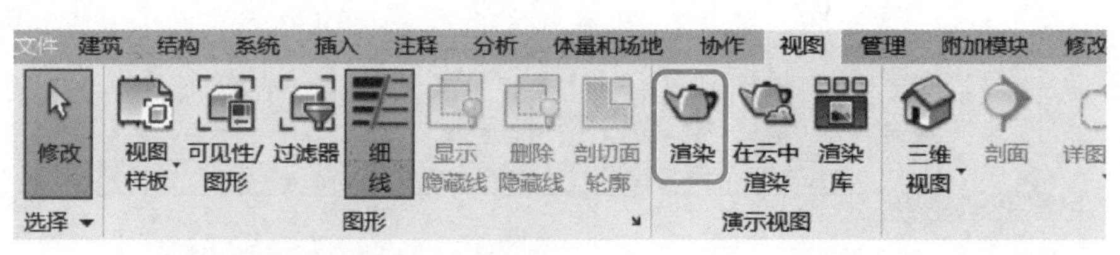

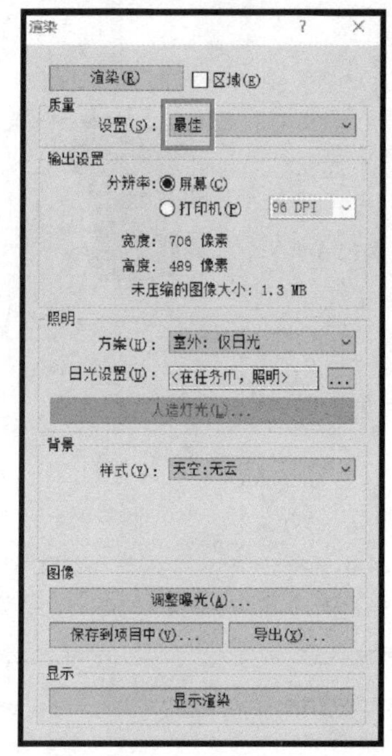

图 5.4-5

在【背景】选项中，可以设置背景样式：天空、颜色、图像、透明度。

在【渲染】对话框中“质量”设置为“高”或“最佳”；“输出设置”为“打印机”，选“300DPI”或“600DPI”；“照明”方案为“室外：仅日光”；“日光设置”设置默认；“背景”设置为“天空：无云”。

相关参数设置好后，点击【渲染】，图片进入渲染模式，渲染时长取决于设置的参数，渲染完成后，【渲染进行】对话框自动关闭，点击【保存到项目中】，在弹出的面板中输入名称后将图像保存在项目中，点击【项目浏览器】可以随时查看渲染出的效果图；也可以点击【导出】将渲染图导出外部图像文件。

3. 漫游路径创建及编辑设置

双击【项目浏览器】中“F1”切换至 F1 楼层平面视图，在【视图】选项卡中点击【创建】面板中的“三维视图”工具，右侧弹出下拉列表，在列表中单击【漫游】工具。如图 5.4-6 所示。

通过设置【选项栏】中【偏移】和【自】来设置视点高度和行走标高层面。如图 5.4-7 所示。

将光标移至 F1 平面视图内，单击鼠标放置漫游关键帧，即相机位置，依次围绕建筑点击鼠标放置关键帧，在绘图区域出现连接相机的蓝色漫游路径线。单击【修改】面板中

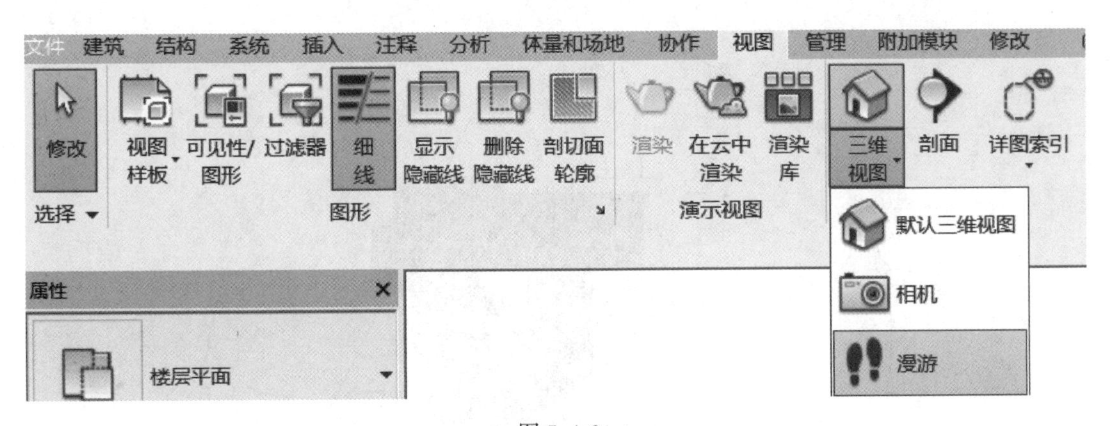

图 5.4-6

修改 | 漫游 透视图 比例: 1 : 100 偏移: 1750.0 自 F1

图 5.4-7

【完成漫游】。在创建漫游路径时无法修改已创建的相机，所以点击【完成漫游】后，需点击修改选项卡中的【编辑漫游】，进入编辑状态（图 5.4-8）。

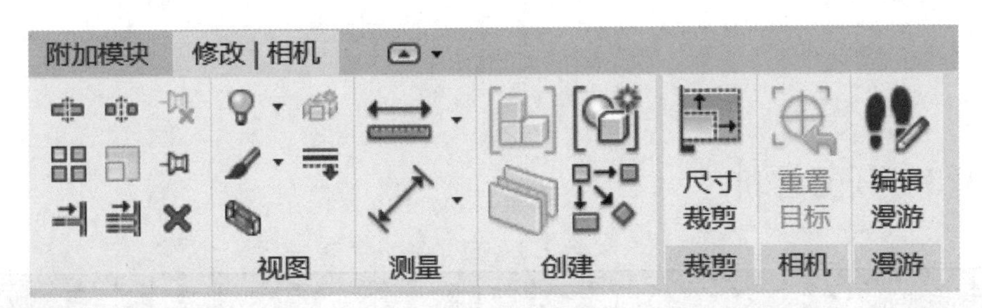

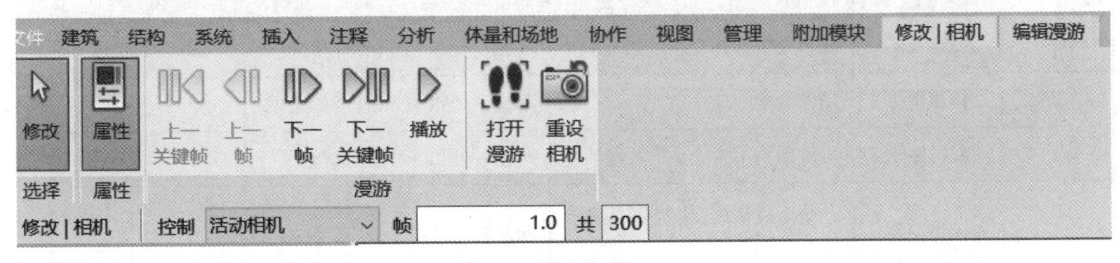

图 5.4-8

漫游路径上会出现红色圆点，表示关键帧，路径上显示相机位置及可视三角范围。可以设置视距和视线范围，但整个漫游只有一个视距和视线范围（图 5.4-9）。

整个路径和视角编辑完后，切换至“漫游”视图，右键点选“显示相机”，功能区面板切换至【修改 | 相机】上下文选项卡，点击【编辑漫游】中的【播放】来观看完成的漫游，可以的话，点击【应用程序菜单】，在列表中依次点击【导出】>【图像与动画】>【漫游】，在弹出的对话框中设置导出视频文件大小和格式，完成漫游动画制作。

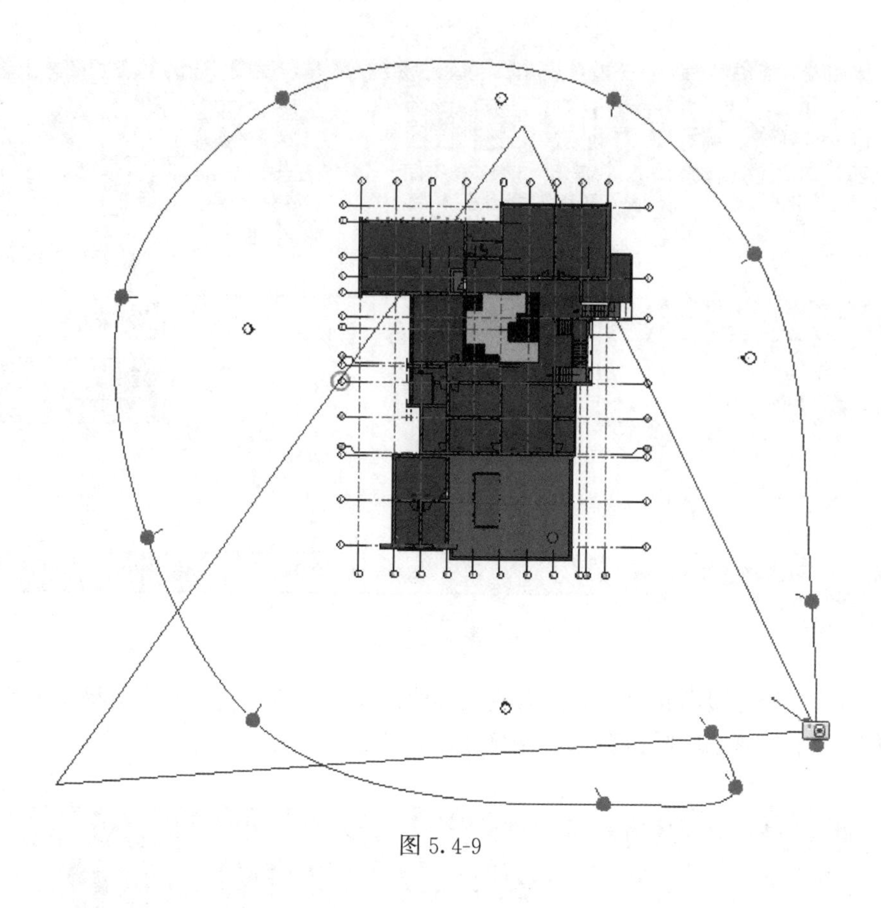

图 5.4-9

5.4.3 任务评价

序号	评价内容	评分标准	扣分标准	标准分	得分
1	创建视图	相机视角选择合理	每错一处扣3分,直至扣完	30	
2	输出图像	图像清晰	每错一处扣3分,直至扣完	20	
3	漫游路径	漫游动画不少于6个关键帧	每错一处扣3分,直至扣完	30	
4	输出动画	动画播放清晰,建筑外观展示完整	每缺漏一处扣2分,直至扣完	20	
总分				100	

5.4.4 拓展实训

本任务的拓展实训是以3000～5000m^2 的多层框架结构建筑为例，选取的案例为某学院食堂，使用Revit 2018软件掌握渲染与漫游的绘制。拓展实训任务清单如下：

序号	项目	内容	
1	实训概况	(1)总体概述:Revit 软件利用创建好的三维模型,可以制作出效果图和漫游动画,从而展示建筑师的创意和设计成果,方便与客户沟通交流。在一个软件环境中即可以完成施工图设计,也完成可视化的工作,避免数据流失,提高工作效率。 (2)实训组织:课后独立完成拓展实训。 (3)实训准备:①已学习渲染相关知识;②某学院食堂建筑图纸,已完成某学院食堂模型文件。 (4)实训学时:课后4学时	微课讲解
2	实训目标	熟悉建筑渲染和漫游方法及相关参数设置,根据前阶段任务完成的模型,完成建筑模型可视化的展示	
3	成果要求	(1)完成建筑模型渲染	
		(2)创建漫游动画	
4	成果范例		

5.5 任务4 文件管理与数据交换

5.5.1 任务描述

本任务是BIM模型成果输出模块的第四个任务，以某学院行政办公楼为案例，使用Revit 2018软件学习和掌握建筑平面图纸导出。任务清单如下：

序号	项目	内容
1	任务概况	(1)总体概述:学习模型文件的管理,了解模型文件的不同输出格式;学习模型文件在不同平台软件之间的交互标准。 (2)任务组织:课前预习模型文件不同格式输出的基本操作视频;课中讲解重点及易错点,完成项目模型文件的导出;课后发放拓展实训习题。 (3)准备工作:已完成某学院行政办公楼的墙体模型搭建。 (4)参考学时:4学时

续表

序号	项目	内容
2	任务目标	熟悉建筑模型文件的输出方法，根据软件协同要求，学习 BIM 模型文件转出到其他软件的格式和方法
3	成果要求	(1)正确导出模型文件
		(2)正确将模型文件导入其他软件
		(3)正确导出图纸
4	成果范例	

5.5.2 任务实操

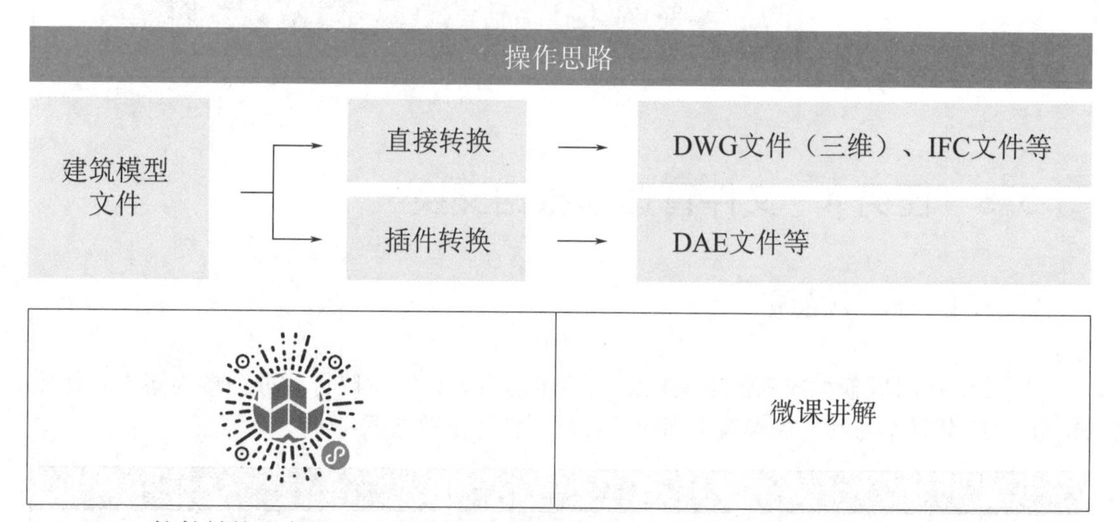

Revit 软件转换文件格式主要有两种方法类型，一种是通过文件导出，直接转换模型文件格式，另一种是利用插件软件进行转换。

1. 直接转换

在 Revit 2018 软件的文件菜单中，使用导出选项，选择需要导出的文件格式，如：需要导入 CAD，可选择 DWG 格式（图 5.5-1），需要导入低版本软件或其他 BIM 软件，可导出为 IFC 格式（图 5.5-2）。

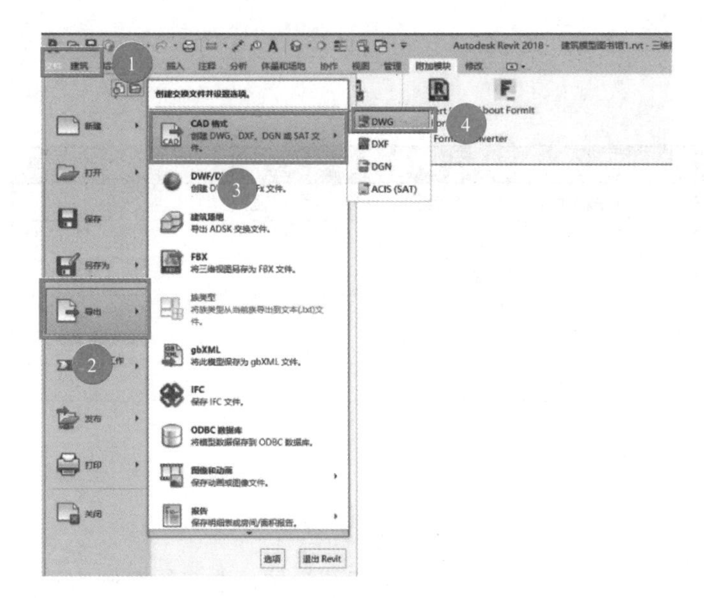

图 5. 5-1

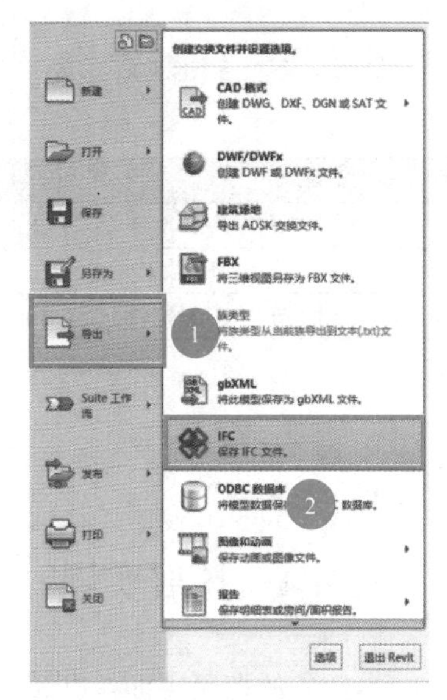

图 5. 5-2

2. 通过插件转换

首先安装插件 Revit to Lumion Bridge（V3. 0），然后 Revit 2018 菜单栏中会出现“Lumion®”选项，选择此项中的“Export”按钮，导出模型文件格式为“DAE”（图 5. 5-3）。

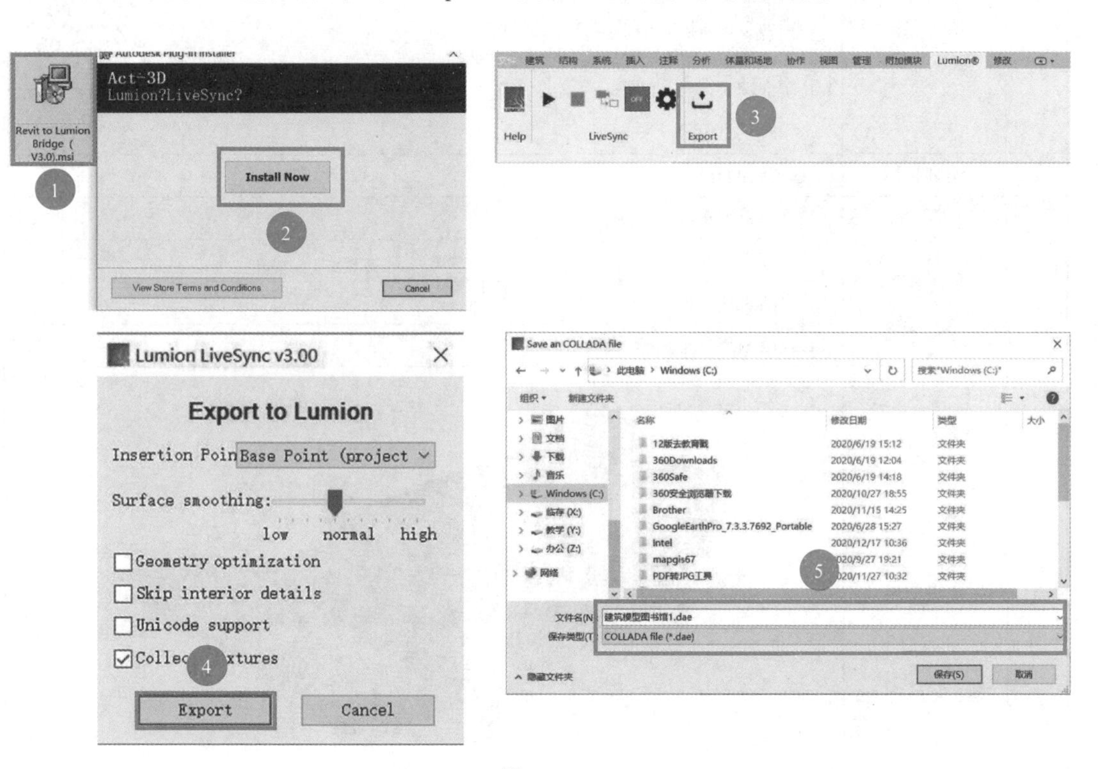

图 5. 5-3

5.5.3 任务评价

序号	评价内容	评分标准	扣分标准	标准分	得分
1	导出 CAD 文件	导出 CAD 文件是否正确	每错一处扣 2.5 分,直至扣完	25	
2	导出 IFC 文件	导出 IFC 文件是否正确	每错一处扣 2.5 分,直至扣完	25	
3	导出 DAE 文件	导出 DAE 文件是否正确	每错一处扣 2.5 分,直至扣完	25	
4	完成度	无缺漏或重复布置	每缺漏一处扣 5 分,每重复一处扣 5 分,直至扣完	25	
总分				100	

5.5.4 拓展实训

本任务的拓展实训是以 3000～5000m^2 的多层框架结构建筑为例，选取的案例为某学院食堂，使用 Revit 2018 软件掌握模型视图导出图纸。拓展实训任务清单如下：

序号	项目	内容
1	实训概况	(1)总体概述:某学院食堂为钢筋混凝土框架结构,共有 3 层。根据建筑模型,按照要求创建并导出视图图纸。 (2)实训组织:课后独立完成拓展实训。 (3)实训准备:已完成某学院食堂建筑模型的制作。 (4)实训学时:课后 4 学时 微课讲解
2	实训目标	掌握图纸的导出
3	成果要求	(1)图框设置正确
		(2)图纸布局与比例合理
		(3)视图表达正确
		(4)视图图纸导出正确
4	成果范例